普通高等教育"十一五"国家级规划教材

电磁兼容原理、技术及应用

第2版

梁振光　编
谭震宇　曹瑞基　主审

机 械 工 业 出 版 社

为适应当前日益突出的电磁干扰问题和电磁兼容标准的强制实施，满足电气工程专业大学生及工程技术人员对电磁兼容知识和技术的需求，本书从电磁兼容的基本概念和简单模型入手，讲解电磁兼容原理及技术，使读者建立起电磁兼容的概念，掌握其基本原理，熟悉其基本技术，抓住其中的要点，了解电磁兼容标准、强制认证要求以及电磁兼容在电气、电子产品设计中的应用，为解决电磁兼容方面的问题提供一定的指导。全书共10章。第1、2章介绍了电磁兼容的概况，并讲述电磁兼容的基本原理；第3、4、5、6章讲解了屏蔽、滤波、接地及瞬态骚扰抑制等电磁兼容基本技术；第7、8章介绍了电磁兼容标准、试验、测量方法，以及电磁干扰的诊断问题；第9章简单介绍了电子设备、电力电子装置和电力系统中的电磁兼容问题；第10章介绍了五个有助于理解电磁兼容原理的实验。

本书是普通高等教育“十一五”国家级规划教材，并被评为2020年山东省普通高等教育一流教材，适合电气工程专业的师生使用。

本书配有免费电子课件，欢迎选用本书作教材的教师登录www.cmpedu.com注册下载。

图书在版编目（CIP）数据

电磁兼容原理、技术及应用/梁振光编．—2版．—北京：机械工业出版社，2017.9（2024.6重印）

普通高等教育“十一五”国家级规划教材

ISBN 978-7-111-57748-5

Ⅰ.①电…　Ⅱ.①梁…　Ⅲ.①电磁兼容性－高等学校－教材　Ⅳ.①TN03

中国版本图书馆CIP数据核字（2017）第198995号

机械工业出版社（北京市百万庄大街22号　邮政编码100037）
策划编辑：贡克勤　责任编辑：贡克勤　徐　凡
责任校对：杜雨霏　封面设计：张　静
责任印制：邓　博
北京盛通数码印刷有限公司印刷
2024年6月第2版第5次印刷
184mm×260mm·10印张·239千字
标准书号：ISBN 978-7-111-57748-5
定价：32.00元

电话服务	网络服务
客服电话：010-88361066	机　工　官　网：www.cmpbook.com
010-88379833	机　工　官　博：weibo.com/cmp1952
010-68326294	金　　书　　网：www.golden-book.com
封底无防伪标均为盗版	机工教育服务网：www.cmpedu.com

21世纪电力系统及其自动化系列教材
编　委　会

前 言

随着电气、电子设备的广泛应用，电磁干扰问题越来越突出。由于它妨碍产品的正常运行、影响人们的健康，许多国家对产品的电磁兼容性都做了强制性要求。在我国，随着3C认证的广泛实施及各行业对产品电磁兼容认证要求的增多，解决好电磁兼容问题成为一项重要而且必要的任务。

电磁兼容学科是一门新兴的综合性学科，一些高等院校对本科生开设了“电磁兼容”课程。但本科生学习、掌握“电磁兼容”课程有一定难度，一方面，电磁兼容涉及多学科理论，需要一定的前期课程；另一方面，电磁兼容技术具有很强的实践性，本科生往往缺乏实践经验。本书从电磁兼容的基本概念和简单物理模型入手，并结合具体实例讲解电磁兼容原理及技术，尽量避免高深的理论分析和烦琐的公式推导，目的是使大学生建立起电磁兼容的概念，掌握电磁兼容的原理，熟悉其基本技术，了解电磁兼容标准、强制认证要求以及电磁兼容在电气、电子产品设计中的应用，为今后从事产品设计等提供电磁兼容方面的指导，或为从事电磁兼容研究打下基础，而不限于专门的电磁兼容工程师。

本书第2版是编者在第1版基础上，补充传输线和信号完整性及串扰一节和电磁兼容实验一章，并修正了第1版书中错误的基础上形成的。全书共10章，第1、2章介绍了电磁兼容的概况，并讲述电磁兼容的基本原理；第3、4、5、6章讲解了屏蔽、滤波、接地及瞬态骚扰抑制等电磁兼容基本技术；第7、8章介绍了电磁兼容标准、试验、测量方法，以及电磁干扰的诊断问题；第9章简单介绍了电子设备、电力电子装置和电力系统中的电磁兼容问题；第10章介绍了五个有助于理解电磁兼容原理的实验。

本书是普通高等教育“十一五”国家级规划教材，并被评为2020年山东省普通高等教育一流教材，可作为高等院校电气工程专业及其他相关专业的本科生教材，也可作为电气、电子等相关专业工程技术人员的培训教材或参考书。本书配有电子课件可供教学使用。

由于编者水平有限，加之电磁兼容学科内容十分丰富，本书中定有不妥和错误之处，欢迎读者批评指正。

编 者

目 录

第1章 绪 论

内容提要

本章是电磁兼容的导引，主要介绍电磁兼容的发展，以及它主要研究的内容、设计方法及电磁兼容课程的特点，使读者对电磁兼容有一个总体的了解。

电磁兼容有两层含义：对于设备或系统的性能指标来说，是指“电磁兼容性”（Electromagnetic Compatibility，EMC）；作为一门学科来说，则为“电磁兼容（学）”。电磁兼容及电磁干扰抑制技术是随着无线电广播、通信技术的发展而逐步成长起来的。事实上，电磁干扰是与所有电气、电子设备相伴随的，且随着电子技术、计算机技术及电力电子技术的广泛应用，各种电气、电子设备的电磁干扰问题越来越突出。电气、电子设备产生更多的电磁干扰信号，同时其遭受电磁干扰的机率也大大增加，因此，电磁兼容越来越重要，它已不局限于广播、通信领域及军事用途，而是扩展到工业、民用等各个领域。

电磁干扰的危害主要体现在两个方面：一是电气、电子设备的相互影响；二是电磁污染对人体的影响。电磁干扰信号作用于电气、电子设备或系统及其内部电路，产生电磁干扰，影响设备或系统运行的安全性和可靠性，降低了设备或系统的工作性能。据统计，干扰引起的电气、电子设备的事故占总事故的90%左右。由于电磁干扰引起事故的例子很多，20世纪70年代在美国就曾出现两起恶性事故：有一个钢铁厂，由于起吊熔融钢水包的天车控制电路受到电磁干扰，以致使一包钢水被完全失控地倾倒在车间的地面上，并且造成了人员的伤亡；一个带有生物电控制假肢的残疾人，驾驶一辆摩托车，途经高压输电线下方，由于假肢控制电路受到干扰使摩托车失控，导致悲剧发生。我国曾报道过广东白云机场附近由于寻呼台林立，导致客机不敢起飞和降落。电磁污染对人体健康的影响，近年来日益引起人们的重视，不断有调查、研究显示环境电磁污染对人体的危害，如过量的微波辐射，可能造成人体若干种组织和器官的急性损伤，如头痛、恶心、目眩，彻夜失眠、辐射局部烧灼感等，工频电磁场会引起神经衰弱和记忆力减退。

世界各国对电气、电子设备的电磁兼容性均制定了一系列限定标准，欧盟自1996年1月起已强制执行EMC标准，凡不符合其EMC标准的产品，不准进入其市场。我国自2003年8月1日起强制执行的中国强制认证（China Compulsory Certification），也包含了对产品电磁兼容性的要求。

因此，加强电磁兼容研究及应用具有重要意义，它可以提高电气、电子设备工作的可靠性；保障人身和某些特殊材料的安全；保证产品满足强制的电磁兼容标准要求。

1.1 电磁兼容的发展

人们很早就发现了电磁干扰现象。1864年麦克斯韦总结出电磁场理论，这为认识和研究电磁干扰现象奠定了理论基础。1881 年英国科学家希维赛德发表了“论干扰”的文章，标志着研究干扰问题的开端。1888 年赫兹成功地接收到电磁波，验证了麦克斯韦的电磁场理论，并从此开始了电磁干扰的实验研究。1889 年英国邮电部门研究了通信干扰问题，使干扰问题的研究开始着眼于工程实际问题。

20 世纪以来，随着通信、广播等的发展，人们逐渐认识到需要对各种电磁干扰进行控制，工业发达国家成立了国家及国际间的组织，如德国电气工程师协会、国际电工委员会（IEC）、国际无线电干扰特别委员会（CISPR）等，在世界范围内开始有组织地对电磁干扰问题进行研究。为了解决干扰问题、保证设备或系统的高可靠性，20 世纪 40 年代初，人们提出了电磁兼容性的概念。1944 年，德国电气工程师协会制定了世界上第一个电磁兼容性规范 VDE 0878，美国则在 1945 年颁布了最早的军用规范 JAN-I-225。

在研究、控制电磁干扰的过程中，人们逐步了解和掌握了电磁干扰产生的原因、干扰的性质、干扰的传播途径及耦合机理，系统地提出了抑制干扰的技术措施，制定了电磁兼容的系列标准和规范，建立了电磁兼容试验和测量体系，解决了电磁兼容分析、设计及预测的一系列理论和技术问题。电磁干扰问题也由单纯排除干扰，逐步发展成在理论上和技术上全面考虑电气、电子设备及其电磁环境的系统工程，电磁兼容成为新兴的综合性学科。

20 世纪 70 年代，电磁兼容学科已非常活跃，国际性电磁兼容学术会议每年都召开，美国电气电子工程师协会（IEEE）的权威杂志专门设立了 EMC 分册，美国学者 B. E. 凯瑟撰写了《电磁兼容原理》专著，美国国防部编辑出版了各种电磁兼容性手册，广泛应用于工程设计。到 20 世纪 80 年代，美国、德国、日本、前苏联、法国等经济发达国家在电磁兼容研究和应用方面已达到了很高的水平，涉及电磁兼容标准和规范、设计、分析预测、试验测量、技术培训和管理等，研制出高精度的电磁发射及电磁敏感度自动测试系统，开发出多种系统内和系统间的电磁兼容性分析和预测软件，开发研制出多种抑制电磁干扰的新材料和新工艺。电磁兼容设计已成为产品设计中保证产品可靠性的重要一环。20 世纪 90 年代，电磁兼容已从事后检测发展到预先分析评估、预先检验。电磁兼容工程师必须与产品设计师、制造商等专家共同合作，在方案的设计阶段就开展有针对性的预测分析工作。产品电磁兼容性标准及认证已由单个国家发展到地区或贸易联盟。

在我国，电磁兼容的研究起步较晚，但发展很快。20 世纪 80 年代初开始研究并制定国家级和行业级的电磁兼容性标准和规范，国内电磁兼容组织纷纷成立，学术活动频繁开展。1987 年召开了第一届全国电磁兼容性学术会议，1990 年在北京第一次成功举办了电磁兼容性国际学术会议，它标志着我国的电磁兼容开始参与世界交流。

20 世纪 90 年代以来，随着国民经济和高科技的迅速发展，电磁兼容技术受到格外重视，航空、航天、通信、电子、电力等部门投入了大量的人力、财力，建立了一批电磁兼容试验测试中心，引进了许多先进的电磁发射及电磁敏感度自动测试系统和试验设备；在电磁兼容工程设计和预测分析方面也开展了一系列研究，并逐渐投入实际应用；制定了一系列的电磁兼容标准，并已进入实施阶段。

1.2 电磁兼容学科的主要研究内容

电磁兼容研究的目的是为了消除或降低自然的和人为的电磁干扰，减少其危害，提高设备或系统的抗电磁干扰能力，保证设备或系统的电磁兼容性。电磁兼容研究的内容很多，主要包括：

1. 电磁干扰特性及其传播机理

为了解决电磁干扰问题，首先必须了解电磁干扰的特性和它的传播机理，然后才能有针对性地采取相应对策加以抑制。因此，研究电磁干扰特性及其传播耦合理论是电磁兼容学科最基本的任务之一。

2. 电磁危害及电磁频谱管理

电磁辐射被列为继水污染、空气污染、噪声污染和环境污染之后的第五种公害，称为电磁污染。它表现为射频辐射、核电磁脉冲、静电放电等对人身健康的危害、对设备或系统的破坏及对其安全性和可靠性的影响。了解电磁污染的危害有助于采取各种措施解决它。同时，电磁频谱是一个有限的环境资源，如被污染或被侵占将会使电磁兼容的实施遇到困难。为此，必须由专门的机构（国际电信联盟）来加以管理，我国则由中国无线电管理委员会分配和协调无线电频段。有效地管理、合理地利用电磁频谱是电磁兼容的一项必要内容。

3. 电磁干扰的工程分析方法及控制技术

电气、电子设备或系统种类多样、结构复杂，必须设计出一套行之有效的方法来处理工程实际中常见的各种典型电磁干扰问题，而典型问题的分析方法也可用于分析更复杂的情况，它有助于快速识别其干扰机理。屏蔽、滤波、接地及合理布局等是抑制干扰的基本措施，但在工程实践中往往存在功能、质量等与成本的矛盾，必须权衡利弊寻找最合理的措施来满足电磁兼容性要求。电磁兼容控制技术一直在不断发展，新材料、新工艺的出现为电磁兼容控制技术提供了新的措施。因此，电磁兼容控制技术始终是电磁兼容学科中最活跃的课题。

4. 电磁兼容的设计方法

对于工程设计，很重要的一项就是要考虑费效比，产品的电磁兼容设计也是如此。在产品设计、试制和生产过程中，产品设计初期解决电磁兼容问题，成本低、控制措施易实现，而到了后期再去发现和解决，则成本会大大增加，且难以实现。因此，费效比的综合考虑是电磁兼容性设计中的一项重要内容。电磁兼容性设计与设备或系统的功能设计不同，它往往要在功能设计方案基础上进行，需要电磁兼容工程师和系统工程师密切配合，反复协调，把电磁兼容设计作为系统工程的一部分来进行，以达到其设计目的。

5. 电磁兼容性测量和试验技术

电磁兼容性测量和试验是一项非常重要的工作，它是产品电磁兼容性的最终考核手段，并且应当贯穿于产品开发、试制的整个过程中。电磁干扰特性及电磁环境复杂，频率范围宽，电磁兼容性测试项目较多，随着技术的进步，对电磁兼容性要求不断提高，需要不断改进测量技术、更新测量设备。要进行电磁兼容性试验，需要研制多种信号源以及装置产生传导和辐射的模拟干扰信号，开发各种试验、测量装置，并使其自动化程度不断提高。因此，高精度的电磁发射及电磁敏感度自动测试系统的研制、开发及其在工程实践中的应用，是电磁兼容学科研究的重要内容。

6. 电磁兼容性标准和工程管理

电磁兼容性标准是电磁兼容设计和试验的依据。通过制定标准和规范来控制电气设备或系统的电磁发射和电磁敏感度，使设备或系统间相互干扰的几率下降，保证其可靠运行。标准规定的试验测试方法和限值要合理，符合国家的科技发展水平及综合实力，既保证设备的安全可靠运行，又不造成人力、物力的浪费，这需要通过大量的实验和数据分析研究。

为了保证设备或系统在其寿命期内都有效且经济地实现电磁兼容性要求，必须实施电磁兼容性管理、建立管理系统，并使其有效运转，应用系统工程的方法，实施全面管理。电磁兼容管理的基本职能是计划、组织、监督、控制和指导。管理的对象是研制、生产和使用过程中与电磁兼容性有关的全部活动。因此，电磁兼容性管理要有全面的计划，从工程管理的较高层次抓起，建立工程管理协调网络和工作程序，确立各阶段的电磁兼容工作目标，突出重点，提高工作的有效性。

7. 电磁兼容分析和预测

电磁兼容分析和预测是合理的电磁兼容性设计的基础。由于系统一旦建成后，要修改设计、重新调整布局代价很高，因此，在系统设计开始阶段就应开展电磁兼容性分析和预测，通过电磁干扰的预测，对可能存在的干扰进行定量的估计和模拟，保证系统建成后能保持兼容，同时，又要避免采取过多的防护措施，以免造成浪费。

电磁兼容分析和预测的方法是采用计算机数字仿真技术，将各种电磁干扰特性、传播函数和敏感度特性等用数学模型描述，编制成程序，然后根据预测对象的具体状态运行预测程序，以获得潜在的电磁干扰计算结果。预测方法在发达国家已普遍采用，并被实践证明是行之有效的，因此，研究预测数学模型、建立输入参数数据库、提高预测准确度等已成为电磁兼容学科关于预测分析技术深入发展的基本内容。

8. 电磁脉冲及其防护

电磁脉冲（Electromagnetic Pulse，EMP）是十分严重的电磁干扰源，其频谱覆盖范围很宽（从甚低频到几百 MHz）、场强很大（电场强度可达 40kV/m）、作用范围很广（达数千km），天线、输电线、电缆线及各种屏蔽壳体等都会被其感应产生强大的脉冲射频电流，如进入设备内部将产生严重的干扰甚至使设备遭到破坏。因此，电磁脉冲的干扰及其防护问题受到广泛的重视。

电磁脉冲分为环境电磁脉冲和系统电磁脉冲，可对卫星、航天器、雷达、广播通信等造成严重的影响，因此，电磁脉冲干扰及其防护已成为近年来电磁兼容学科的一个重要研究内容。

1.3 电磁兼容设计方法

在电磁兼容的发展过程中，为保证设备或系统的电磁兼容性，电磁兼容设计方法先后经历了3个阶段。

1. 问题解决法

问题解决法是先研制设备，然后针对调试中出现的电磁干扰问题，采用各种电磁干扰抑制技术加以解决。因为设备已经研制出来了，再解决电磁干扰问题已经很困难，因而它是一种落后且冒险的方法。为了解决出现的问题，可能要进行大量的拆卸和修改，甚至重新设计，因此，会造成人力、财力的浪费，延误系统的研制时间，并且会致使系统的性能下降。在发达国家，这种方法延续到20世纪50年代，而在我国，许多制造厂商目前仍停留在这一阶段。

2. 规范法

规范法是按颁布的电磁兼容性标准和规范进行设备或系统的设计制造。由于在设计中已经采取了一定的措施，因而可以在一定程度上防止出现电磁干扰问题，比问题解决法合理。在美国，这种方法较为普及，从 20 世纪 60 年代一直延续到 80 年代。由于标准和规范不是针对某个具体设备或系统制定的，因此，用规范法解决的问题不一定是真正存在的问题。由于规范是建立在电磁兼容实践经验的基础上，而不是电磁干扰分析和预测的结果，故为保证安全可靠往往会留有较大的裕度，致使系统成本增加。

3. 系统法

系统法是利用计算机软件对某一特定系统的设计方案进行电磁兼容性分析和预测。系统法从设计开始就预测和分析设备或系统的电磁兼容性，并在设备或系统设计、制造、组装和试验过程中不断对其电磁兼容性进行预测分析，若预测结果显示存在不兼容或设计裕度太大，则修改设计然后再进行预测，直至预测结果表明设计完全合理，才进行硬件生产。系统法是电磁兼容设计的趋势。

系统法的核心是对电磁干扰的分析和预测，目前，美国、英国等发达国家均建立了完善的、多功能的电磁兼容性预测程序库与数据库，几乎可对各种主要的电磁兼容性问题进行预测。

目前使用的预测方法主要包括分级筛选法（包括幅度筛选和频率筛选）、详细预测和性能分析等。在干扰数量很多的情况下首先进行幅度筛选，将少数强干扰从大量弱干扰中分离开来，排除明显的非干扰，只对少数强干扰进行进一步的频率筛选；考虑发射和接收设备的频率间隔等信号特性，对幅度筛选阶段所得干扰的安全裕度进行修正，排除修正后安全裕度小于阈值电平的干扰组；经频率筛选后保留的干扰发生干扰的可能性很大，必须进一步进行详细分析，考虑时间、距离、方向等因素，对产生电磁干扰的时间相关性、极化匹配、天线增益等方面进行更详细计算，确定最终干扰概率分布；最后进行性能分析，将预测干扰电平与性能标准联系起来。

1.4　电磁兼容课程的特点

电磁兼容学科是一门新兴的综合性学科，理论体系还在不断发展和完善过程中。它涉及的基础知识比较广，有一定的难度，需要初学者认清其特点，尽快入门。

1. 电磁兼容以电磁场理论为基础

电磁兼容研究电磁干扰的规律及抑制措施，而大部分电磁干扰是以“电磁场”的形式出现并相互作用，对其分析必然要采用电磁场理论的方法和结论，许多电磁兼容分析和计算都以电磁场计算公式为基础，经过简化和演绎而形成，因此，电磁兼容原理是以电磁场理论为基础的。许多专业的学生和工程技术人员没有系统地学习电磁场理论，在学习掌握电磁兼容原理时会有一定困难。

2. 电磁兼容是一门综合性边缘学科

电磁兼容学科涵盖几乎所有的现代工业领域，如电力、能源、通信、交通、金融、计算机、航空、军工、医疗等，涉及多学科知识，如数学、电磁场理论、天线与电波传播、电路理论、信号分析、通信理论、材料科学及生物医学等，是一门综合性的边缘学科。因此，掌握电磁兼容需要多学科知识基础。

3. 电磁兼容实践性较强

电磁兼容是一门实践性很强的应用学科，特别重视实践经验和技能，因干扰的确定、抑制技术的选择、参数选取很大程度上取决于设计者的经验、水平，要掌握并灵活运用电磁兼容技术需要设计者不断地去实践，积累经验。

4. 大量引用无线电技术的概念和术语

电磁兼容是从无线电技术的抗电磁干扰问题开始发展起来的，随着电子技术的飞速发展和广泛应用，其已不再局限于无线电领域，而是面向所有的电气、电子设备或系统，但其理论大量沿用了无线电技术的概念和术语。例如，电气设备对骚扰信号的响应称为“敏感”，导线和导线间的相互耦合有时称为“串扰”等。这些概念和术语，对于电气、控制等专业的学生都十分生疏，需要理解和掌握其物理本质。

5. 计量单位的特殊性

电磁兼容性工程中最常用的度量单位是分贝（dB）。在电学和电工技术中，功率 P、电压 U、电流 I 单位一般都用 W、V、A，而在电磁兼容性工程中却以 dBW、dBV、dBA 等作单位，这会使初学者在定量分析时感到生疏和困惑。

对于两个功率的比值 P_2/P_1，用分贝表示时为 $10\lg(P_2/P_1)$；对于两个电压的比值 U_2/U_1，用分贝表示时为 $20\lg(U_2/U_1)$；对于两个电流的比值 I_2/I_1，用分贝表示时为 $20\lg(I_2/I_1)$。用分贝表示，有两方面的便利：一是由于当阻抗恒定时功率正比于电压或电流的二次方，因而将功率、电压或电流比值用分贝表示时其结果是相等的，即 $10\lg(P_2/P_1) = 10\lg(U_2/U_1)^2 = 20\lg(U_2/U_1) = 10\lg(I_2/I_1)^2 = 20\lg(I_2/I_1)$；二是当不同比值的数量级相差悬殊时，其分贝值的变化范围不大，常介于 $-100 \sim +100$ 之间。

在电磁兼容性工程中，功率、电压、电流用分贝表示时，其单位换算关系有 $P_{dBW} = 10\lg P$，$P_{dBm} = P_{dBmW} = 10\lg\ (P/10^{-3})$，$U_{dBV} = 20\lg U$，$U_{dBmV} = 20\lg\ (U/10^{-3})$，$U_{dB\mu V} = 20\lg\ (U/10^{-6})$，$I_{dBA} = 20\lg I$，$I_{dBmA} = 20\lg\ (I/10^{-3})$，$I_{dB\mu A} = 20\lg\ (I/10^{-6})$ 等。例如 $1\text{mW} = 0\text{dBm}$、$2\text{mW} = 3\text{dBm}$、$3\text{mW} = 5\text{dBm}$、$2\mu\text{V} = 6\text{dB}\mu\text{V}$、$3\mu\text{V} = 10\text{dB}\mu\text{V}$、$\sqrt{2}\mu\text{A} = 3\text{dB}\mu\text{A}$、$0.5\mu\text{A} = -6\text{dB}\mu\text{A}$、$10\mu\text{A} = 20\text{dB}\mu\text{A}$。不同单位的换算还有 $P_{dBmW} = P_{dBW} + 30$，$U_{dBmV} = U_{dBV} + 60$，$U_{dB\mu V} = U_{dBV} + 120$ 等；如果负载为 50Ω，则 $P = U^2/50$，电压与功率的换算有 $U_{dBV} = P_{dBW} + 17$，$U_{dBV} = P_{dBm} - 13$，$U_{dB\mu V} = P_{dBm} + 107$ 等。

思考题

1. 为什么要对产品进行电磁兼容设计？
2. 电磁干扰有什么危害？
3. 电磁兼容学科的研究主要涉及哪些内容？
4. 电磁兼容设计方法经历了哪几个阶段？
5. 学好电磁兼容课程应注意其哪些特点？
6. 在电磁兼容领域，为什么总是用分贝（dB）的单位描述？
7. 将下列功率比值转换为分贝：

2∶1，3∶1，4∶1，5∶1，6∶1，7∶1，8∶1，9∶1，10∶1，20∶1，30∶1，100∶1，1000000∶1。

8. 将下列电压比值转换为分贝：

2∶1，3∶1，4∶1，5∶1，6∶1，7∶1，8∶1，9∶1，10∶1，20∶1，30∶1，100∶1，1000000∶1。

9. 将下列电压、电流或功率分别换算成 dBμV、dBμA 或 dBm：

0.1V，23mV，670μV，1mA，21μA，48mW，1μW。

10. 假定负载为 50Ω，将如下量值转换为伏特：

26dBμV，－40dBμV，0dBm，3dBm，－10dBm。

第 2 章　电磁兼容基本原理

内容提要

本章是全书的重点，也是学习后续章节的基础。首先，给出了电磁兼容中的几个定义，讲解构成电磁干扰的三要素，介绍了各种电磁骚扰源，然后，重点分析电磁骚扰的传播机理、影响因素及抑制方法，最后，简单介绍保证电磁兼容性的方法。

2.1　电磁兼容的基本概念

2.1.1　有关电磁兼容的定义

电磁兼容性（Electromagnetic Compatibility，EMC），按国家标准 GB/T 4365—2003《电工术语　电磁兼容》的定义：设备或系统在其电磁环境中能正常工作且不对该环境中任何事物构成不能承受的电磁骚扰的能力。

国际电工委员会（IEC）的定义：电磁兼容是设备的一种能力，设备在其电磁环境中能完成它的功能，而不至于在其环境中产生不允许的干扰。

美国电气电子工程师学会（IEEE）的定义：一个装置能在其所处的电磁环境中满意地工作，同时又不向该环境及同一环境中的其他装置排放超过允许范围的电磁扰动。

上述 3 个电磁兼容的定义虽措辞不同但反映的都是设备或系统承受电磁骚扰时能正常工作，同时又不产生超过规定限值的电磁骚扰。

电磁兼容（学）：有关电磁兼容性研究和应用的学科称为电磁兼容（学）。该学科的内容十分广泛，几乎涉及各个行业部门，如电力、电子、通信、交通、航空航天、国防工业、医疗等，与工业生产、人民生活密切相关，实用性很强。电磁兼容学科涉及的理论基础包括数学、电路和电磁场理论、信号分析、通信理论、材料科学和生物医学等，是一门综合性的边缘学科。

电磁环境（Electromagnetic Environment）：存在于给定场所的所有电磁现象的总和。

电磁噪声（Electromagnetic Noise）：一种明显不传递信息的时变电磁现象，它可能与有用信号叠加或组合。电磁噪声通常是脉动的或随机的，但也可以是周期的。

无用信号（Unwanted Signal，Undesired Signal）：可能损害有用信号接收的信号。

电磁骚扰（Electromagnetic Disturbance）：可能引起装置、设备或系统性能降低或对有生命、无生命物质产生损害作用的电磁现象。电磁骚扰可以是电磁噪声、无用信号或有用信号，也可以是传播媒介自身的变化。

电磁干扰（Electromagnetic Interference，EMI）：由电磁骚扰引起的设备、系统或传播通道的性能下降。电磁骚扰和电磁干扰这两个术语经常容易混淆，其实它们是同一事物的两个不同侧面，前者是指电磁能量的发射过程，后者则强调电磁骚扰造成的结果。

性能降级（Degradation of Performance）：装置、设备或系统的工作性能与正常性能的非期望偏差。

抗扰性（Immunity of Disturbance）：装置、设备或系统面临电磁骚扰而不降低运行性能的能力。

电磁敏感性（Electromagnetic Susceptibility，EMS）：在存在电磁骚扰的情况下，装置、设备或系统不能避免性能降低的能力。抗扰性与电磁敏感性是同一性能的正反两方面的不同说法，敏感性高则意味着抗扰性低。

（时变量的）电平（Level of a Time Varying Quantity）：用规定方式在规定时间间隔内求得的诸如功率或场参数等时变量的平均值或加权值。电平可用对数来表示，例如相对于某一参考值的分贝数。

发射电平（Emission Level）：用规定方法测得的由特定装置、设备或系统发射的某给定电磁骚扰电平。

抗扰性电平（Immunity Level）：将某给定电磁骚扰施加于某一装置、设备或系统而其仍能正常工作并保持所需性能等级时的最大骚扰电平。

电磁兼容电平（Electromagnetic Compatibility Level）：预期加在工作于指定条件的装置、设备或系统上的规定的最大电磁骚扰电平。

发射限值（Emission Limit）：规定的电磁骚扰源的最大发射电平。

抗扰性限值（Immunity Limit）：规定的最小抗扰性电平。

骚扰限值（Limit of Disturbance）：对应于规定测量方法的最大电磁骚扰允许电平。

干扰限值（Limit of Interference）：电磁骚扰使装置、设备或系统最大允许的性能降低。

发射裕量（Emission Margin）：装置、设备或系统的电磁兼容电平与发射限值之间的差值。

抗扰性裕量（Immunity Margin）：装置、设备或系统的抗扰性限值与电磁兼容电平之间的差值。

兼容性裕量（Compatibility Margin）：装置、设备或系统的抗扰性电平与骚扰源的发射限值之间的差值。发射电平、抗扰性电平、兼容性电平和发射限值等的关系如图2-1所示。

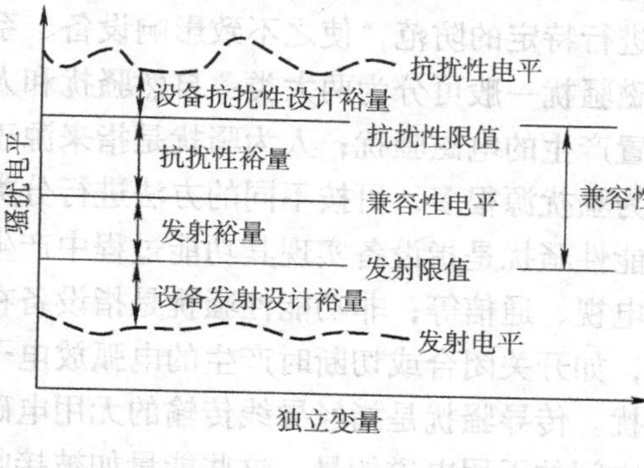

图2-1　各电平之间的关系

2.1.2　电磁干扰三要素

电磁兼容是研究电磁干扰问题。在任何系统中，要形成电磁干扰必须具备3个基本条件（见图2-2），即骚扰源，对骚扰敏感的接收单元，把能量从骚扰源耦合到接收单元的传输通道，称为电磁干扰三要素。

图2-2　电磁干扰三要素

我们在工作、生活中观察到的各种干扰现象，都可以归结出上述三个要素。下面列举一些例子，如在CRT显示器旁使用手机，显示器的图像会受到影响，这里手机是骚扰源，CRT显示器是敏感单元，耦合通道是空间辐射；驾驶汽车经过高压输电线附近时，车载收音机中会听到干扰噪声，这里输电线是骚扰源，收音机是敏感单元，耦合通道是空间电场或磁场（取决于收音机的接收天线结构）；在家里使用吸尘器时，电视图像上出现雪花，这里吸尘器中的电动机是骚扰源，电视机是敏感单元，耦合通道是通过电源线的传导；车间内投入大的负载引起计算机重启，这里投运负载是骚扰源、计算机是敏感单元，耦合通道是通过电源线的传导。对于任何一个干扰现象必然存在电磁干扰三要素，且三要素缺一不可。

电路受干扰的程度可用下式描述：

$$S = \frac{WC}{I} \tag{2-1}$$

式中，S为电路受干扰的程度；W为骚扰源的强度；C为骚扰源通过某种途径到达被干扰处的耦合因素；I为被干扰电路的抗干扰性能。

在系统设计、制造、安装和调试中，消除三要素中的任何一个因素，干扰即可消除。因此，电磁兼容设计的基本出发点就在于破坏上述3个条件中的任何一个或几个。

2.2 电磁骚扰源

2.2.1 电磁骚扰的一般分类

电磁场存在于宇宙中，电磁骚扰无处不在，要找出影响最大、威胁最严重的电磁骚扰，并对其进行特定的防范，使之不致影响设备、系统的正常运行。

电磁骚扰一般可分为两大类：自然骚扰和人为骚扰。自然骚扰是指来源于自然现象而非人工装置产生的电磁骚扰；人为骚扰是指来源于人工装置的电磁骚扰。

人为骚扰源很多，可按不同的方法进行分类。按其属性可分为功能性骚扰和非功能性骚扰。功能性骚扰是指设备实现其功能过程中产生的有用电磁能量对其他设备造成的干扰，如广播、电视、通信等；非功能性骚扰是指设备在实现自身功能的同时伴随产生或附加产生的副作用，如开关闭合或切断时产生的电弧放电干扰。按电磁骚扰耦合方式可分为传导骚扰和辐射骚扰。传导骚扰是指经导线传输的无用电磁能量，辐射骚扰是指从电子设备或其连接线泄漏到空间的无用电磁能量，这些能量如被接收则形成干扰。按骚扰波形可分为连续波、周期脉冲波和非周期脉冲波。按电磁骚扰信号的频谱宽度可分为宽带骚扰和窄带骚扰。骚扰信号的带宽大于指定接收器带宽的称为宽带骚扰源，反之称为窄带骚扰源。根据骚扰信号的频率范围可分为甚低频骚扰（30Hz以下）、工频与音频骚扰（50Hz及其谐波）、载频骚扰（10～300kHz）、射频及视频骚扰（300kHz～300MHz）、微波骚扰（300MHz～100GHz）。

2.2.2 自然骚扰源

自然骚扰源，是由于大自然现象所造成的各种骚扰源，包括大气噪声源、天电噪声源和热噪声源等。大气噪声源包括雷电放电和局部自然骚扰源。天电噪声源包括太阳噪声和宇宙噪声。

雷电是最常见的，也是最严重的大气层电磁骚扰源。它的闪击电流很大，最大可达兆安培，电流上升时间为微秒级，持续时间可达几个毫秒乃至几秒，如图 2-3 所示。由于雷电流十分强大，若直接击中地面，即使地电阻只有零点几欧至数欧，也会产生数万伏的电压。雷电电磁辐射的电磁场频率范围大致在 10Hz ~ 300kHz 范围，其主频率在数千赫，虽然雷击的直接破坏范围只有几平方米到几十平方米，但是其电磁骚扰，却能传播到很远。

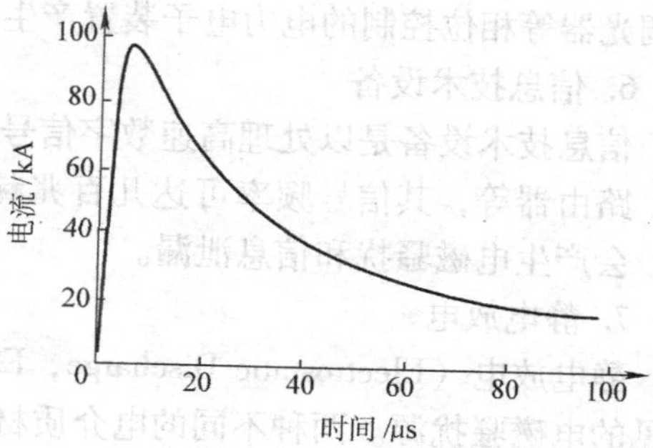

图 2-3　雷击电流波形

太阳噪声是太阳发射的辐射。它随太阳的活动而变化，当太阳黑子活动时显著增强，导致地球表面的磁暴，干扰卫星、航天器及通信。

热噪声是物质中电子在热力状态下无规则运动形成的噪声，如电子热噪声、气体放电噪声等。

2.2.3　人为骚扰源

人为骚扰源包括各种各样的电气、电子设备或系统，常见的骚扰源有：

1. 无线电通信设备

通信、广播、电视、雷达等大功率无线电发射设备发射的电磁能量信息对于系统本身是有用信号，但对其他设备则是无用信号，会产生干扰，并且可能对其周围的生物体产生伤害。无线电接收装置，如电视接收机、调频接收机、调幅接收机等，其调制电路也会对外产生骚扰。

2. 工业、科学、医疗设备

工业、科学、医疗设备（如工业高频加热装置、高频电焊机等工业用高频设备、超高频、甚高频治疗装置等高频医疗设备以及超声波设备等），利用射频电磁能量工作，但其电磁能量对外发射则成为骚扰源。

3. 电力系统

电力系统骚扰源包括架空输电线路和高压设备。输电线路上的开关和负载投切、短路、电流浪涌、雷电放电感应、整流电路及功率因数校正装置等，将骚扰以脉冲形式馈入输电线路，并经输电线以传导和辐射的方式耦合到与输电线连接或在输电线附近的电气、电子设备。高压设备的电晕放电、不良接触引起的火花等也会形成电磁骚扰。

4. 点火系统

点火系统利用点火线圈产生的高压，通过点火栓进行火花放电，由于放电时间短、电流大、波形上升很陡，会产生较强的电磁辐射。点火系统对无线电接收机和电视机的干扰，人们都已很熟悉。

5. 家用电器、电动工具及电气照明

这一大类设备或装置种类繁多，骚扰特性复杂。包括连接电器具，如霓虹灯、装饰灯、电炉、电熨斗等的转换器、电磁触头及恒温器，产生放电噪声；电钻、吸尘器等换向器电动机器具，滑动接触引起的火花或弧光；荧光灯、高压汞灯等放电管产生的辉光放电骚扰；整流调光器等相位控制的电力电子装置产生的过渡噪声。

6. 信息技术设备

信息技术设备是以处理高速数字信号为特征的电子设备，如计算机及其外围设备、传真机、路由器等，其信号频率可达几百兆赫甚至几吉赫，包含丰富的频谱，有较强的辐射能力，会产生电磁骚扰和信息泄漏。

7. 静电放电

静电放电（Electrostatic Discharge，ESD），特别是人体的静电充电和放电现象，是一种常见的电磁骚扰源。两种不同的电介质材料紧密接触摩擦后分开，便分别带有正、负电荷。人体和毛皮、毛料织物、人造纤维织物摩擦会产生静电，如一个穿塑料底鞋子的人在人造纤维地毯上行走，会在鞋底留下多余的负电荷，在地毯上留下多余的正电荷。这样，在人与地之间就会建立起充电电压，一般1min充电与放电就会达到平衡，如图2-4a所示。人在地毯上行走建立起的充电电压一般为10～15kV，平均为12kV，有时可高达20～25kV，但最高不会超过40kV（过高的电压会产生电晕，自动地将电荷释放掉）。人在乙烯地板上行走可产生约4kV的平均电压，在台阶上产生的平均电压约为0.5kV。人体电容的典型值为150pF（100～500pF），人体电阻的典型值为1kΩ（50～5000Ω）。当带电荷的人体靠近金属时积累的电荷释放，即引起静电放电。静电放电时，由于其电压很高，瞬时电流可以很大，但因能量很小，因此放电持续时间很短，如图2-4b所示。

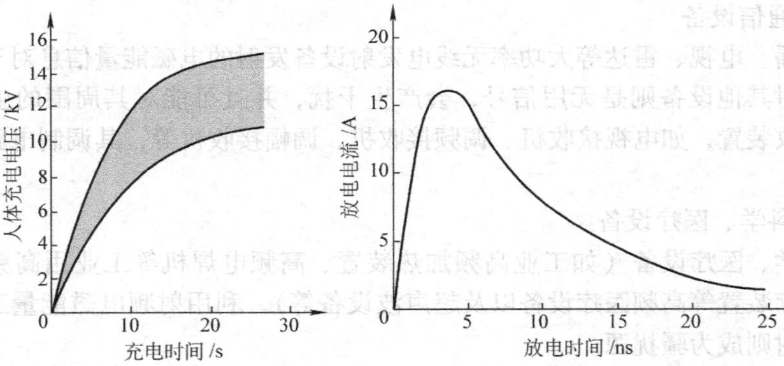

图2-4　人体静电充电、放电示意图

a）静电充电　b）静电放电

无论是自然的还是人为的电磁骚扰源，按其构成威胁的程度均可分为4类：雷电、强电磁脉冲、静电放电和开关操作，其电压、电流及时域特性见表2-1。

表2-1　电磁骚扰电压、电流及时域特性

瞬变的来源		电　压	电　流	上升时间	持续时间
雷电	a	500kV/m	200kA	<1.5μs	20μs
	b	6kV/m	3kA	<8μs	
核爆炸产生的电磁脉冲	a	100kV/m	10kA	10ns	150ns
	b	1kV/m	>10A	20ns	1μs
静电放电	a	40kV/m	80A	1～5ns	<100ns
	b	1～5kV/m	>10A	10ns	>100ns

（续）

瞬变的来源		电　压	电　流	上升时间	持续时间
开关操作	a	<2500V	200A	<10μs	>40μs
	b	<600V	<500A	<50μs	>10μs

注：a 为直接造成的瞬变状态，b 为间接造成的瞬变状态。

2.2.4　时域和频域

电信号可以用时域和频域两种方式表示。在时域中，信号表示为其量值随时间变化的函数。它可以展示信号的整个变化过程，比较符合人们的观察习惯，用示波器测量到的信号就是时域信号。时域信号或波形随时间重复出现的称为周期信号，这类信号是数字电子系统中重要的电磁发射信号，它们通常是时钟和数据信号。信号脉冲只在时域内出现一次的称为非周期信号，它通常是一个暂态过程信号。在频域中，信号表示为其幅值、相位随频率变化的函数。电磁兼容标准的限值是在频域中规定的，频域（频谱）信号可以用频谱分析仪测量。周期信号可以用功率频谱表示，非周期信号（仅在有限时间内为非零值时）可以用能量频谱表示。时域信号可以通过傅里叶变换 $X(\omega)=\int_{-\infty}^{\infty}x(t)\mathrm{e}^{-\mathrm{j}\omega t}\mathrm{d}t$ 转化为频域信号，频域信号也可以通过傅里叶逆变换 $x(t)=\frac{1}{2\pi}\int_{-\infty}^{\infty}X(\omega)\mathrm{e}^{\mathrm{j}\omega t}\mathrm{d}\omega$ 转化为时域信号。

周期信号可以用傅里叶级数表示为 $x(t)=\sum_{n=-\infty}^{\infty}c_n\mathrm{e}^{\mathrm{j}n\omega_0 t}$，其中 $c_n=\frac{1}{T}\int_{t_0}^{t_0+T}x(t)\mathrm{e}^{-\mathrm{j}n\omega_0 t}\mathrm{d}t$。以数字电路中常见的周期性变化的梯形波为例，如图 2-5 所示，其周期为 T，幅值为 A，上升时间和下降时间均为 t_r，梯形波平均时间为 τ，则该梯形波可表示为其各次频率分量之和

$$x(t)=c_0+\sum_{n=1}^{\infty}2c_n\cos(n\omega_0 t+\phi_n) \tag{2-2}$$

式中，$c_n=\frac{A\tau}{T}\left|\frac{\sin(n\pi\tau/T)}{n\pi\tau/T}\right|\left|\frac{\sin(n\pi t_\mathrm{r}/T)}{n\pi t_\mathrm{r}/T}\right|$。

从 c_n 的表达式可以看出，当 $t_\mathrm{r}<<T$ 时，对于低次谐波，$\frac{\sin(n\pi t_\mathrm{r}/T)}{n\pi t_\mathrm{r}/T}\approx 1$，谐波分量 $2c_n$ 与频率成反比；对于高次谐波，谐波分量 $2c_n$ 与频率的二次方成反比。图 2-5 所示梯形波的频谱信号的包络线如图 2-6 所示。由于信号的谐波分量与脉冲的上升时间和下降时间有关，如果适当延长梯形波的上升时间和下降时间，则该信号的高频谐波分量可大为减小，从而减

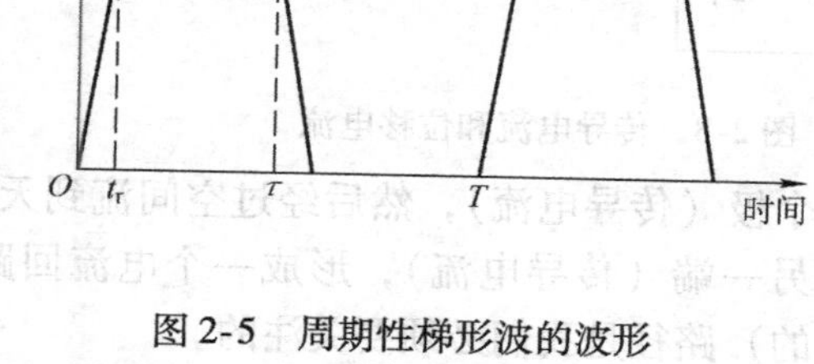

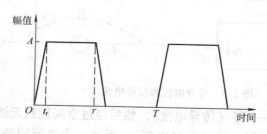

图 2-5　周期性梯形波的波形

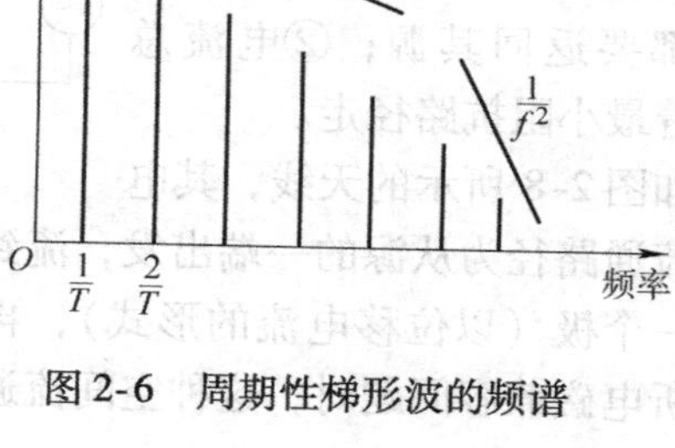

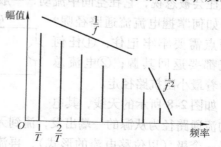

图 2-6　周期性梯形波的频谱

少数字电路产生的辐射。

2.3 电磁骚扰的传播

电磁骚扰从骚扰源传播至敏感单元，其传播方式可以有多种不同的分类方法，在本书中，我们按照耦合机理将其分为传导耦合、磁场耦合、电场耦合和辐射耦合4种方式，如图2-7所示。

电磁骚扰传播方式
- 传导耦合
- 磁场耦合
- 电场耦合
- 辐射耦合

图2-7 电磁骚扰的传播方式

传导耦合是指一个电路中的骚扰电压或骚扰电流通过公共电路（如共用的导线、元器件等）流通到另一个电路中的耦合方式。其特点是两个电路之间至少有两个电气连接节点，因为是通过公共的电路产生耦合，故这种方式也称为公共阻抗耦合。比较常见的有公共地阻抗耦合和公共电源阻抗耦合。电磁骚扰通过电路、设备的公共接地线及接地网络中的公共地阻抗，产生公共地阻抗耦合，通过交、直流电源的公共电源阻抗，产生公共电源阻抗耦合。

磁场耦合（电感耦合）是指一个回路中的骚扰电流通过链接磁通（互感）在另一个回路中感应电动势，以传播骚扰的耦合方式。

电场耦合（电容耦合）是指一个电路中导体的骚扰电压通过与其临近的另一电路中导体之间的相互电容耦合产生骚扰电流，以传播骚扰的耦合方式。

辐射耦合是指电磁骚扰在空间中以电磁波的形式传播，耦合至被干扰电路。

比起复杂的电磁场方法，我们更希望用简单的电路的概念来分析骚扰的传播情况，为此，首先来看一下电流的流通，然后再分别讨论4种传播方式。

2.3.1 电流流通路径

电流流通路径是影响电磁兼容性的最重要因素，即使是1/1000的工作电流沿着一个无意路径流通亦有可能引起电磁兼容问题，为此，必须把握好每一个电流的流通情况。什么是电流？相信大家都会知道，电荷的定向移动形成电流（传导电流 I_C），电场的变化也形成电流（位移电流 I_D）。如图2-8所示，传导电流在提供通路的导线或导体中流动；位移电流，则往往会被忽视，它在空间中流动，一般不易控制。

如何掌握电流流通路径呢？有两点需要牢牢记住：①任何电流都要返回其源；②电流总是沿着最小阻抗路径走。

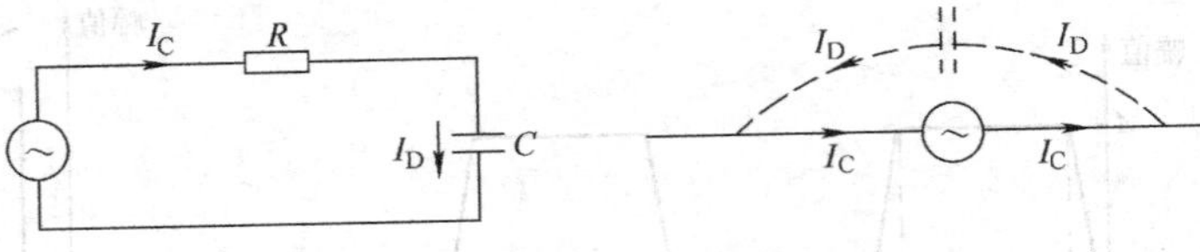

图2-8 传导电流和位移电流

如图2-8所示的天线，其电流的流通路径为从源的一端出发，流到天线的一个极（传导电流），然后经过空间流到天线的另一个极（以位移电流的形式），再流回源的另一端（传导电流），形成一个电流回路。在分析电磁兼容问题时，这种空间流通的（无形的）路径是我们必须要关注的。

在电流流通时，它的路径受电路阻抗的影响，载流导线除了有电阻之外还有电感、电容，在高频情况下其感抗值远大于电阻值，这在电路分析时必须考虑进来。图 2-9 为一交流电压信号通过一段同轴电缆的内外导体施加到一负载电阻上，同时，在同轴电缆的两端将外导体通过一小段导体连接起来。可以看出这里的电流流通路径为，从电源的一端经同轴电缆的芯线流到负载电阻，流过电阻到达同轴电缆外导体的负载端，再往下走有两条并联的路径：一条是通过同轴电缆外层导体从负载端流到电源端（路径 1），另一条是通过小段导体流到电源端（路径 2），两条路径在电源侧汇合后流回电源形成电流回路。现在我们关心的是两条并联通路中的电流流通情况。根据电路分析可知，电流的分配与并联支路各自的阻抗成反比。假设分别施加 1kHz 和 10kHz 的电压信号，看结果如何。当施加 1kHz 信号时，由于是低频，两条路径的阻抗主要取决于电阻，这时大部分电流将从路径 2 流过；当施加 10kHz（或更高频率）信号时，电感的影响超过电阻，其电流分配主要取决于电感，而电感与回路面积有关，从图中可以看出，由路径 2 构成的回路面积远大于路径 1，因此，这时大部分电流将从路径 1 流过。

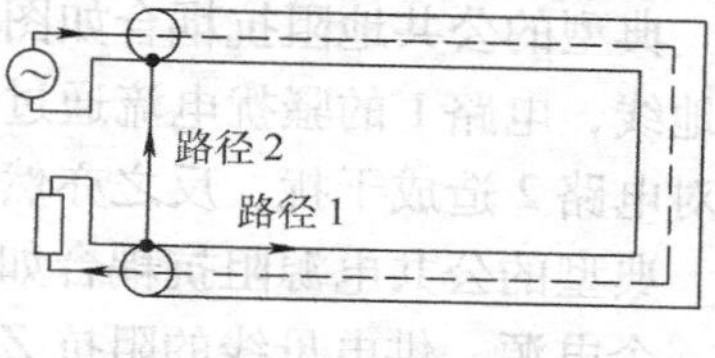

图 2-9 最小阻抗路径

电磁兼容所涉及的信号频率基本上都超过了 10kHz，因此要分析电流路径，必须了解回路及其回路阻抗。

下面看一个印制电路板的例子。图 2-10 为一个时钟脉冲芯片通过一条印制线给一块集成电路提供时钟信号，信号电流从时钟芯片出来，经印制板正面上的印制线到达 IC，再从 IC 出来，经过孔 2 转到电路板背面的实金属地平面，从背面再流到过孔 1，经过孔 1 转到电路板正面，然后再返回时钟芯片，形成回路。信号电流在电路板背面，从过孔 2 到过孔 1，究竟沿着什么路径走呢？电流总是沿着最小阻抗路径走，对于这里的时钟信号（高频），最小阻抗路径就是最小回路电感路径，也就是最小回路面积的路径，因此，电流返回路径应该是在电路板背面、印制线的正下方、沿着印制线电流相反的方向流通（见图 2-10 中的虚线部分），而不是直接由过孔 2 到过孔 1。

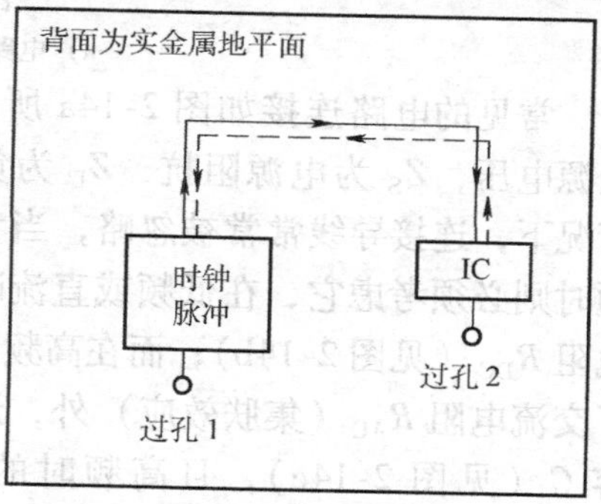

图 2-10 印制电路板上的信号电流返回路径

对于高频电流，如果我们能给它提供一个（合理的）通路，它可能就（主要）沿着这条通路走，如果不给它提供这种通路，则它会自己找到通路（不在我们的控制之中）。

2.3.2 传导耦合

若两个电路共用一段电路，如一段导线、一个阻抗，当其中一个电路中有骚扰电流流过时，在该段公共电路（阻抗）上产生的骚扰电压就会影响到另一个电路，产生传导耦合或公共阻抗耦合。如图 2-11 所示，两个电路有一个公共阻抗 Z_C，U_{S1} 为电路 1 中的电压源，Z_{S1} 和 Z_{L1} 分别为电路 1 中的源阻抗和负载阻抗，Z_{S2} 和 Z_{L2} 分别为电路 2 中的源阻抗和负载阻抗，当 $Z_C \ll Z_{S1}+Z_{L1}$ 和 $Z_{S2}+Z_{L2}$ 时，电路 1 中的电压源 U_{S1} 在回路中产生的电流 I_1，流过

公共阻抗 Z_C 产生的压降 I_1Z_C 会作用到电路2上，在电路2的负载 Z_{L2}上产生干扰电压。

$$U_{L2}=\frac{U_{S1}Z_CZ_{L2}}{(Z_{S1}+Z_{L1})(Z_{S2}+Z_{L2})} \tag{2-3}$$

这里的公共电路既包括人为接入的阻抗，也包括由公共电源线和公共地线的引线电感等所造成的阻抗以及不同接地点间的地电位差产生的耦合等，公共地阻抗耦合和公共电源阻抗耦合是最常见的传导耦合。

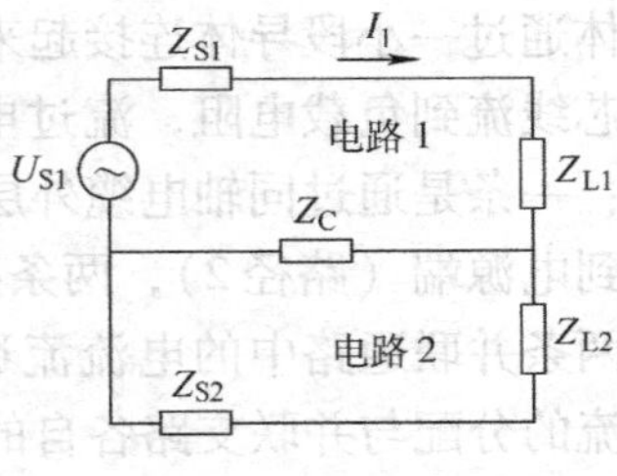

图2-11　传导耦合

典型的公共地阻抗耦合如图2-12所示。两个电路共用一段地线，电路1的骚扰电流通过公共地阻抗耦合到电路2，从而对电路2造成干扰，反之亦然。

典型的公共电源阻抗耦合如图2-13所示。两个电路共用同一个电源，供电母线的阻抗 Z_{C1}、Z_{C2}为公共阻抗（通常为电感性），电流 I_1、I_2 在公共阻抗 Z_{C1}、Z_{C2}上的压降使电路1和2相互耦合。

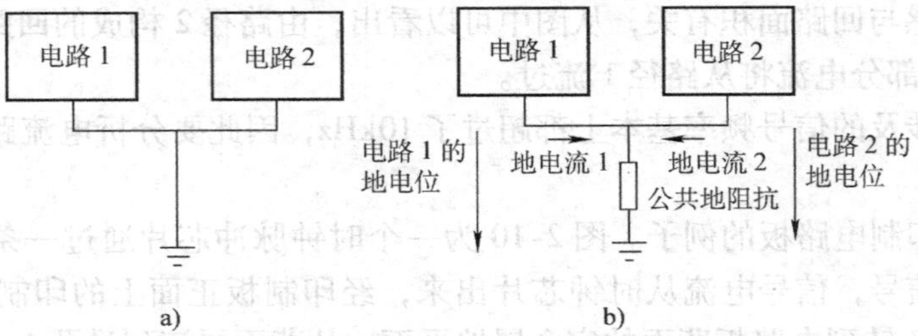

图2-12　公共地阻抗耦合

a）电路原理图　b）EMI分析的等效电路

常见的电路连接如图2-14a所示，其中 U_S 为电源电压，Z_S 为电源阻抗，Z_L 为负载阻抗。一般情况下，连接导线常常被忽略，当考虑电磁兼容问题时则必须考虑它，在低频或直流时，导线有直流电阻 R_{DC}（见图2-14b）；而在高频时，导线模型除了交流电阻 R_{AC}（集肤效应）外，还有电感 L 和电容 C（见图2-14c），且高频时的感抗远远超过电阻。

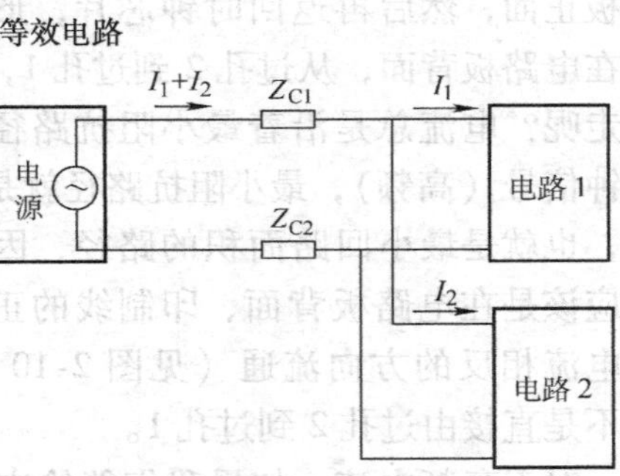

图2-13　典型的公共电源阻抗耦合

对于半径为 a、长度为 l 的圆柱导体，其直流电阻为 $R_{DC}=\frac{l}{\sigma\pi a^2}$，式中，$\sigma$ 为导体的电导率；其交流电阻为 $R_{AC}=\frac{l}{\sigma 2\pi a\delta}=\frac{l}{2a}\sqrt{\frac{f\mu}{\pi\sigma}}$，式中，$\mu$ 为导体的磁导率，δ 为频率 f 时导体的透入深度，$\delta=\frac{1}{\sqrt{\pi f\mu\sigma}}$。

频率越高、导电性能越好，则导体的集肤效应越显著、透入深度越小。对于铜导体，在 $f=50\text{Hz}$ 时，透入深度 $\delta=9.4\text{mm}$，而当频率 $f=10^8\text{Hz}$ 时，透入深度 $\delta=6.7\mu\text{m}$。

对于无限大空间中两根半径 a、长 l、间距 d（$l>>d$）的平行圆柱导体（见图2-15）构成的连接回路，导体回路的电感为 $L=\frac{\mu_0 l}{\pi}\text{arccosh}\left(\frac{d}{2a}\right)$，式中，$\mu_0$ 为空气的磁导率；导体间的

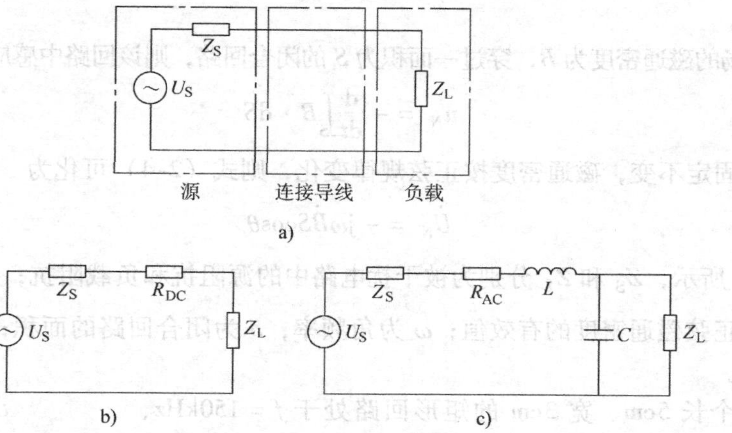

图2-14 连接导线的阻抗

a）连接导线的实际电路 b）低频等效电路 c）高频等效电路

电容为 $C=\dfrac{\pi\varepsilon_0 l}{\operatorname{arccosh}\left(\dfrac{d}{2a}\right)}$，式中，$\varepsilon_0$ 为空气的介电常数。当 $d>>a$ 时，$L\approx\dfrac{\mu_0 l}{\pi}\ln\left(\dfrac{d}{a}\right)$，$C\approx\dfrac{\pi\varepsilon_0 l}{\ln\left(\dfrac{d}{a}\right)}$。

对于图2-16所示的矩形回路，其电感为

$$L=\frac{\mu_0}{\pi}\left(-2h-2w+2\sqrt{h^2+w^2}-h\ln\frac{h+\sqrt{h^2+w^2}}{w}-w\ln\frac{w+\sqrt{h^2+w^2}}{h}+h\ln\frac{2h}{a}+w\frac{2w}{a}\right)$$

式中，μ_0 为空气的磁导率；a 为导体半径；h 为回路的高度；w 为回路的宽度。

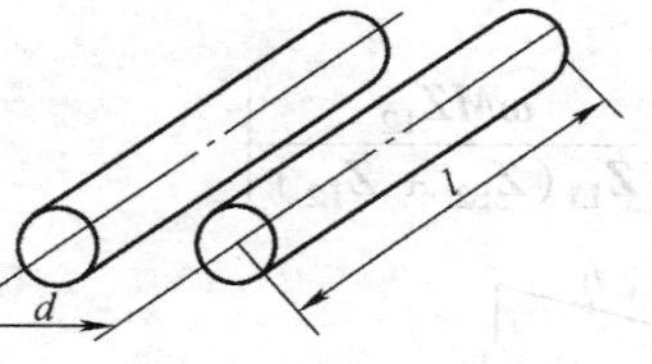

图2-15 双线传输线

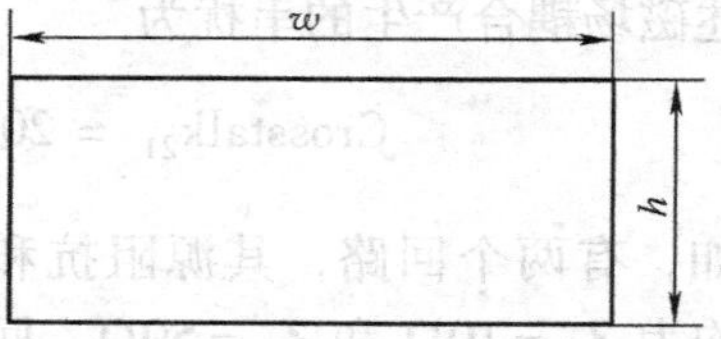

图2-16 矩形回路

为减小传导耦合的影响，应采取如下措施：①尽量减少与骚扰源回路的公共部分；②采取滤波措施。

2.3.3 磁场耦合

典型的磁场耦合器件就是变压器。有用信号和骚扰信号可以从其一侧绕组传输到另一侧绕组。但一般的磁场耦合是指骚扰源产生的骚扰磁场与被干扰回路存在磁通交链，从而在被干扰回路中感应电动势。当骚扰源为低电压、大电流时，它对周围电路的影响，主要表现为磁场耦合干扰。

设骚扰磁场的磁通密度为 B，穿过一面积为 S 的闭合回路，则该回路中感应的干扰电压为

$$u_N = -\frac{d}{dt}\int_S B \cdot dS \tag{2-4}$$

如果回路固定不变，磁通密度按正弦规律变化，则式（2-4）可化为

$$\dot{U}_N = -j\omega\dot{B}S\cos\theta \tag{2-5}$$

如图 2-17 所示，Z_S 和 Z_L 分别为被干扰电路中的源阻抗和负载阻抗；$\dot{U}_N$ 为干扰电压的有效值；$\dot{B}$ 为正弦磁通密度的有效值；ω 为角频率；S 为闭合回路的面积；θ 为磁通密度与回路面的夹角。

例如，一个长 5cm、宽 3cm 的矩形回路处于 $f=150$kHz、$H=2$A/m 的磁场中，且磁场垂直于回路平面，通过式（2-5）可计算出，回路中的感应电压为 3.55mV。

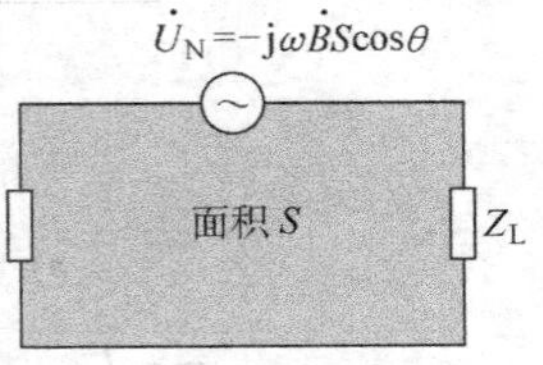

图 2-17 骚扰磁场在被干扰回路中感应电压

由式（2-5）可知，为降低感应电压，必须减小 B、S 及 $\cos\theta$，也就是说，尽量减弱骚扰磁场，减小回路包围的面积，使闭合回路面的方向与骚扰磁场的方向垂直。

对于两个电路之间的磁场耦合，可用互感 M 表示，如图 2-18所示，Z_{S1} 和 Z_{L1} 分别为骚扰电路（回路 1）中的源阻抗和负载阻抗，Z_{S2} 和 Z_{L2} 分别为被干扰电路（回路 2）中的源阻抗和负载阻抗，回路 1 中的骚扰电流 $\dot{I}_1$ 通过互感 M 在回路 2 中感应电压 $\dot{U}_N=j\omega M\dot{I}_1$，再作用到被干扰电路中的负载上产生干扰电压

$$\dot{U}_{L2} = j\omega M\dot{I}_1 Z_{L2}/(Z_{S2}+Z_{L2}) \tag{2-6}$$

回路 1 耦合到回路 2 中负载上的干扰电压 U_{L2} 与回路 1 中的负载电压 U_{L1} 的比值，称为回路 1 对回路 2 的串扰，即

$$\text{Crosstalk}_{21} = 20\lg\left|\frac{U_{L2}}{U_{L1}}\right| \tag{2-7}$$

上述磁场耦合产生的串扰为

$$\text{Crosstalk}_{21} = 20\lg\left|\frac{U_{L2}}{U_{L1}}\right| = 20\lg\left|\frac{\omega M Z_{L2}}{Z_{L1}(Z_{S2}+Z_{L2})}\right| \tag{2-8}$$

例如，有两个回路，其源阻抗和负载阻抗均为 $Z_S=10\Omega$ 和 $Z_L=50\Omega$，回路间存在互感 $M=67$nH，当 $f=10$MHz 时，回路 1 对回路 2 的串扰为 $\text{Crosstalk}_{21}=-23$dB。

磁场耦合不需要直接的电连接，当骚扰信号的频率高（电流随时间变化快），被干扰电路回路面积大（互感大），被干扰电路的负载阻抗远大于其源阻抗时，磁场耦合严重。

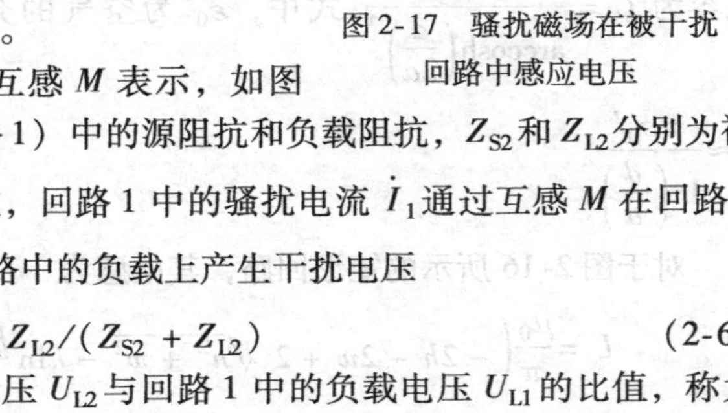

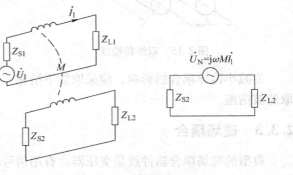

图 2-18 两个电路间的磁场耦合

为减小磁场耦合的影响，应采取如下措施：①降低骚扰信号的频率；②减小回路之间的互感；③减小被干扰回路的负载阻抗。其中，为减小互感，可减小回路面积；增大回路间的距离；避免回路面平行布置；采取屏蔽措施。

2.3.4 电场耦合

当骚扰源为高电压、小电流时，它对周围导体、电路的影响，主要表现为电场耦合干扰。

两个导体相互靠近就构成一个电容，如图 2-19 所示，两个电路中的导线 1 和导线 2 之间存在耦合电容 C_{12}，且有对地电容 C_{1G} 和 C_{2G}，Z_{S1} 和 Z_{L1} 分别为电路 1 中的源阻抗和负载阻抗，Z_{S2} 和 Z_{L2} 分别为电路 2 中的源阻抗和负载阻抗，$\dot{U}_{1S}$ 为电路 1 中的骚扰电压。由于在电路 1 中有骚扰源，其电压为 $\dot{U}_{1S}$，电路 2 受到干扰。骚扰源通过电容耦合作用于被干扰电路，在导线 2 上产生的干扰电压为

$$\dot{U}_N = \frac{j\omega C_{12} Z_{S2} Z_{L2}/(Z_{S2}+Z_{L2})}{1+j\omega(C_{12}+C_{2G})Z_{S2}Z_{L2}/(Z_{S2}+Z_{L2})}\dot{U}_1 \tag{2-9}$$

式中，$\dot{U}_1 = \dfrac{\dfrac{1}{\dfrac{1}{Z_{L1}}+j\omega C_{1G}}}{Z_{S1}+\dfrac{1}{\dfrac{1}{Z_{L1}}+j\omega C_{1G}}}\dot{U}_{1S}$。

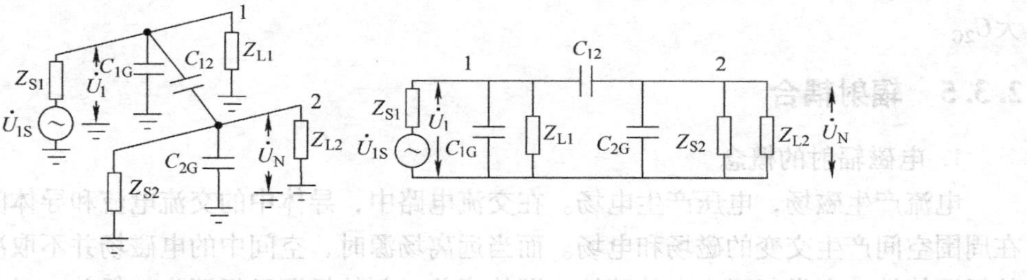

图 2-19　两根导线之间的电容耦合

a）实际电路　b）等效电路

电场耦合产生的串扰为

$$\text{Crosstalk}_{21} = 20\lg\left|\frac{U_{L2}}{U_{L1}}\right| = 20\lg\left|\frac{\dfrac{1}{\dfrac{1}{Z_{S1}}+\dfrac{1}{Z_{L1}}+j\omega C_{1G}}}{\dfrac{1}{\dfrac{1}{Z_{S2}}+\dfrac{1}{Z_{L2}}+j\omega C_{2G}}+\dfrac{1}{j\omega C_{12}}}\right| \tag{2-10}$$

例如，有两个回路，其源阻抗和负载阻抗均为 $Z_S = 20\Omega$ 和 $Z_L = 150\Omega$，电路间的耦合电容 $C_{12} = 1.2\text{pF}$，两电路对地电容 C_{1G} 和 C_{2G} 的影响忽略不计，当 $f = 50\text{MHz}$ 时，电路 1 对电路 2 的串扰为 $\text{Crosstalk}_{21} = -49\text{dB}$。

由于通常情况下 $\left|\frac{Z_{S2}Z_{L2}}{Z_{S2}+Z_{L2}}\right| << \frac{1}{\omega(C_{12}+C_{2G})}$，因此，式（2-9）可简化为

$$\dot{U}_N \approx j\omega C_{12}\dot{U}_1 \frac{Z_{S2}Z_{L2}}{Z_{S2}+Z_{L2}} \tag{2-11}$$

一般 $\left|\frac{Z_{S1}Z_{L1}}{Z_{S1}+Z_{L1}}\right| << \frac{1}{\omega C_{1G}}$，则 $\dot{U}_1 \approx \frac{Z_{L1}}{Z_{S1}+Z_{L1}}\dot{U}_{1S}$，因而

$$\dot{U}_N \approx j\omega C_{12}\dot{U}_{1S} \frac{Z_{L1}}{Z_{S1}+Z_{L1}} \frac{Z_{S2}Z_{L2}}{Z_{S2}+Z_{L2}} \tag{2-12}$$

可见，通过电容耦合产生的干扰电压与骚扰源的频率、骚扰电压、骚扰电路与被干扰电路之间的耦合电容、被干扰电路的源阻抗和负载阻抗的并联值成正比。

为减小电场耦合的影响，应采取如下措施：①减小骚扰电压；②降低骚扰源的频率；③减小被干扰回路中源阻抗和负载阻抗的并联值；④减小电路之间的耦合电容，为减小耦合电容，可适当增大电路间的距离（增大导线间距离 d 和导线半径 a 的比值，但当 $d/a>80$ 以后，耦合电容 C_{12} 的减小已不明显）；⑤采取屏蔽措施。

若 $\left|\frac{Z_{S2}Z_{L2}}{Z_{S2}+Z_{L2}}\right| >> \frac{1}{\omega(C_{12}+C_{2G})}$，则式（2-9）可简化为

$$\dot{U}_N = \left(\frac{C_{12}}{C_{12}+C_{2G}}\right)\dot{U}_1 \tag{2-13}$$

此时，电容耦合产生的干扰电压仅取决于 C_{12} 与 C_{2G} 的分压比，而与频率无关。为减小干扰电压，除了减小电路间的耦合电容外，还可以使导体 2 尽量靠近地平面，以增大 C_{2G}。

2.3.5　辐射耦合

1. 电磁辐射的概念

电流产生磁场，电压产生电场。在交流电路中，导体中的交流电流和导体间的交流电压在周围空间产生交变的磁场和电场。而当远离场源时，空间中的电磁场并不取决于同一时刻的场源特性，它类似于水中的波纹，即使当前时刻的场源已经消失，但前一时刻释放出的电磁能量仍然单独存在于空间电磁场中，并以电磁波的形式按一定的速度在空间传播，这种现象称为电磁辐射。

交流电路产生的电磁场可分两个区域：①在场源附近的电磁场，称为近区感应场（近场），其电磁能量主要是场源和感应场之间反复交换，只有小部分能量向远处传递；②在感应场以外空间的电磁场，称为远区辐射场（远场），辐射场的电磁能量完全向外辐射出去。可以用场点到场源的距离 r 和电磁波的波长 λ 来判断近场和远场，一般可简单地以 $r<\lambda$ 作为近场、$r>\lambda$ 作为远场。

对于无线电发射装置，向空间发射电磁波的载流导体是专门设计的各种发射天线；而在电磁兼容中，产生骚扰电磁波的载流导体则可以是任何载流导体，如信号线、电源线、接地线、散热器、机箱等。对于接收外部辐射的接收天线，情况也是如此。

2. 辐射场强

研究电磁辐射的最基本的内容是分析其场强分布。电磁场的场强分布取决于多种因素，

如辐射场源的类型、空间介质的性质、周围是否存在反射和折射物等，因此，电磁场的分布十分复杂。为此，首先研究较简单的情况，分析无限大空间中电偶极子和磁偶极子的辐射；对于各种复杂的辐射源，则可以近似成许多电偶极子和磁偶极子的组合，按电偶极子和磁偶极子进行计算，然后矢量叠加起来。

电偶极子是足够短的细载流导线，其长度 l 远远小于电磁波波长 λ（即 $l \ll \lambda$）。设沿短导线上的电流 I 均匀分布，如图 2-20 所示，则电偶极子在空间中产生的电磁场为

$$\begin{cases} \dot{E}_\theta = \dfrac{\dot{I}\Delta l}{4\pi\omega\varepsilon_0}\left(-\dfrac{\beta^2}{r}+\dfrac{\mathrm{j}\beta}{r^2}+\dfrac{1}{r^3}\right)\sin\theta \mathrm{e}^{-\mathrm{j}\beta r} \\ \dot{E}_r = \dfrac{\dot{I}\Delta l}{2\pi\omega\varepsilon_0}\left(\dfrac{\mathrm{j}\beta}{r^2}+\dfrac{1}{r^3}\right)\cos\theta \mathrm{e}^{-\mathrm{j}\beta r} \\ \dot{H}_\varphi = \dfrac{\dot{I}\Delta l}{4\pi}\left(-\dfrac{\beta}{r}+\dfrac{\mathrm{j}}{r^2}\right)\sin\theta \mathrm{e}^{-\mathrm{j}\beta r} \end{cases} \tag{2-14}$$

式中，ε_0 为无限大空间的介电常数；r 为场点到场源的距离；β 为相位系数，$\beta=2\pi/\lambda$；$\dot{E}_\theta$、$\dot{E}_r$、$\dot{H}_\varphi$ 分别为电场强度、磁场强度在球坐标中的分量。

磁偶极子是一个直径足够小的载流圆环，其直径 d 远小于电磁波波长 λ（即 $d \ll \lambda$）。设小圆环中的电流 I 均匀分布，如图 2-21 所示，则磁偶极子在空间中产生的电磁场为

$$\begin{cases} \dot{H}_\theta = \dfrac{\dot{I}\Delta S\beta^3}{4\pi}\left[-\dfrac{1}{\beta r}-\dfrac{1}{\mathrm{j}(\beta r)^2}+\dfrac{1}{(\beta r)^3}\right]\sin\theta \mathrm{e}^{-\mathrm{j}\beta r} \\ \dot{H}_r = \dfrac{\dot{I}\Delta S\beta^3}{2\pi}\left[-\dfrac{1}{\mathrm{j}(\beta r)^2}+\dfrac{1}{(\beta r)^3}\right]\cos\theta \mathrm{e}^{-\mathrm{j}\beta r} \\ \dot{E}_\varphi = \dfrac{\dot{I}\Delta S\beta^4}{4\pi\omega\varepsilon_0}\left[\dfrac{1}{\beta r}-\dfrac{1}{\mathrm{j}(\beta r)^2}\right]\sin\theta \mathrm{e}^{-\mathrm{j}\beta r} \end{cases} \tag{2-15}$$

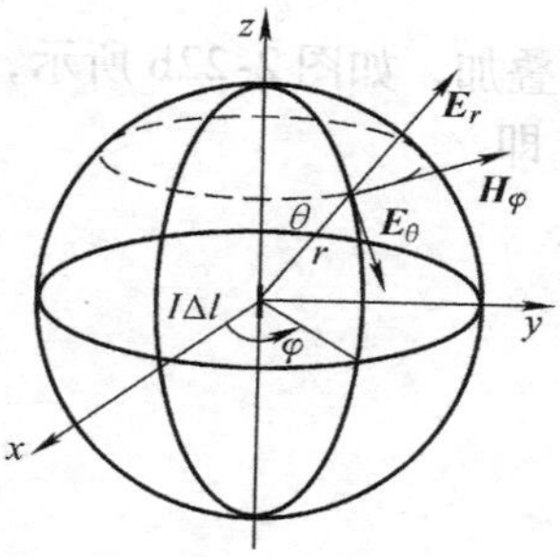

图 2-20　电偶极子的辐射场

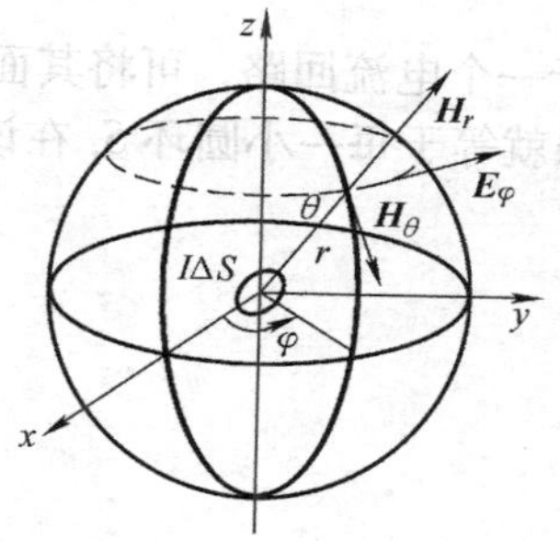

图 2-21　磁偶极子的辐射场

式中，ΔS 为小圆环的面积；$\dot{H}_\theta$、$\dot{H}_r$、$\dot{E}_\varphi$ 分别为磁场强度、电场强度在球坐标中的分量。

在实际应用中，往往根据场点到场源的不同距离进行简化，见表 2-2。由表 2-2 可知，在近场感应场中电场强度和磁场强度随距离 r 的增加显著减小，分别按 $1/r^2$ 和 $1/r^3$ 规律变化，为此，可通过增大空间距离来减小近场耦合；在远场辐射场中，电场、磁场及传播方向

两两垂直，是横电磁波，又称平面电磁波，其电场强度和磁场强度均与距离 r 成反比。

表 2-2 电偶极子、磁偶极子的近场、远场近似场强

	电偶极子	磁偶极子
近场 $\beta r \ll 1$	$\begin{cases}\dot{E}_\theta \approx \dfrac{\dot{I}\,\Delta l\beta}{4\pi\omega\varepsilon_0 r^3}\sin\theta \\ \dot{E}_r \approx \dfrac{\dot{I}\,\Delta l\beta}{2\pi\omega\varepsilon_0 r^3}\cos\theta \\ \dot{H}_\varphi \approx \mathrm{j}\,\dfrac{\dot{I}\,\Delta l\beta}{4\pi r^2}\sin\theta\end{cases}$	$\begin{cases}\dot{H}_\theta \approx \dfrac{\dot{I}\,\Delta S}{4\pi r^3}\sin\theta \\ \dot{H}_r \approx \dfrac{\dot{I}\,\Delta S}{2\pi r^3}\cos\theta \\ \dot{E}_\varphi \approx \mathrm{j}\,\dfrac{\dot{I}\,\Delta S\beta^2}{4\pi\omega\varepsilon_0 r^2}\sin\theta\end{cases}$
远场 $\beta r \gg 1$	$\begin{cases}\dot{E}_\theta \approx \mathrm{j}\,\dfrac{\dot{I}\,\Delta l\beta^2}{4\pi\omega\varepsilon_0 r}\sin\theta \mathrm{e}^{-\mathrm{j}\beta r} \\ \dot{H}_\varphi \approx \mathrm{j}\,\dfrac{\dot{I}\,\Delta l\beta}{4\pi r}\sin\theta \mathrm{e}^{-\mathrm{j}\beta r}\end{cases}$	$\begin{cases}\dot{H}_\theta \approx \mathrm{j}\,\dfrac{\dot{I}\,\Delta S\beta^2}{4\pi r}\sin\theta \mathrm{e}^{-\mathrm{j}\beta r} \\ \dot{E}_\varphi \approx \mathrm{j}\,\dfrac{\dot{I}\,\Delta S\beta^3}{4\pi\omega\varepsilon_0 r}\sin\theta \mathrm{e}^{-\mathrm{j}\beta r}\end{cases}$

实际的辐射体可能不是电偶极子和磁偶极子，即不满足 $l \ll \lambda$ 或 $d \ll \lambda$，辐射体中不同位置的电流也不相等，此时可将辐射体分解为基本的电偶极子和磁偶极子。对于一根长线导体，可分成许多小段，使每一段 l_i 中电流近似均匀、长度 $l_i \ll \lambda$，如图 2-22a 所示，则空间中 P 点的场强就等于每一段辐射体 l_i 在该点场强的矢量叠加，即

$$\begin{cases}\dot{E}_\theta = \sum\limits_{i=1}^{n} \dot{E}_{\theta i} \\ \dot{E}_r = \sum\limits_{i=1}^{n} \dot{E}_{ri} \\ \dot{H}_\varphi = \sum\limits_{i=1}^{n} \dot{H}_{\varphi i}\end{cases} \tag{2-16}$$

同样，对于一个电流回路，可将其面积分成许多小圆环的叠加，如图 2-22b 所示，则空间中 P 点的场强就等于每一小圆环 S_i 在该点场强的矢量叠加，即

$$\begin{cases}\dot{H}_\theta = \sum\limits_{i=1}^{n} \dot{H}_{\theta i} \\ \dot{H}_r = \sum\limits_{i=1}^{n} \dot{H}_{ri} \\ \dot{E}_\varphi = \sum\limits_{i=1}^{n} \dot{E}_{\varphi i}\end{cases} \tag{2-17}$$

下面我们来看电路产生的辐射，如图 2-23 所示，U 为信号源，R 为负载电阻，Δl 和 Δh 分别为矩形回路的长和宽，且 $\Delta l \ll \lambda$、$\Delta h \ll \lambda$。

如果负载电阻很小，则该电路产生的辐射相当于电流回路产生的辐射。回路电流 $I = U/Z_{\mathrm{loop}} = U/(R + \mathrm{j}\omega L)$，式中，$L$ 为回路的自感。电流回路产生的辐射电场为

$$|E|_{\max} = \left|\frac{\Delta l\Delta h\beta^3}{4\pi\omega\varepsilon_0 r}\frac{U}{R+\mathrm{j}\omega L}\right| = \frac{\Delta l\Delta h\beta^2 U}{4\pi r}\left|\frac{Z_0}{Z_{\mathrm{loop}}}\right| \tag{2-18}$$

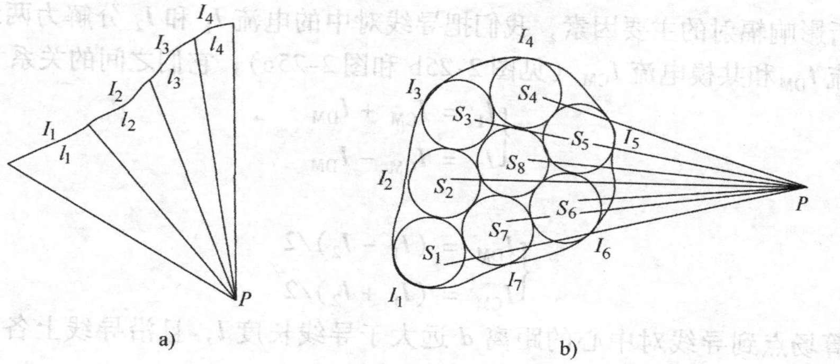

图 2-22　实际辐射体的辐射场计算

a) 长线导体　b) 回路导体

式中，Z_0 为空气的波阻抗，$Z_0=377\Omega$。

如果负载阻抗很大，则可将该电路的辐射看作是如图 2-24 所示有一段平行传输线的天线结构产生的辐射，它产生的辐射电场为

$$|E|_{\max}=\frac{\Delta l\Delta h\beta^3 U}{4\pi\omega\varepsilon_0 rZ_C}\approx\frac{\Delta l\Delta h\beta^2 U}{4\pi r}\tag{2-19}$$

式中，Z_C 为平行传输线的特性阻抗。

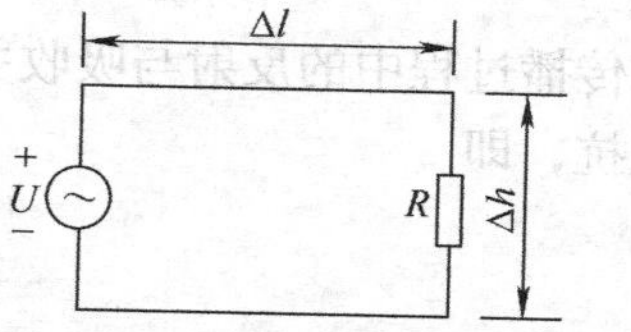

图 2-23　产生辐射的简单电路

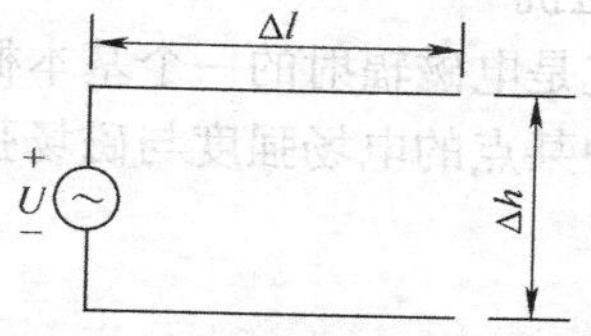

图 2-24　简单的高阻抗电路

例如，图 2-23 所示电路，$\Delta l=5\text{cm}$、$\Delta h=2\text{cm}$，信号源 $U=1.8\text{V}$、$f=80\text{MHz}$。若 $R=50\Omega$，则由式（2-18）可得，距离电路 3m 处的辐射电场为 $|E|_{\max}=1.01\times10^{-3}\text{V/m}$ 或 60dBμV/m；若 $R=500\Omega$，则由式（2-19）可得，距离电路 3m 远处的辐射电场为 $|E|_{\max}=1.34\times10^{-4}\text{V/m}$ 或 42.5dBμV/m。

下面来看实际中经常遇到的一对平行载流导线（如设备中的线缆、印制电路板上的印制线等）产生的辐射电场（远场）。如图 2-25a 所示，两段平行导线长 l、间距 d，导线中分别流过电流 I_1 和 I_2，计算距离导线对中心 r 处的最大电场。

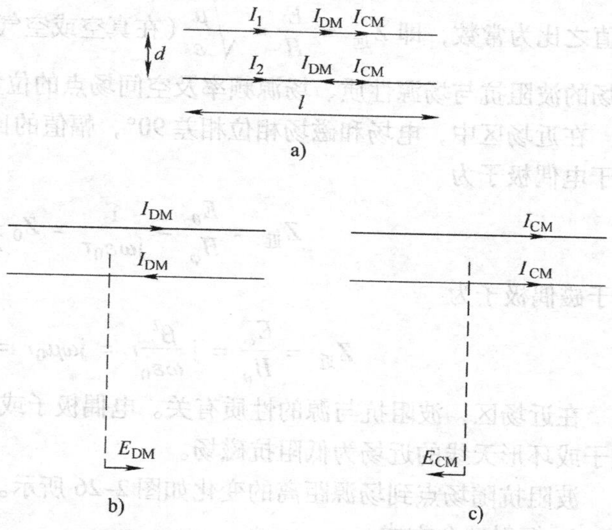

图 2-25　平行载流导线对

为了分析影响辐射的主要因素，我们把导线对中的电流 I_1 和 I_2 分解为两组电流，分别称作差模电流 I_{DM} 和共模电流 I_{CM}（见图 2-25b 和图 2-25c），它们之间的关系为

$$\begin{cases} I_1 = I_{CM} + I_{DM} \\ I_2 = I_{CM} - I_{DM} \end{cases} \tag{2-20}$$

或

$$\begin{cases} I_{DM} = (I_1 - I_2)/2 \\ I_{CM} = (I_1 + I_2)/2 \end{cases} \tag{2-21}$$

假定计算场点到导线对中心的距离 d 远大于导线长度 l，且沿导线上各点的电流相同（幅值和相位），则导线对中差模电流产生的最大电场为

$$|E_{DM}|_{max} = 1.316 \times 10^{-14} \frac{|I_{DM}| f^2 ld}{r} \tag{2-22}$$

导线对中共模电流产生的最大电场为

$$|E_{CM}|_{max} = 1.257 \times 10^{-6} \frac{|I_{CM}| fl}{r} \tag{2-23}$$

从电场结果可以看出，为减小差模电流辐射，应当减小电流值，减少回路面积；为减小共模电流辐射，应减小电流值，缩短导线长度。

3. 波阻抗

波阻抗是电磁辐射的一个基本概念，它与电磁波在传播过程中的反射与吸收关系密切。空间中某点的电场强度与磁场强度的比值称为波阻抗，即

$$Z = \frac{E}{H} \tag{2-24}$$

在远场区中，电偶极子和磁偶极子辐射产生的电场和磁场，相位相同，方向互相垂直，幅值之比为常数，即 $Z_{远} = \frac{E}{H} = \sqrt{\frac{\mu}{\varepsilon}}$（在真空或空气中 $Z_{远} = Z_0 = \sqrt{\frac{\mu_0}{\varepsilon_0}} \approx 377\Omega$）。因此，远场的波阻抗与场源性质、场源频率及空间场点的位置无关。

在近场区中，电场和磁场相位相差 90°，幅值的比值：

对于电偶极子为

$$Z_{近} = \frac{E_\theta}{H_\varphi} = \frac{1}{j\omega\varepsilon_0 r} = Z_0 \frac{\lambda}{2\pi r} >> Z_0$$

对于磁偶极子为

$$Z_{近} = \frac{E_\varphi}{H_\theta} = j\frac{\beta^2}{\omega\varepsilon_0} r = j\omega\mu_0 r = Z_0 \frac{2\pi r}{\lambda} << Z_0$$

在近场区，波阻抗与源的性质有关。电偶极子或短线导线的近场为高阻抗电场，而磁偶极子或环形天线的近场为低阻抗磁场。

波阻抗随场点到场源距离的变化如图 2-26 所示。

4. 辐射耦合方式

辐射耦合是指电磁骚扰在空间中以电磁波的形式传播，耦合至被干扰电路。要解决辐射耦合问题，就需要正确识别和处理好无意间形成的与辐射发射和辐射接收有关的发射天线和接收天线。

电磁兼容中常见的典型的天线结构有双极/单极天线、回路天线、缝隙天线等，如图 2-27 所示。如果一种结构看上去并不像天线，但可以像天线那样发射或接收，那它就是一个无意天线。

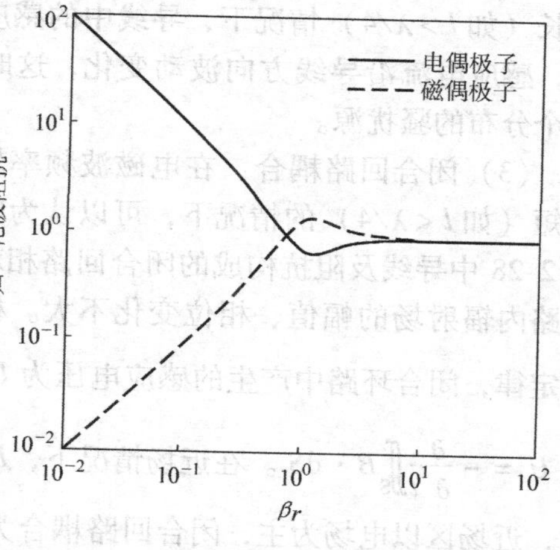

图 2-26　波阻抗随场点到场源距离的变化

对于双极/单极天线，要构成一个有效天线，需要两个电极或一个电极和地平面，当每个电极的长度为 1/4 波长（双极半波天线或单极 1/4 波天线）时，天线效果最好，如果双极天线的两个电极长度不等，天线的效果一般取决于其短电极，为减小辐射，应当避免形成有效的天线结构（注意：如果只有一个电极，天线还是会自动找到担当另一个电极的部分，如附近的大导体，以构成一个有效天线，设备的电缆和机壳通常构成单极天线），或将天线的两部分短接起来；对于回路天线，应当减小回路的面积，或使其部分回路的作用相互抵消；对于缝隙天线，应当减小缝隙的最大尺寸（一般要小于 $\lambda/20$），或采用波导结构以减少低于其截止频率的辐射。

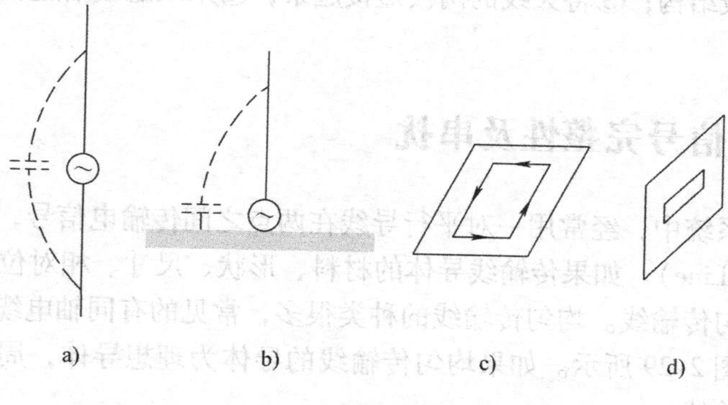

图 2-27　典型天线结构

a）双极天线　b）单极天线　c）回路天线　d）缝隙天线

空间辐射电磁波对电路的干扰，有的是通过接收天线感应进入接收电路，多数是通过线缆感应，然后沿导线进入接收电路，还有的是通过电路回路感应形成干扰，一般常把它们称为天线耦合、导线感应耦合和闭合回路耦合。

（1）天线耦合　天线耦合通过天线接收电磁波，有意接收无线电信号的接收机，如收音机、电视机、手机等，通过特制的天线获得所需的电信号，在电子设备或系统中往往存在着大量的无意天线，如各种信号线、元器件的悬空引脚等，均具有天线效应，可形成无意天线耦合。由于它们并非是设计的天线，故往往很难被发现。

（2）导线感应耦合　一般设备的电缆线是由信号回路的连接线以及电源回路的供电线、地线绑扎在一起，每一根导线都由输入端阻抗、输出端阻抗及返回线构成一个回路。电缆线如果暴露在机箱外部或辐射场中，容易受到辐射场的耦合而感应出骚扰电压或骚扰电流，沿导线进入设备或电路形成辐射干扰，如图 2-28 所示。当辐射骚扰电磁场频率较高、电缆线很长（如 $l>\lambda/4$）情况下，导线中的感应电压不均匀，感应电流沿导线方向波动变化，这时骚扰源是一个分布的骚扰源。

（3）闭合回路耦合　在电磁波频率较低、导线较短（如 $l<\lambda/4$）的情况下，可以认为辐射场是与图2-28中导线及阻抗构成的闭合回路相耦合，耦合回路内辐射场的幅值、相位变化不大。根据电磁感应定律，闭合环路中产生的感应电压为 $U=\oint_l E\cdot dl$ 或 $U=-\frac{\partial}{\partial t}\iint_S B\cdot dS$。在近场情况下，$E$ 和 H 的大小与场源性质有关。当场源为电偶极子时，近场区以电场为主，闭合回路耦合为电场感应，可以通过对电场强度 E 沿闭合回路路径积分得到感应电压；当场源为磁偶极子时，近场区以磁场为主，闭合回路耦合为磁场感应，可以通过磁场强度 H 按闭合回路面积积分得到感应电压。在远场情况下，电磁场是平面电磁波，既可以通过电场强度 E 沿闭合回路路径积分得到感应电压，也可以通过磁场强度 H 按闭合回路面积积分得到感应电压。

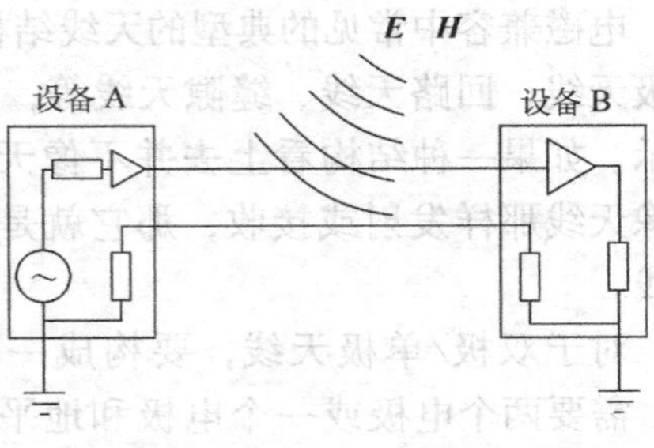

图2-28　电磁场对导线的感应耦合

为减小辐射耦合的影响，应采取如下措施：①降低骚扰源的强度和频率；②避免形成天线结构及采用自屏蔽结构；③将天线的两极短接起来；④采取滤波措施，如共模滤波；⑤采取屏蔽措施。

2.4　传输线和信号完整性及串扰

在电气、电子系统中，经常用一对平行导线在两点之间传输电信号，该平行导线称为传输线（Transmission Line）。如果传输线导体的材料、形状、尺寸、相对位置及周围介质沿线都无变化，称为均匀传输线。均匀传输线的种类很多，常见的有同轴电缆、平行双线、微带线、带状线等，如图2-29所示。如果均匀传输线的导体为理想导体，周围是理想介质，则称为无损耗均匀传输线。

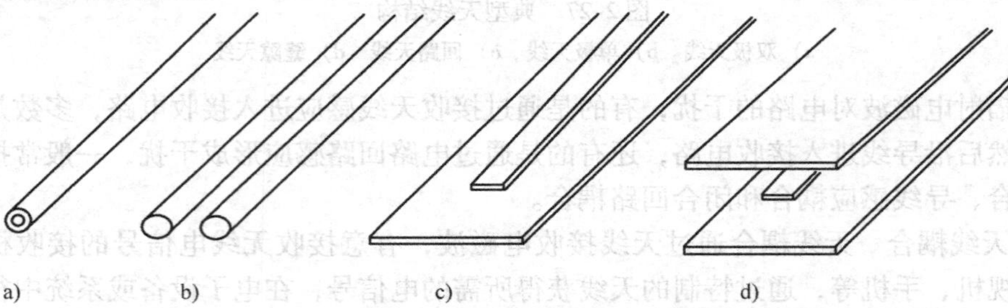

图2-29　常见的均匀传输线结构

a）同轴电缆　b）平行双线　c）微带线　d）带状线

在20世纪80年代之前，连接导线对于电路系统的影响不大，传输线输入端的电压和电流信号与输出端几乎相同。随着频率和数据传输速度的不断提高，连接导线对传输信号的影响逐渐不能忽略，这就涉及信号完整性的问题。信号完整性（Signal Integrity，SI）保证传输线输入端和输出端的信号波形相同或接近相同。传输线的一个影响是使信号在输入端和输出

端之间出现延迟，若传输线长度为 l，信号传播速度为 v，则传输线的延时为

$$t_d = \frac{l}{v} \tag{2-25}$$

传输线的另一个影响是反射，它取决于传输线的特性阻抗与负载阻抗的配合关系。若阻抗匹配（相等），负载端不发生反射；若阻抗不匹配，则到达负载端的信号会部分反射回源端，这是导致信号完整性变差的主要原因。

如果是多导体传输线（三个或更多个导体），则在相互靠近的导体之间存在无意的电磁耦合，称为串扰（Crosstalk），这将导致系统内的干扰。

2.4.1　传输线方程

如果传输线较长（超过电磁波波长的十分之一），不能用集总参数电路理论分析传输线电路，则需要建立分布参数模型，如图 2-30 所示，其中，R_0、L_0、C_0 和 G_0 分别为传输线的单位长度电阻、电感、电容和电导。传输线应满足的方程为

$$\frac{\partial u(z,t)}{\partial z} = -L_0\frac{\partial i(z,t)}{\partial t} - R_0 i(z,t) \tag{2-26}$$

$$\frac{\partial i(z,t)}{\partial z} = -C_0\frac{\partial u(z,t)}{\partial t} - G_0 u(z,t) \tag{2-27}$$

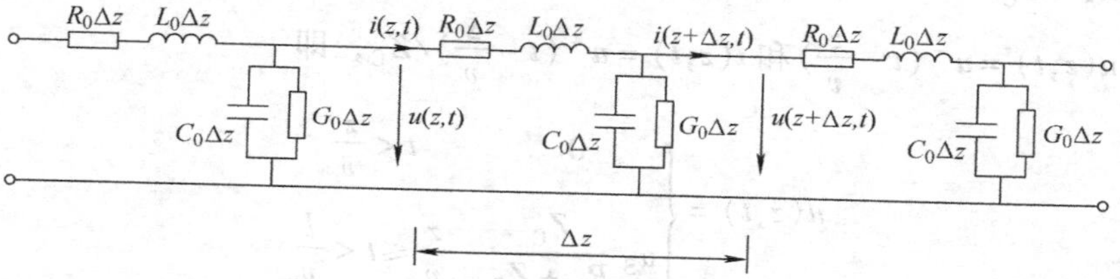

图 2-30　传输线的分布参数电路模型

传输线的电阻和电导通常很小，若忽略，则传输线为无损耗传输线，其传输线方程为

$$\frac{\partial u(z,t)}{\partial z} = -L_0\frac{\partial i(z,t)}{\partial t} \tag{2-28}$$

$$\frac{\partial i(z,t)}{\partial z} = -C_0\frac{\partial u(z,t)}{\partial t} \tag{2-29}$$

将式（2-28）对 z 求导、式（2-29）对 t 求导，然后两者结合起来，可得传输线的电压方程为

$$\frac{\partial^2 u(z,t)}{\partial z^2} = L_0 C_0\frac{\partial^2 u(z,t)}{\partial t^2} \tag{2-30}$$

同样，将式（2-28）对 t 求导、式（2-29）对 z 求导，然后两者结合起来，可得传输线的电流方程为

$$\frac{\partial^2 i(z,t)}{\partial z^2} = L_0 C_0\frac{\partial^2 i(z,t)}{\partial t^2} \tag{2-31}$$

式（2-30）和式（2-31）为无损耗传输线的波动方程。

2.4.2　时域解

传输线方程的时域解是指在时域内获得无损耗传输线方程的完全解。对于式（2-30）

和式（2-31）无损耗传输线波动方程存在时域解

$$u(z,t)=u^{+}\left(t-\frac{z}{v}\right)+u^{-}\left(t+\frac{z}{v}\right) \tag{2-32}$$

$$i(z,t)=i^{+}\left(t-\frac{z}{v}\right)+i^{-}\left(t+\frac{z}{v}\right) \tag{2-33}$$

式中的 u^+、i^+ 为沿 $+z$ 方向传播的前向行波，u^-、i^- 为沿 $-z$ 方向传播的后向行波，u^+、u^-、i^+ 和 i^- 为由传输线的激励源和负载决定的函数，$v=1/\sqrt{L_0C_0}$ 为传输线上波的传播速度。前、后向行波的电流和电压的关系为

$$i^{+}\left(t-\frac{z}{v}\right)=\frac{1}{Z_C}u^{+}\left(t-\frac{z}{v}\right) \tag{2-34}$$

$$i^{-}\left(t+\frac{z}{v}\right)=-\frac{1}{Z_C}u^{-}\left(t+\frac{z}{v}\right) \tag{2-35}$$

式中，$Z_C=\sqrt{L_0/C_0}$ 为传输线的特性阻抗。

对端接源和负载的有限长传输线进行分析，如图2-31所示，在 $t=0$ 时刻，开关闭合，源电压施加到传输线，并有电流流入传输线，传输线输入端（$z=0$）的电压和电流分别为 $u(0,t)=u_S\dfrac{Z_C}{R_S+Z_C}$ 和 $i(0,t)=\dfrac{u_S}{R_S+Z_C}$。传输线上的电压和电流为以速度 v 沿 $+z$ 方向传播的前向行波 $u(z,t)=u^{+}\left(t-\frac{z}{v}\right)$ 和 $i(z,t)=u^{+}\left(t-\frac{z}{v}\right)/Z_C$，即

$$u(z,t)=\begin{cases}0 & t<\dfrac{z}{v}\\ u_S\dfrac{Z_C}{R_S+Z_C} & \dfrac{z}{v}\leqslant t<\dfrac{l}{v}\end{cases} \tag{2-36}$$

$$i(z,t)=\begin{cases}0 & t<\dfrac{z}{v}\\ \dfrac{u_S}{R_S+Z_C} & \dfrac{z}{v}\leqslant t<\dfrac{l}{v}\end{cases} \tag{2-37}$$

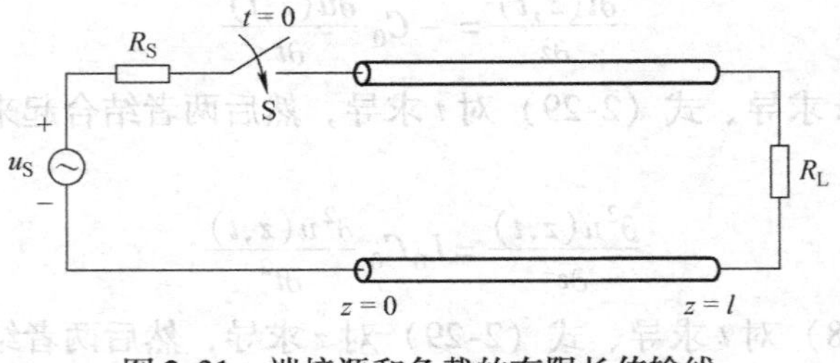

图2-31　端接源和负载的有限长传输线

当电压和电流传播到传输线的输出端（$z=l$），受负载的强制作用应满足 $\dfrac{u(l,t)}{i(l,t)}=R_L$，只要 $R_L\neq Z_C$，就会在负载端会产生反射，负载端的反射系数为

$$\Gamma_L=\frac{u^-}{u^+}=\frac{R_L-Z_C}{R_L+Z_C} \tag{2-38}$$

当负载短路时，$\Gamma_L=-1$，开路时，$\Gamma_L=1$，负载电阻等于特性阻抗 $R_L=Z_C$ 时，$\Gamma_L=$

0，反射系数介于 -1 和 1 之间。

反射电压和电流为以速度 v 沿 $-z$ 方向传播的后向行波，当传播至传输线输入端时，受源阻抗的强制作用，也会产生反射（负载端的反射波又被反射回负载端），源端的反射系数为

$$\Gamma_S = \frac{R_S - Z_C}{R_S + Z_C} \tag{2-39}$$

当 $u_S = 5V$、$R_S = Z_C = 50\Omega$、$R_L = 150\Omega$ 时，负载阻抗与传输线的特性阻抗不相等，在负载端产生反射 $\Gamma_L = 0.5$，但源阻抗与特性阻抗相等，在源端不发生反射 $\Gamma_S = 0$，则传输线上的电压和电流分布如图 2-32 所示。

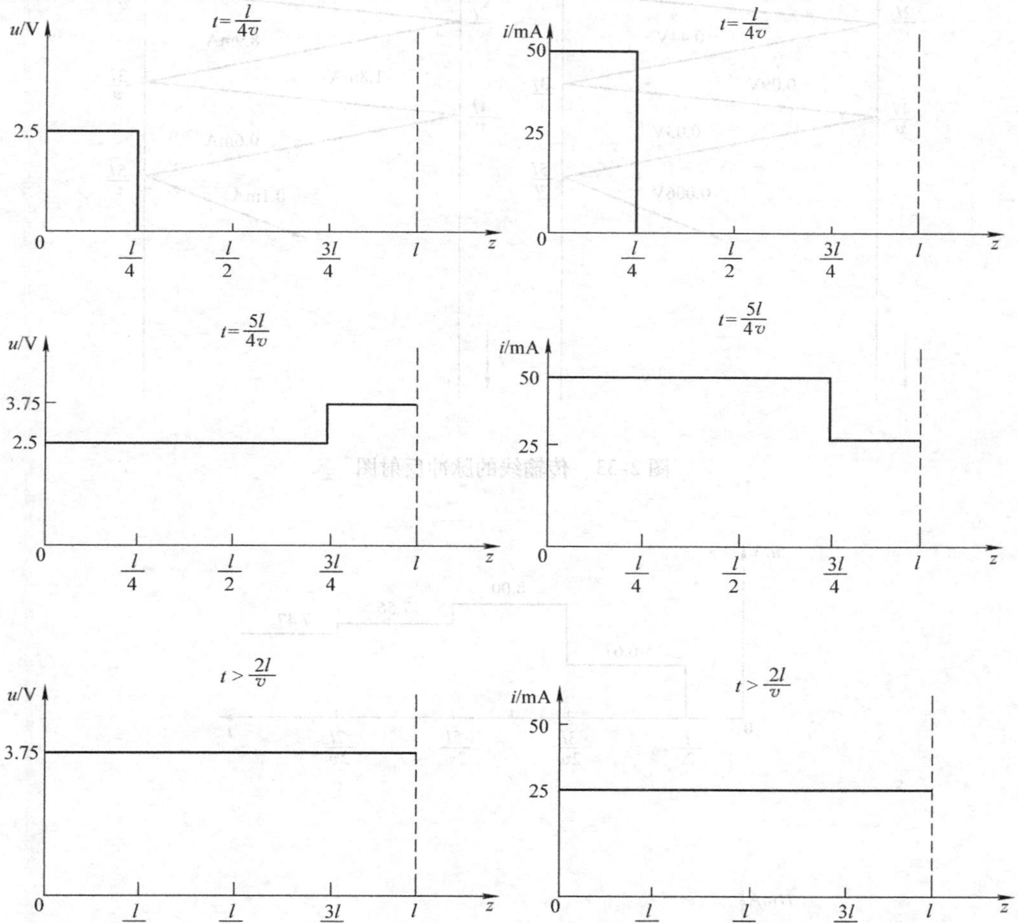

图 2-32 传输线上的电压和电流分布

若负载阻抗和源阻抗都与特性阻抗不相等，在负载端和源端都会产生反射，则信号波在源端和负载端会一直来回反射。因为反射系数 $|\Gamma| \leqslant 1$，每次反射，反射波量值减小，持续下去，反射波会逐渐衰减为零，达到稳定状态。对于源和负载两端都存在反射的复杂问题，可采用脉冲反射图法来进行分析。脉冲反射图是一个时空分布图，水平轴代表空间 z，垂直轴代表时间 t，图中的折线代表波的前沿随时间在传输线上的传播及反射过程。对于图

2-31 的传输线电路，当 $u_S = 10V$、$R_S = 25\Omega$、$Z_C = 50\Omega$、$R_L = 75\Omega$ 时，其传输线的脉冲反射图如图 2-33 所示。根据脉冲反射图，可获得传输线上任意点的信号随时间的变化，即按照空间位置在脉冲反射图上画一条竖直线，信号随时间的变化为依次叠加穿越该线的反射电压的结果。传输线中央位置（$z = l/2v$）的信号波形如图 2-34 所示。

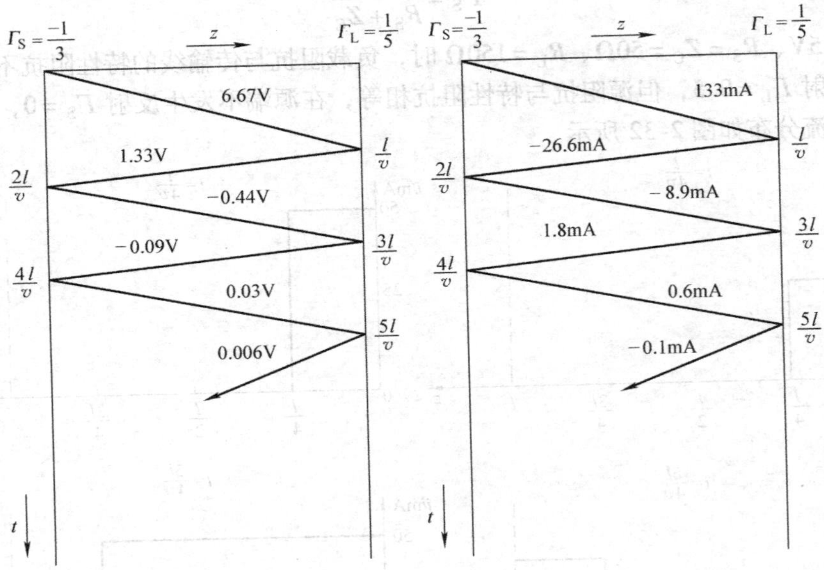

图 2-33 传输线的脉冲反射图

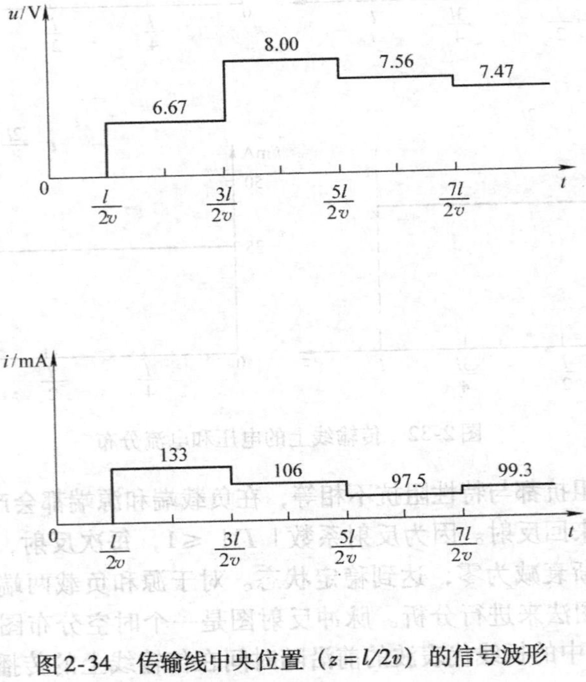

图 2-34 传输线中央位置（$z = l/2v$）的信号波形

2.4.3　频域解

无损耗传输线忽略了传输线的电阻和电导，如果考虑传输线的电阻和电导损耗，则沿传输线传播的脉冲会发生衰减和畸变，当损耗较小时，畸变也较小，损耗的主要影响是衰减。有损耗传输线更适合在频域内进行分析，为此，下面分析正弦激励源作用下的传输线。在正弦稳态情况下，激励源及电压和电流用相量形式表示，则式（2-26）和式（2-27）传输线方程变为

$$\frac{\mathrm{d}\dot{U}(z)}{\mathrm{d}z} = -(\mathrm{j}\omega L_0 + R_0)\dot{I}(z) \tag{2-40}$$

$$\frac{\mathrm{d}\dot{I}(z)}{\mathrm{d}z} = -(\mathrm{j}\omega C_0 + G_0)\dot{U}(z) \tag{2-41}$$

传输线的波动方程为

$$\frac{\mathrm{d}^2\dot{U}(z)}{\mathrm{d}z^2} = k^2\dot{U}(z) \tag{2-42}$$

$$\frac{\mathrm{d}^2\dot{I}(z)}{\mathrm{d}z^2} = k^2\dot{I}(z) \tag{2-43}$$

式中，$k = \alpha + \mathrm{j}\beta = \sqrt{(R_0 + \mathrm{j}\omega L_0)(G_0 + \mathrm{j}\omega C_0)}$为传播常数；$\alpha$ 为衰减常数；β 为相位常数。

传输线波动方程的通解为

$$\dot{U}(z) = \dot{U}^{+}\mathrm{e}^{-kz} + \dot{U}^{-}\mathrm{e}^{kz} \tag{2-44}$$

$$\dot{I}(z) = \frac{\dot{U}^{+}}{Z_\mathrm{C}}\mathrm{e}^{-kz} - \frac{\dot{U}^{-}}{Z_\mathrm{C}}\mathrm{e}^{kz} \tag{2-45}$$

式中，$\dot{U}^{+}$ 和 $\dot{U}^{-}$ 为前向和后向行波电压分量，由激励源和负载及传输线决定；Z_C 为传输线的特性阻抗

$$Z_\mathrm{C} = \frac{\dot{U}^{+}}{\dot{I}^{+}} = -\frac{\dot{U}^{-}}{\dot{I}^{-}} = \sqrt{\frac{R_0 + \mathrm{j}\omega L_0}{G_0 + \mathrm{j}\omega C_0}} = |Z_\mathrm{C}|\mathrm{e}^{\mathrm{j}\varphi_0} \tag{2-46}$$

对于低损耗传输线（$R_0 \ll \omega L_0$、$G_0 \ll \omega C_0$），$\alpha \approx (R_0\sqrt{C_0/L_0} + G_0\sqrt{L_0/C_0})/2$，$\beta \approx \omega\sqrt{L_0 C_0}$，$Z_\mathrm{C} \approx \sqrt{L_0/C_0}$。

对于无损耗传输线（$R_0 = 0$、$G_0 = 0$），$\alpha = 0$，$\beta = \omega\sqrt{L_0 C_0}$，$Z_\mathrm{C} = \sqrt{L_0/C_0}$。

设传输线长度为 l，负载阻抗为 Z_L。负载端的反射系数为

$$\Gamma_\mathrm{L} = \frac{\dot{U}^{-}}{\dot{U}^{+}} = \frac{Z_\mathrm{L} - Z_\mathrm{C}}{Z_\mathrm{L} + Z_\mathrm{C}} \tag{2-47}$$

传输线的入端阻抗为

$$Z_\mathrm{i} = Z_\mathrm{C}\frac{Z_\mathrm{L} + \mathrm{j}Z_\mathrm{C}\tan\beta l}{Z_\mathrm{C} + \mathrm{j}Z_\mathrm{L}\tan\beta l} \tag{2-48}$$

2.4.4　信号完整性

在高速数字系统中，信号的连接，如电缆、连接器、印制线、过孔、负载等，对于传输

信号有重要影响，尤其是当时钟频率达到几个 GHz、脉冲上升/下降时间缩短到 1ns 量级时问题尤为突出。

高速数字信号在连接电路上存在时间延迟，影响之一就是使时钟偏移。如图 2-35 所示，时钟信号通过印制线传递给两个电路模块，对于图 2-35a 电路，由于到两个模块的路径长度不相等，到达两个模块的时钟信号出现 T_{d3} 时间偏移，而如果按照图 2-35b 电路布置，则可避免时钟信号的时间偏移。

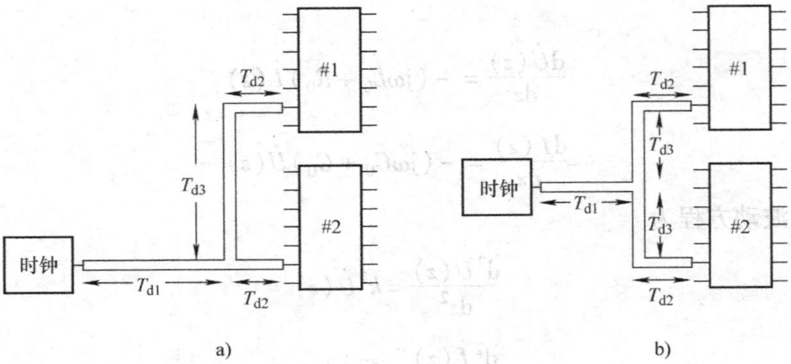

图 2-35 传输路径对时钟偏移的影响

a）长度不相等的传输路径 b）长度相等的传输路径

在高速数字电路中影响更大的是阻抗匹配问题，包括电缆、印制线等传输线的特定阻抗和电路中的源、负载阻抗等。如信号连接的印制线宽度变化，或印制线从一个布线层通过过孔转到另一个布线层，其特性阻抗都会发生变化。阻抗变化或不匹配往往会造成传输信号的畸变，振铃现象就是一种比较常见的对传输信号的影响，如图 2-36 所示。为此，下面着重分析阻抗匹配问题。

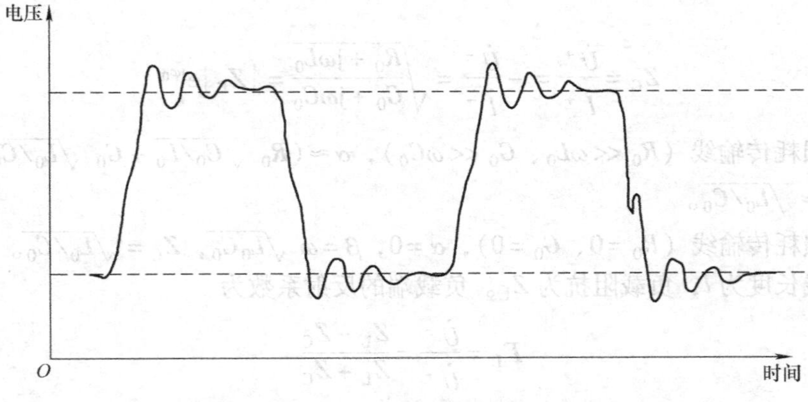

图 2-36 传输信号中出现振铃现象

1. 传输线的终端负载对波形的影响

传输线终端接电阻、电容、电感及组合负载，对信号波形产生不同的影响。

（1）电阻负载

如图 2-37 所示，传输线端接电阻负载，信号电压在 $t_d = l/v$ 时刻传输到负载，当阻抗不匹配时，在源端和负载端产生反射，然后逐渐达到稳定。

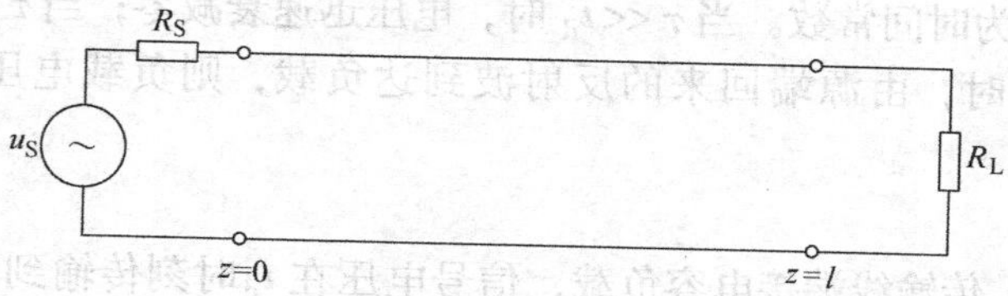

a)

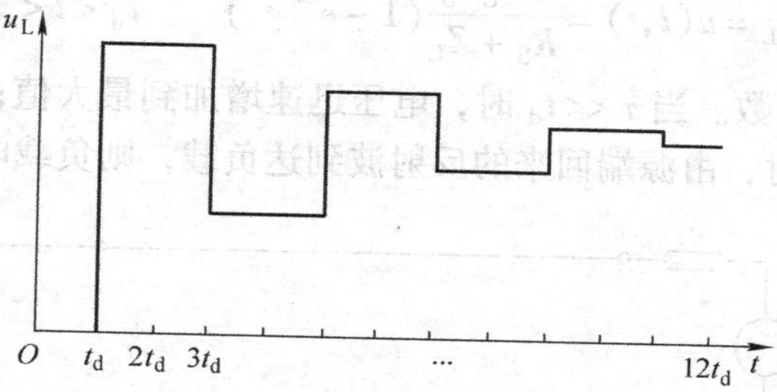

b)

图 2-37　传输线端接电阻负载及负载电压波形

a）传输线端接电阻负载　b）负载电压波形

（2）电感负载

如图 2-38 所示，传输线端接电感负载，信号电压在 t_d 时刻传输到负载，并按指数规律衰减，其电压为

$$u_L = u(l,t) = \frac{2Z_C u_S}{R_S + Z_C} e^{-\frac{t-t_d}{\tau}} \qquad t_d < t < 3t_d \tag{2-49}$$

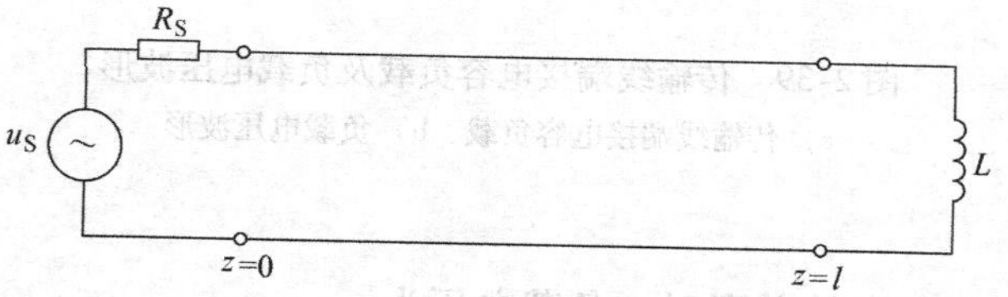

a)

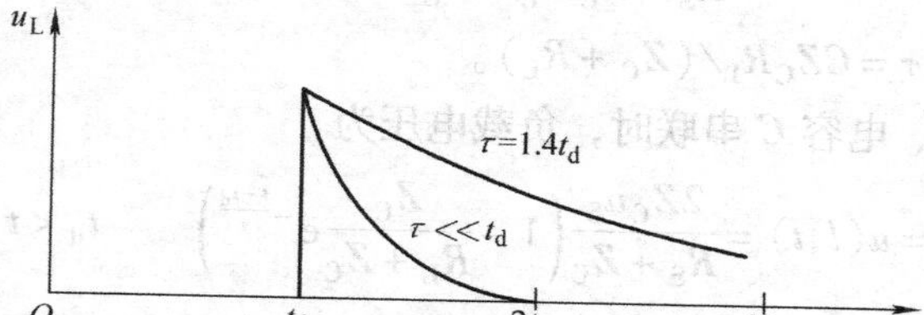

b)

图 2-38　传输线端接电感负载及负载电压波形

a）传输线端接电感负载　b）负载电压波形

式中，$\tau = L/Z_C$ 为时间常数。当 $\tau \ll t_d$ 时，电压迅速衰减零；当 τ 与 t_d 相当时，则衰减比较缓慢。当 $t = 3t_d$ 时，由源端回来的反射波到达负载，则负载电压又从新的量值开始衰减。

（3）电容负载

如图2-39所示，传输线端接电容负载，信号电压在 t_d 时刻传输到负载，由零开始按指数规律增加，其电压为

$$u_L = u(l,t) = \frac{2Z_C u_S}{R_S + Z_C}\left(1 - e^{-\frac{t-t_d}{\tau}}\right) \qquad t_d < t < 3t_d \tag{2-50}$$

式中，$\tau = Z_C C$ 为时间常数。当 $\tau \ll t_d$ 时，电压迅速增加到最大值；当 τ 与 t_d 相当时，则增加比较缓慢。当 $t = 3t_d$ 时，由源端回来的反射波到达负载，则负载电压按照叠加结果变化。

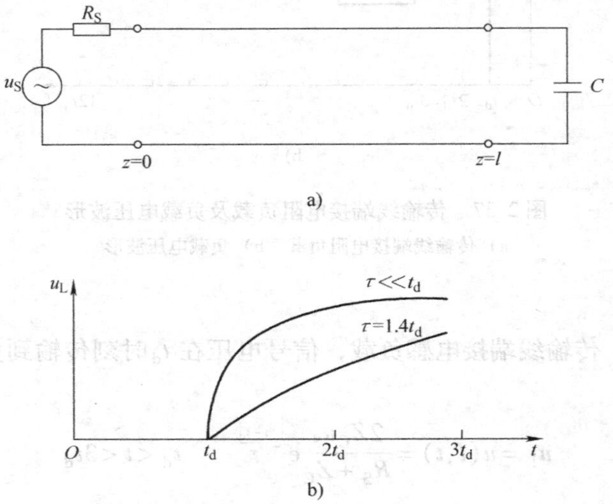

图2-39　传输线端接电容负载及负载电压波形

a）传输线端接电容负载　b）负载电压波形

（4）组合负载

当负载为电阻 R_L、电容 C 并联时，负载电压为

$$u_L = u(l,t) = \frac{Z_C u_S}{R_S + Z_C}\frac{2R_L}{R_L + Z_C}\left(1 - e^{-\frac{t-t_d}{\tau}}\right) \qquad t_d < t < 3t_d \tag{2-51}$$

式中，τ 为时间常数，$\tau = CZ_C R_L/(Z_C + R_L)$。

当负载为电阻 R_L、电容 C 串联时，负载电压为

$$u_L = u(l,t) = \frac{2Z_C u_S}{R_S + Z_C}\left(1 - \frac{Z_C}{R_L + Z_C}e^{-\frac{t-t_d}{\tau}}\right) \qquad t_d < t < 3t_d \tag{2-52}$$

式中，τ 为时间常数，$\tau = (Z_C + R_L)C$。

当负载为电阻 R_L、电感 L 并联时，负载电压为

$$u_L = u(l,t) = \frac{2Z_C u_S}{R_S + Z_C}\frac{R_L}{R_L + Z_C}e^{-\frac{t-t_d}{\tau}} \qquad t_d < t < 3t_d \tag{2-53}$$

式中，τ 为时间常数，$\tau = L(Z_C + R_L)/(Z_C R_L)$。

当负载为电阻 R_L、电感 L 串联时，负载电压为

$$u_L = u(l,t) = \frac{Z_C u_S}{R_S + Z_C}\left(\frac{2Z_C}{R_L + Z_C}e^{-\frac{t-t_d}{\tau}} + \frac{R_L - Z_C}{R_L + Z_C}\right) \quad t_d < t < 3t_d \tag{2-54}$$

式中 τ 为时间常数，$\tau = L/(Z_C + R_L)$。

2. 传输线的阻抗匹配

为解决传输线与源/负载不匹配带来的不利影响，通常采用串联或并联电阻的方法进行匹配。对于一个 CMOS 输出驱动 CMOS 负载的电路，其源阻抗较小，低于传输线的特性阻抗，而负载阻抗较大，高于传输线的特性阻抗。为此，可在源端串联电阻，或在负载端并联电阻，使其阻抗与传输线特性阻抗相匹配。

（1）源端串联电阻匹配

在源端串联电阻，取 $R = Z_C - R_S$，使源端阻抗与传输线特性阻抗相匹配。由于 CMOS 电路输出高电平和低电平时，其输出电阻不同，在匹配时用其平均值，即取 $R = Z_C - (R_{SHI} + R_{SLO})/2$。一旦源端阻抗匹配，即使传输信号在负载端发生反射，其反射波到达源端也不会再反射回负载端影响负载信号。在负载开路时，匹配电阻并不消耗功率。

（2）负载端并联电阻匹配

在负载端并联电阻，取 $R = Z_C R_L/(Z_C + R_L)$，使负载端阻抗与传输线特性阻抗相匹配。负载端阻抗匹配时，传输信号到达负载后被完全吸收，不发生反射，避免了传输线中存在反射所带来的不利影响。不过，负载并联电阻后，负载电压有所降低，且匹配电阻也消耗功率。并联电阻可使理想的负载电阻得到匹配，但负载常常伴有并联的寄生电容，虽然量值很小，但在频率很高时呈现低阻抗，使得并联匹配并不能实现完全匹配。

（3）传输线结合点处的匹配

在传输线的分支或结合点处，存在特性阻抗的变化。为避免阻抗不匹配带来的反射问题，可采取图 2-40 所示的匹配方法。图 2-40a 增大两条并联传输线的特性阻抗至前段传输线特性阻抗 Z_C 的两倍，使其并联后的特性阻抗仍为 Z_C，优点是不增加额外部件，但线会变得很窄；图 2-40b 串联三个电阻 $Z_C/3$，也达到阻抗匹配的效果，优点是不必改变传输线，但需增加额外的部件，且占据电路板空间、产生信号衰减。

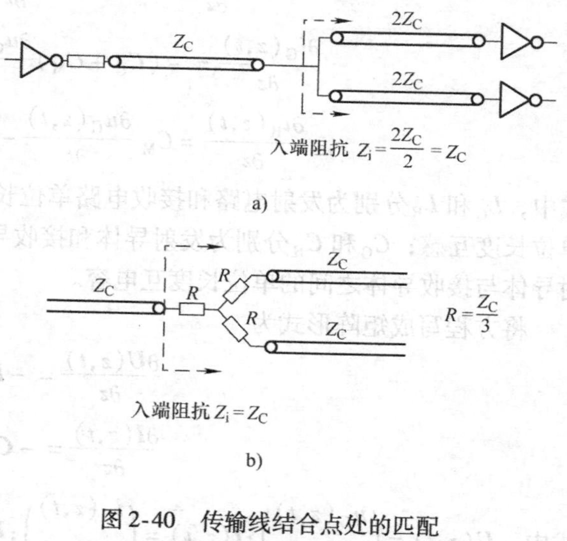

图 2-40 传输线结合点处的匹配
a）改变传输线特性阻抗 b）串联电阻

2.4.5 串扰

串扰是指相互靠近的导线和印制电路板上的印制线之间的无意电磁耦合。串扰属于近场耦合问题，可导致系统内的干扰，也可能影响产品的传导发射、辐射发射和辐射敏感度。要产生串扰，必须有三个或更多个导体，其理论基础是多导体传输线。

1. 三导体传输线

三导传输线可由两导体传输线推广而得到，如图2-41所示的三导体传输线模型，由源电压 $u_S(t)$ 和源电阻 R_S 构成源，通过发射线和参考线连接负载电阻 R_L，构成骚扰电路；近端电阻 R_{NE} 和远端电阻 R_{FE} 通过接收线和参考线连接，构成受扰电路；发射线、接收线和参考线构成三导体均匀传输线，传输线沿 z 轴方向，长度为 l，源端/近端 $z=0$，负载端/远端 $z=l$。分析串扰的目的是确定近端电压 u_{NE} 和远端电压 u_{FE}。

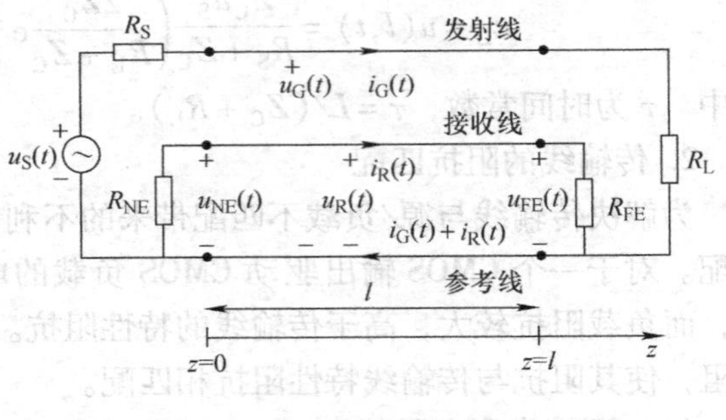

图2-41　三导体传输线模型

2. 三导体传输线方程

若忽略导体损耗和介质损耗，由两导体传输线方程推广得到三导体无损耗传输线方程为

$$\frac{\partial u_G(z,t)}{\partial z}=-L_G\frac{\partial i_G(z,t)}{\partial t}-L_M\frac{\partial i_R(z,t)}{\partial t} \tag{2-55}$$

$$\frac{\partial u_R(z,t)}{\partial z}=-L_M\frac{\partial i_G(z,t)}{\partial t}-L_R\frac{\partial i_R(z,t)}{\partial t} \tag{2-56}$$

$$\frac{\partial i_G(z,t)}{\partial z}=-(C_G+C_M)\frac{\partial u_G(z,t)}{\partial t}+C_M\frac{\partial u_R(z,t)}{\partial t} \tag{2-57}$$

$$\frac{\partial i_R(z,t)}{\partial z}=C_M\frac{\partial u_G(z,t)}{\partial t}-(C_G+C_M)\frac{\partial u_R(z,t)}{\partial t} \tag{2-58}$$

式中，L_G 和 L_R 分别为发射电路和接收电路单位长度自感；L_M 为发射电路与接收电路之间的单位长度互感；C_G 和 C_R 分别为发射导体和接收导体对参考导体的单位长度自电容；C_M 为发射导体与接收导体之间的单位长度互电容。

将方程写成矩阵形式为

$$\frac{\partial \boldsymbol{U}(z,t)}{\partial z}=-\boldsymbol{L}\frac{\partial \boldsymbol{I}(z,t)}{\partial t} \tag{2-59}$$

$$\frac{\partial \boldsymbol{I}(z,t)}{\partial z}=-\boldsymbol{C}\frac{\partial \boldsymbol{U}(z,t)}{\partial t} \tag{2-60}$$

式中，$\boldsymbol{U}(z,t)=\begin{pmatrix}u_G(z,t)\\u_R(z,t)\end{pmatrix}$；$\boldsymbol{I}(z,t)=\begin{pmatrix}i_G(z,t)\\i_R(z,t)\end{pmatrix}$；$\boldsymbol{L}=\begin{pmatrix}L_G & L_M\\L_M & L_R\end{pmatrix}$；$\boldsymbol{C}=\begin{pmatrix}C_G+C_M & -C_M\\-C_M & C_R+C_M\end{pmatrix}$。

在正弦稳态情况下，式(2-59)和式(2-60)可用相量表示为

$$\frac{\partial \dot{\boldsymbol{U}}(z)}{\partial z}=-\mathrm{j}\omega\boldsymbol{L}\,\dot{\boldsymbol{I}}(z) \tag{2-61}$$

$$\frac{\partial \dot{\boldsymbol{I}}(z)}{\partial z}=-\mathrm{j}\omega\boldsymbol{C}\,\dot{\boldsymbol{U}}(z) \tag{2-62}$$

3. 串扰的弱耦合求解法

对于单一媒质的无损耗传输线，由式(2-59)和式(2-60)传输线方程可推导其解析

解，但对于两种及以上媒质的传输线（如微带线），则很难求解。在工程计算中，可假定串扰是弱耦合关系做近似计算，即假定发射电路中的电压和电流通过互感和互电容在接收电路中感应出电压和电流，但忽略接收电路中感应的电压和电流对发射电路的感应作用。这样，式(2-55)和式（2-57）发射电路方程近似为

$$\frac{\partial u_{G}(z,t)}{\partial z}+L_{G}\frac{\partial i_{G}(z,t)}{\partial t}=0 \tag{2-63}$$

$$\frac{\partial i_{G}(z,t)}{\partial z}+(C_{G}+C_{M})\frac{\partial u_{G}(z,t)}{\partial t}=0 \tag{2-64}$$

式（2-56）和式（2-58）接收电路方程不变，但将方程的形式改写为

$$\frac{\partial u_{R}(z,t)}{\partial z}+L_{R}\frac{\partial i_{R}(z,t)}{\partial t}=-L_{M}\frac{\partial i_{G}(z,t)}{\partial t} \tag{2-65}$$

$$\frac{\partial i_{R}(z,t)}{\partial z}+(C_{G}+C_{M})\frac{\partial u_{R}(z,t)}{\partial t}=C_{M}\frac{\partial u_{G}(z,t)}{\partial t} \tag{2-66}$$

在弱耦合假设下，原先由式（2-55）至式（2-58）四个方程联立求解的问题转化为先由式（2-63）和式（2-64）求出 $u_{G}(z,t)$ 和 $i_{G}(z,t)$，再将 $u_{G}(z,t)$ 和 $i_{G}(z,t)$ 作为已知，由式（2-65）和式（2-66）求出 $u_{R}(z,t)$ 和 $i_{R}(z,t)$ 的顺序求解过程。式（2-63）和式（2-64）的求解与式（2-65）和式（2-66）的求解均可应用前面讲到的两导体传输线的计算方法，问题得到简化。

2.5　保证电磁兼容性的方法

为了实现设备或系统的电磁兼容性，在产品设计开发的不同阶段，可采取的技术手段及付出的代价是不同的。如图 2-42 所示，在产品设计初期，EMC 设计成本很少，可能只占总开发成本的5%左右，通过例如合理的电路板布局、电缆布置、自屏蔽结构，使用少量的抑制器件等措施，就可以在基本不增加或仅增加少量花费的基础上达到电磁兼容的目的；而越到后期，可采取的手段越少，付出的代价也越高，因为，这时许多设计已经定型，电路板已经制作出来，很难再改动了，只能采用花费较大的滤波、机箱屏蔽等措施，而且可能因返工而耽误产品开发周期。为此，对于设备或系统的电磁兼容问题应给予足够的重视，尽早采取措施，应当在新产品设计阶段就首先进行电磁兼容设计，而不是等到样机测试或现场试验时发现问题后才采取措施，科学、合理的电磁兼容设计应贯穿于新产品开发的整个过程中。

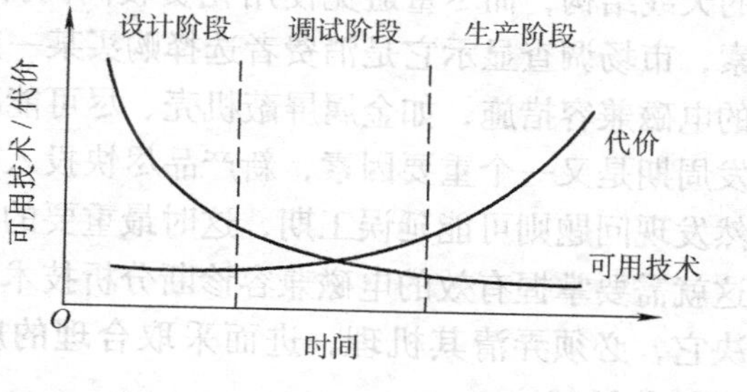

图 2-42　EMC 设计成本及可采取的手段在产品开发过程中的变化

在产品电磁兼容设计时，要注意以下几方面：①根据使用环境获取对系统的电磁兼容性要求；②在方案论证初期就提出产品的电磁兼容性指标；③把电磁兼容性设计融入产品的功能设计中，而不是采取事后的补救措施；④通过试验、测量确认系统已达到电磁兼容性要求；⑤对产品进行跟踪调查，保证其寿命期内的电磁兼容问题。

EMC设计内容如图2-43所示，通常包括：电磁干扰分析、建模仿真预测，采取电磁兼容措施，试验、测量及结果分析等环节。设计的思路就是从电磁干扰的三要素（电磁骚扰源、电磁骚扰的耦合路径、接收电磁骚扰的电磁敏感电路）入手，首先，充分了解电子设备可能存在的电磁骚扰源及其性质，消除或降低电磁骚扰源的参数；其次，充分分析电磁骚扰可能的传播途径，切断或削弱与电磁骚扰的耦合通路；最后，分析和认识易于接收电磁骚扰的电磁敏感电路或单元，尽量提高其承受电磁骚扰的能力。具体的技术措施大致可归纳为两类：①设备或系统本身应尽可能选用相互干扰最小的部件、电路和设备，并予以合理的布局；②通过采用屏蔽、滤波、接地、合理布线等技术，将干扰予以隔离和抑制。在实践中常综合应用上述措施，以达到最佳的抑制效果。对于实际中应用较多的屏蔽、滤波和接地技术，其原理、方法将在后面章节中详细介绍。

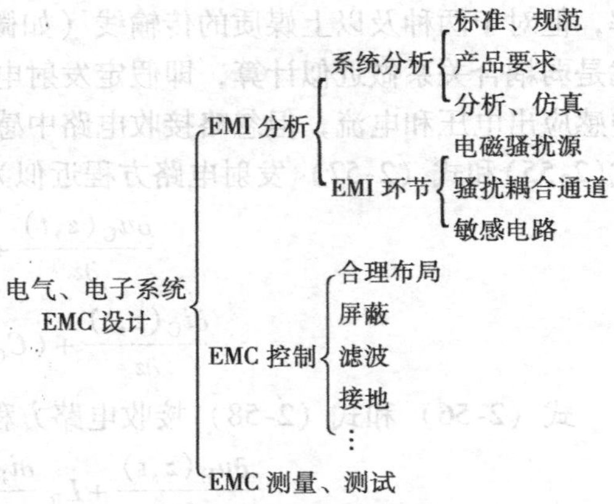

图2-43　EMC设计内容

当然，在产品设计中并非只有电磁兼容性需要考虑，还有一些更重要的因素，需要在电磁兼容设计时充分考虑进来。对于一个产品来说，成本是首要因素，因此，在电磁兼容设计时应当充分考虑价格因素，如对于线缆引起的辐射，应通过合理的结构布置以避免形成有效的天线结构，而尽量避免使用花费较高的抑制元件。产品的外观和易用性也是一个重要因素，市场调查显示它是消费者选择购买某一产品的重要考虑，这在一定程度上限制了可采取的电磁兼容措施，如金属屏蔽机壳、尽可能减少开孔，这就需要采取一些替代措施。产品开发周期是又一个重要因素，新产品尽快投入市场对生产商是至关重要的，如果在开发后期突然发现问题则可能延误工期，这时最重要的就是尽快找到问题的根源，以期采取补救措施，这就需要掌握有效的电磁兼容诊断分析技术。总之，电磁兼容问题非常复杂，要想妥善地解决它，必须弄清其机理，进而采取合理的应对措施，而不能简单地把它看作是一个黑箱（Black Magic）。

2.6　小结

本章内容是电磁兼容的基本原理，首先，给出了电磁兼容中一些术语的定义，介绍了电磁干扰的三要素和一些常见的电磁骚扰源；然后，着重讲述电磁骚扰的传播机理；又简述了传输线和信号完整性及串扰；最后，简单介绍了保证电磁兼容性的方法。这里，一些要点需要牢牢掌握：

- 电磁干扰问题必然与骚扰源、耦合通道和敏感单元相关联；
- 有4种基本的耦合方式，传导耦合、磁场耦合、电场耦合和辐射耦合；
- 要控制干扰，就必须控制好电流通路，任何电流都要返回其源，电流总是走最小阻抗路径；

- 分析传导耦合时，必须考虑连接导线的电感；
- 自感、互感与回路相关；
- 耦合电容与导体相互靠近有关；
- 控制辐射耦合需要正确识别无意天线；
- 反射是高频数字电路中影响信号完整性的主要因素，阻抗匹配是抑制反射的基本方法。
- 弱耦合求解法是简化多导体传输线中串扰分析的常用方法。
- 数字信号的高频频谱分量与脉冲的上升/下降时间有关。

思　考　题

1. 电磁干扰与电磁兼容的术语有哪些？
2. 电磁干扰的三要素是什么？
3. 常见的电磁骚扰源有哪些？如何分类？
4. 一个 5V、10MHz 的振荡器，其波形的上升时间和下降时间均为 10ns，占空比为 50%，计算其 5 次谐波电压的幅值。
5. 用示波器测量的波形如图 2-44 所示，梯形波的上升时间和下降时间均为 10ns，计算其 11 次、31 次、51 次、101 次谐波的幅值，当上升时间和下降时间增加到 1μs 时，这些谐波的幅值有何变化？

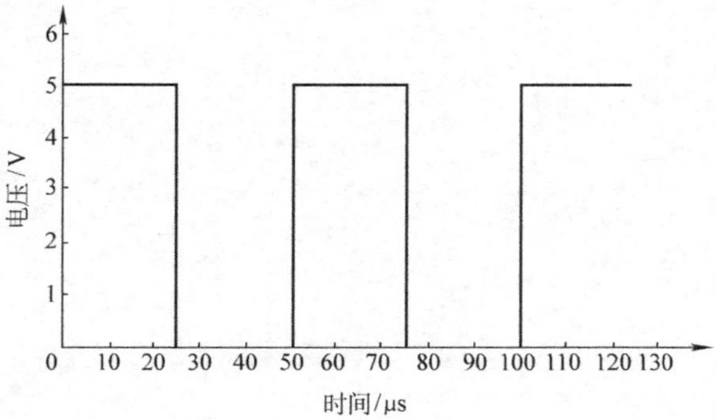

图 2-44　用示波器测量的波形

6. 电磁骚扰的传播主要有哪些途径？
7. 为什么要对电流返回路径格外重视？
8. 如何发现位移电流路径？
9. 同轴电缆的内导体半径为 0.22mm、外导体内外半径分别为 1.4mm 和 1.6mm，分别计算其在 50Hz 和 100MHz 时单位长度电缆的电阻。
10. 计算一个长 5cm、宽 2cm、导线半径 0.2mm 的回路的自感。
11. 计算 0.15A/m、150MHz 的正弦磁场在计算一个长 5cm、宽 2cm 的回路中感应的电动势。
12. 影响磁场耦合的因素有哪些？如何减小其影响？
13. 影响电场耦合的因素有哪些？如何减小其影响？
14. 如图 2-45 所示的扁平带状电缆，长为 0.8m，导线半径为 0.32mm，电路中施加 3.5MHz 的正弦激励源，计算：（1）回路 1 与回路 2 间的互感和由于磁场耦合产生的串扰；（2）导体 1 与导体 2 间的电容和由于电场耦合产生的串扰。
15. 一个 1cm 长的电偶极子，流过 100MHz、1mA 的正弦电流，分别计算距其 1m、10m 处的最大电场

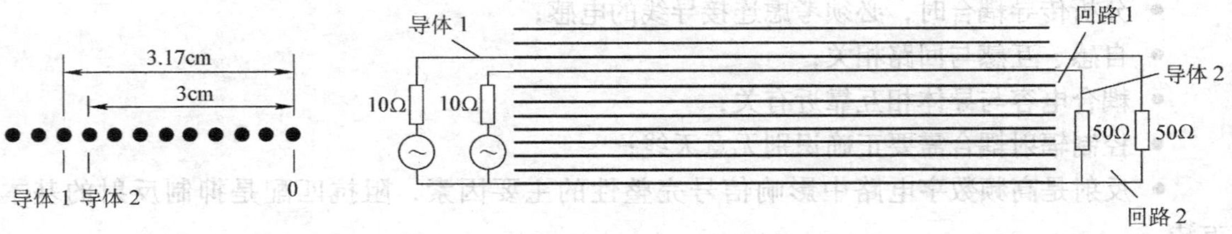

图 2-45 扁平带状电缆线间的串扰

强度和磁场强度。

16. 一个半径为 1cm 的磁偶极子，流过 100MHz、1mA 的正弦电流，分别计算距其 1m、10m 处的最大电场强度和磁场强度。

17. 一个长 3cm、宽 2.5cm 的矩形回路中有一个 150MHz、1V 正弦电压源和一个 50Ω 的电阻，计算该电路在距其 3m 处产生的电场强度。

18. 如图 2-25 所示的导线对，导线长 $l=1\text{m}$，间距 $d=1\text{cm}$，电流 $I_1=104\text{mA}$，$I_2=-96\text{mA}$，频率 $f=100\text{MHz}$，分别计算差模电流和共模电流在距离导线对 $r=10\text{m}$ 处产生的最大电场强度。

19. 什么样的结构会构成有效的辐射天线？

20. 辐射耦合的方式有哪些？

21. 对产品的电磁兼容设计应从哪几个方面进行？

第 3 章　屏　　蔽

内 容 提 要

屏蔽是电磁兼容的基本技术之一，本章介绍了抑制电磁骚扰在空间传播的方法，分别讲述了自屏蔽、电场屏蔽、磁场屏蔽和电磁场屏蔽，分析了其工作原理、影响因素，给出了屏蔽效能的计算公式，讨论了保证屏蔽效果的技术措施。

屏蔽技术是利用屏蔽体阻断或减小电磁能量在空间传播的一种技术，是减少电磁发射和实现电磁骚扰防护的最基本、最重要的手段之一。采用屏蔽有两个目的：一是限制内部产生的辐射超出某一区域；二是防止外来的辐射进入某一区域。

下面介绍屏蔽的机理，分析影响屏蔽效果的因素，并考虑屏蔽体的设计问题。

3.1　屏蔽原理

屏蔽按其机理可分为电场屏蔽（包括静电场屏蔽和交变电场屏蔽）、磁场屏蔽（包括恒定磁场屏蔽和交变磁场屏蔽）和电磁场屏蔽（电场和磁场同时存在的高频辐射电磁场屏蔽）3 种。按屏蔽体结构可分为完整屏蔽、不完整屏蔽（屏蔽体上有孔缝等）及编织带屏蔽（屏蔽线、同轴电缆等）。

由于引入外部屏蔽体以阻断空间电磁骚扰的传播必然会使成本增加，而降低成本又是对产品设计的一项重要要求，因此，我们首先来看依靠自身电路结构实现的自屏蔽，然后，再来看各种外部屏蔽。

3.1.1　自屏蔽

自屏蔽是指不增加外部屏蔽体，仅依靠合理的电路设计及结构布置，使在基本不增加成本的基础上达到屏蔽效果的方法。自屏蔽的关键是场的自包容，即通过合理布置信号，使电压产生的电场和电流产生的磁场包容在结构内部。

例如，同轴电缆传输信号，如图 3-1 所示，对于电场，信号电源的正端接同轴电缆的芯线，负端接同轴电缆的外层导体，该传输电路在同轴电缆内部产生电场，而由于芯线和外层导体所带电荷正负抵消，传输电路在电缆外部产生的电场为零；对于磁场，由于芯线作为电流流出路径，外层导体作为电流返回路径，返回电流包围着流出电流，且电流和为零，则该信号传输电路只在同轴电缆内部产生磁场，而在同轴电缆外部产生的磁场为零。同样，外

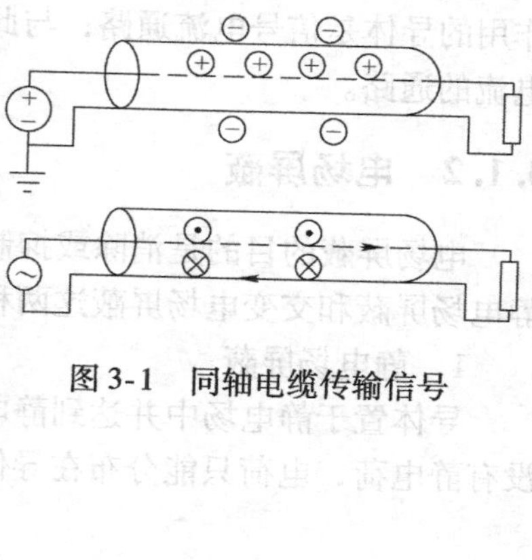

图 3-1　同轴电缆传输信号

部电场和磁场在该传输回路中产生的干扰电压亦为零。如果芯线和外层导体是偏心的，在直流或低频情况下，外层导体中电流均匀分布，则流出电流和返回电流不重合，对外产生磁场；而在高频情况下，由于电流总是沿着最小阻抗路径走，外层导体中的电流不再是均匀分布，而是自动围绕芯线分布使其内外导体电流重合，因而，对外不产生磁场。

当然，自包容也不仅仅指内导体被外导体完全包围的情况，还有多种其他方式。如图3-2中的双绞线传输信号，由于两根导线不断交错，使其产生的磁场方向交替变化，远处的场值是所有整个信号回路产生的场值的叠加，其中的大部分相互抵消掉，从而使磁场值大大降低；同样，当有外部磁场作用到双绞线信号回路时，因相互抵消作用，外部磁场在回路中感应的电动势也较小。

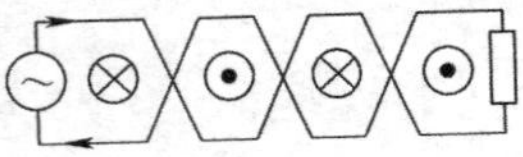

图3-2 双绞线传输信号

图3-3列出了4种无限长导体的电流布置，分别为一根导体、两根载反向电流的导体、3根载流导体和同轴电缆，它们在距离导体r处（$r \gg d$）产生的磁场分别为$B=\frac{\mu_0 I}{2\pi r}$、$B=\frac{\mu_0 Id}{2\pi r^2}$、$B=\frac{\mu_0 Id^2}{2\pi r^3}$和$B=0$，由于不同的电流布置，4种情况下产生的磁场是依次减弱的。

在第2章图2-10所示的电路中，由于返回电流自动沿着最小阻抗路径流通，回路面积很小（印制线长度乘以电路板厚度），因此，对外产生的电磁辐射较小（受外界磁场辐射的影响亦是如此），这也是一种自包容形式（类似图3-3b）。如果电路板背面不是实金属平面，在印制线的背面有垂直于印制线的开槽，返回电流就无法在此通行，只能从旁边绕过，那就无形中增大了回路面积，从而破坏了自包容，回路产生的辐射和受到外界辐射的影响都将大大增加。为避免这种情况发生，应尽量避免在印制电路板上的实地面上开槽，尤其是印制线下方的地面，以防止影响电流返回通路。

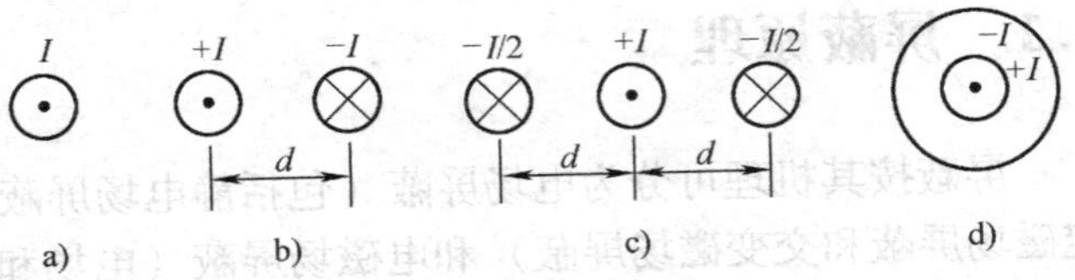

图3-3 不同电流布置

由此可见，在电路设计中可以通过控制电流分布和电荷分布降低其产生的磁场和电场，以达到自屏蔽的目的。磁场自屏蔽要求返回电流环绕在流出电流周围，并且流出电流和返回电流值相等；电场自屏蔽要求正端和负端的电荷相包围，且分布能相互抵消。这里，起屏蔽作用的导体是信号电流通路；与此不同，后面介绍的几种外部屏蔽中，屏蔽导体并不是信号电流的通路。

3.1.2 电场屏蔽

电场屏蔽的目的是消除或抑制静电场或交变电场与被干扰电路的电耦合。下面分别讨论静电场屏蔽和交变电场屏蔽这两种情况。

1. 静电场屏蔽

导体置于静电场中并达到静电平衡后，该导体是一个等位体，内部电场为零，导体内部没有静电荷，电荷只能分布在导体表面。若该导体内部有空腔，空腔中也没有电场，因此，空腔导体起到了隔绝外部静电场的作用。若将带电体置于空腔导体内部，会在空腔导体表面感应出等量电荷，如果把空腔导体接地，则不会在导体外部产生电场，可以起到隔绝内部电荷的作用。上述两种情况均为静电场屏蔽现象。

由上可知，要实现静电场屏蔽，需要满足两个条件：①有完整的屏蔽体；②屏蔽体良好接地。

2. 交变电场屏蔽

由第 2 章中的电场耦合可知，在交变电场情况下，导体间的电场感应是通过耦合电容起作用，为减小这种影响，就要减小耦合电容，其中的一个方法就是对被干扰电路采取屏蔽措施。

如图 3-4 所示，导体 1 上有电压 U_1，通过耦合电容 C_{12} 在导体 2 上感应电压 U_2，我们在导体 1 和导体 2 之间插入一块接地的导体板（屏蔽体）。插入接地的屏蔽体后出现两个电容 C_{1S} 和 C_{2S}，则导体 2 上的感应电压为 $U_2 = U_1C_{12}/(C_{12}+C_{2G}+C_{2S})$。由于导体 1 和导体 2 之间的耦合要绕过屏蔽体，其路径加长了，故耦合电容要比没有屏蔽时的耦合电容值小，因此，导体 2 上的感应电压被大大削弱了。若屏蔽体完全包围导体 2，则 $C_{12}=0$，导体 2 上的感应电压被完全消除。

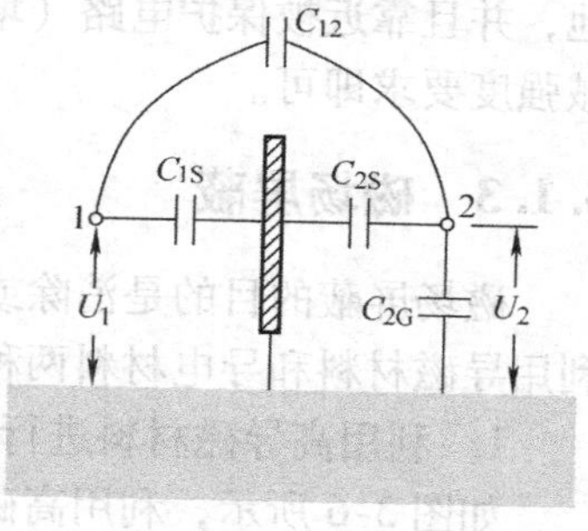

图 3-4　交变电场屏蔽

应当注意，如果采取屏蔽，但不接地，则导体 2 上的感应电压为 $U_2 = U_1C'_{12}/(C'_{12}+C_{2G})$，式中，$C'_{12}=C_{12}+\dfrac{C_{1S}C_{2S}}{C_{1S}+C_{2S}}$。此时，导体 1 和导体 2 之间的耦合电容 C'_{12} 值比未插入屏蔽体之前的耦合电容 C_{12} 值还要大，这样，电场耦合不但不能减小，反而增大了。因此，为减小电场耦合，屏蔽体必须接地，而且，设备中任何悬空的导体或导线都应当接地（虽然从原理上讲，磁场屏蔽不一定需要接地）。

另外，使用屏蔽电缆屏蔽时，在电缆末端接头处，芯线往往会有一段暴露在屏蔽层之外，由此，会引入电磁干扰，这种影响被称为末端效应（Pigtail Effect）。对于电场屏蔽，其电路如图 3-5 所示，其中，C_{12} 为电缆芯线（导体 2）的裸露部分与导体 1 之间的耦合电容（理想屏蔽情况下 $C_{12}=0$），C_{2G} 是芯线裸露部分的对地电容。这时，即使屏蔽层接地，芯线上也会通过电缆末端的耦合电容 C_{12} 产生干扰电压 $U_2=\dfrac{C_{12}}{C_{12}+C_{2G}+C_{2S}}U_1$。在实际电路中，

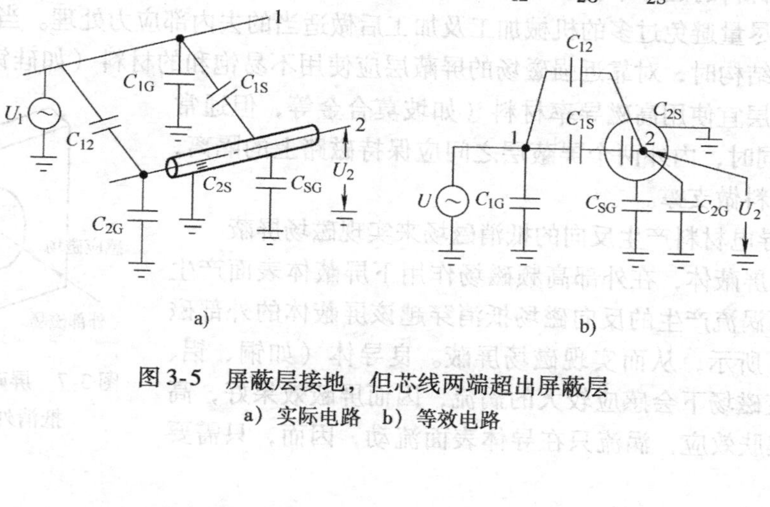

图 3-5　屏蔽层接地，但芯线两端超出屏蔽层

a）实际电路　b）等效电路

由于存在源阻抗 Z_{2S} 和负载阻抗 Z_{2L}，芯线的对地阻抗值是有限的，一般 $\left|\frac{Z_{S2}Z_{L2}}{Z_{S2}+Z_{L2}}\right| \ll \frac{1}{\omega(C_{12}+C_{2G}+C_{2S})}$，此时，芯线上的干扰电压为 $U_2 = j\omega C_{12}U_1\frac{Z_{S2}Z_{L2}}{Z_{S2}+Z_{L2}}$。因此，为保证屏蔽电缆的电场屏蔽效果，芯线裸露在屏蔽层之外的部分应尽量短，在电缆末端的衔接处，屏蔽层应与接头保持360°接触。

可见，为获得好的电场屏蔽效果，应采取如下措施：①使屏蔽体尽量包围被保护电路，完全封闭的屏蔽效果最好，开孔或有缝隙会使屏蔽效果受到一定影响；②使屏蔽体良好接地，并且靠近被保护电路（增大 C_{2S}）；③屏蔽体采用良导体，对厚度没有要求，能满足机械强度要求即可。

3.1.3　磁场屏蔽

磁场屏蔽的目的是消除或抑制恒定磁场或交变磁场与被干扰回路的磁耦合。通常，可以利用导磁材料和导电材料两种方法进行屏蔽。

1. 利用高导磁材料进行磁场屏蔽

如图3-6所示，利用高磁导率材料的低磁阻特性，对骚扰磁场进行分路，可使被屏蔽体包围的区域内的磁场大大减弱（$H_1 \ll H_0$）。

为提高导磁材料的磁场屏蔽效果，应当采取如下措施：①使用高磁导率的材料（如坡莫合金）、增加屏蔽体的厚度，以减小屏蔽体的磁阻；②注意屏蔽体的结构设计，避免因开孔、缝隙等引起屏蔽体磁阻的增加，应使缝隙或条状通风孔顺着磁场方向布置，以减小屏蔽体沿磁场方向的磁阻，从而提高屏蔽效果；③对强磁场的屏蔽，可采用双层屏蔽结构。

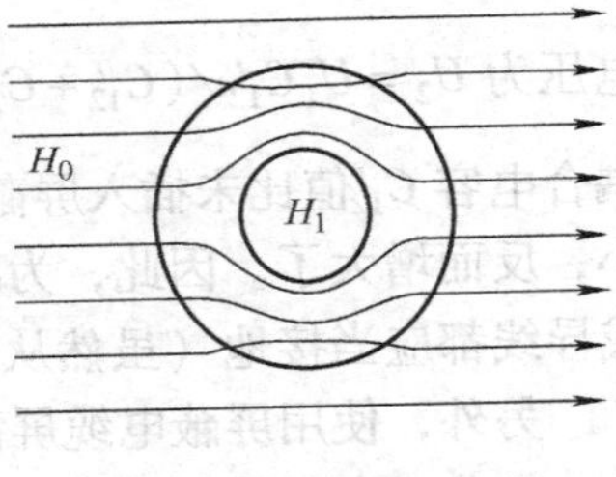

图3-6　利用高磁导率材料实现磁屏蔽

在使用高磁导率的材料时，应当注意：①其磁导率一般是指在直流状态下的磁导率，随着频率的增加，磁导率会逐渐下降；②铁磁材料通常具有饱和性，当磁场强度增大到一定值时，磁导率下降，且越是高导磁材料，其饱和特性越明显；③高磁导率材料在机械加工过程中，因敲打、弯折等原因造成的机械应力会使材料的磁导率明显下降。因此，在设计时应考虑实际的工作频率和骚扰磁场强度，在制造时尽量避免过多的机械加工及加工后做适当的去内部应力处理。当使用双层导磁材料的屏蔽体结构时，对靠近强磁场的屏蔽层应使用不易饱和的材料（如硅钢等），而远离强磁场的屏蔽层宜使用高磁导率材料（如坡莫合金等，但通常容易饱和），同时，内外两个屏蔽层之间应保持磁路上的隔离，使用非铁磁材料做支撑。

2. 利用导电材料产生反向的抵消磁场来实现磁场屏蔽

以导体作屏蔽体，在外部高频磁场作用下屏蔽体表面产生感应涡流，而涡流产生的反向磁场抵消穿越该屏蔽体的外部磁场，如图3-7所示，从而实现磁场屏蔽。良导体（如铜、铝、银等）在交变磁场下会感应较大的涡流，因而屏蔽效果好，高频时，由于集肤效应，涡流只在导体表面流动，因而，只需要

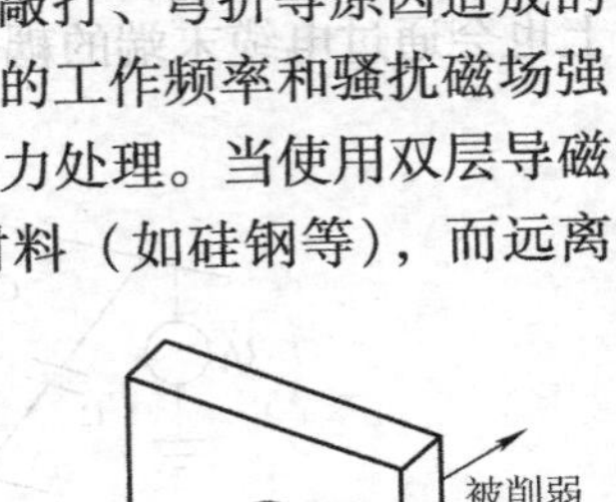

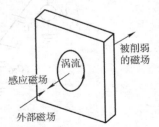

图3-7　屏蔽体感应涡流抵消外部磁场

很薄的一层金属就可以实现磁场屏蔽。

为提高导电材料的磁场屏蔽效果，应采取如下措施：①使用良导体；②注意屏蔽体的结构设计，避免因开孔、缝隙等而影响涡流的流通回路，应减小孔缝的最大尺寸，从而提高屏蔽效果；③使屏蔽体有一定的厚度，一般要大于10倍的透入深度。

当将屏蔽电缆的屏蔽层两端接地，进行磁场屏蔽时，如图3-8所示，信号电流的返回路径是屏蔽层和地回路的并联，屏蔽层中的电流为 $I_S=\frac{j\omega M}{R_S+j\omega L_S}I_1=\frac{j\omega}{j\omega+\omega_C}I_1$，其中，$\omega_C=R_S/L_S$ 为屏蔽电缆的截止频率（一般只有几千赫），R_S 为屏蔽层的电阻，L_S 为屏蔽层的电感，M 为芯线与屏蔽层的互感（$M=L_S$）。当信号频率较高（$\omega\gg\omega_C$）时，由于互感的作用使屏蔽层表现出的阻抗值要比地阻抗小得多，$I_S\approx I_1$，因而屏蔽层成为电流的主要返回通路（最小阻抗路径），这样，芯线产生的磁场被屏蔽；而当信号频率较低($\omega<5\omega_C$）时，$I_S<I_1$，且随着 ω 的降低，有更多的电流从地回路分流，磁场屏蔽的效果也随之下降，因此，在低频时只能采取自屏蔽的方法（见图3-1）。

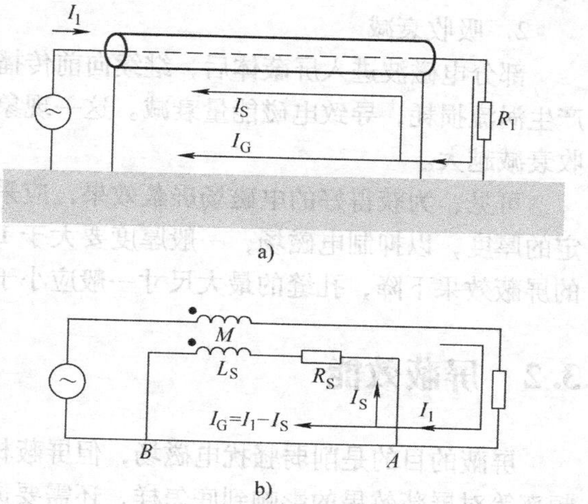

图3-8 屏蔽层两端接地以屏蔽高频磁场
a）屏蔽层两点接地 b）等效电路

另外，使用屏蔽电缆屏蔽时，往往存在末端效应，对于磁场屏蔽，其影响如图3-9所示，由于电缆的屏蔽层在电缆末端未能完全包围芯线，使得电路回路中的这一段回路面积（图3-9中的阴影部分）可以与外部电路相耦合（存在互感），因而，外部磁场可在该电路中产生干扰电压，并且，屏蔽电缆的末端效应，是以磁场耦合为主。因此，为保证屏蔽电缆的磁场屏蔽效果，芯线裸露在屏蔽层之外的部分应尽量短，在电缆末端的衔接处，屏蔽层应与接头保持360°接触。

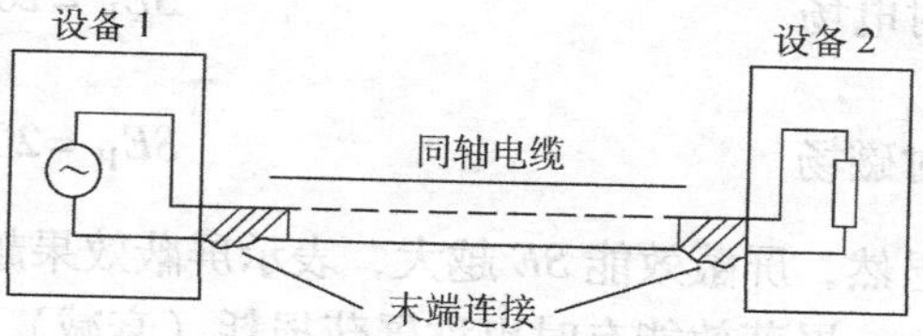

图3-9 同轴电缆磁场屏蔽的末端效应

3.1.4 电磁场屏蔽

电磁场屏蔽是利用屏蔽体阻止电磁波在空间传播。电磁波在穿越屏蔽体时，会产生反射和吸收，导致电磁能量衰减，如图3-10所示。

1. 反射衰减

当电磁波到达屏蔽体表面时，由于空气与屏蔽体的特性阻抗不相等，电磁波产生反射，致使入射波穿过分界面的

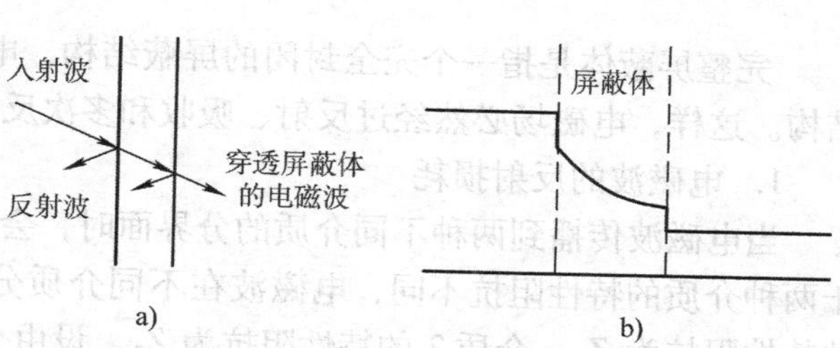

图3-10 电磁波穿过屏蔽体时的能量衰减
a）反射及透射现象 b）能量变化

电磁能量减弱。这种由于反射而造成入射电磁波减弱的现象被称为反射衰减。反射衰减受介质分界面两侧材料特性阻抗不连续的影响，而与材料厚度无关，特性阻抗相差越大，反射越强；同时，电磁波反射也与频率有关，频率越低，反射越严重。当电磁波从屏蔽体中穿出时同样也会发生反射，并且此反射波会在两个反射界面之间产生多次来回反射。

2. 吸收衰减

部分电磁波进入屏蔽体后，继续向前传播，此时电磁场感应涡流，削弱了该电磁场，并产生涡流损耗，导致电磁能量衰减。这一现象被称为吸收衰减。频率越高，屏蔽体越厚，吸收衰减越大。

可见，为获得好的电磁场屏蔽效果，应采取如下措施：①使用良导体；②使屏蔽体有一定的厚度，以抑制电磁场，一般厚度要大于10倍的透入深度；③避免因开孔、缝隙等引起的屏蔽效果下降，孔缝的最大尺寸一般应小于最高频率电磁波波长的1/20。

3.2 屏蔽效能

屏蔽的目的是削弱骚扰电磁场，但屏蔽材料性能（电导率和磁导率）、厚度及电磁场的频率等对屏蔽效果的影响到底怎样，还需要进行定量计算。

为了衡量屏蔽体的屏蔽效果，一般常用屏蔽效能（Shielding Effectiveness）来表示。屏蔽效能是指未加屏蔽时某一点的场强（E_0，H_0）与加屏蔽后同一点的场强（E_S，H_S）之比，并以分贝（dB）表示，即

对电场
$$SE_E = 20\lg\frac{E_0\text{（无屏蔽）}}{E_S\text{（有屏蔽）}} \tag{3-1}$$

对磁场
$$SE_H = 20\lg\frac{H_0\text{（无屏蔽）}}{H_S\text{（有屏蔽）}} \tag{3-2}$$

显然，屏蔽效能 SE 越大，表示屏蔽效果越好。

屏蔽效能有时也称屏蔽损耗（衰减），特别是在单独考虑吸收或反射屏蔽效能时常用吸收损耗 A 和反射损耗 R 来表示。

$$SE = R + A + B \tag{3-3}$$

式中，SE 为总屏蔽效能（dB）；R 为反射损耗（dB）；A 为吸收报耗（dB）；B 为多次反射损耗（dB）。

3.2.1 完整屏蔽体的屏蔽效能

完整屏蔽体是指一个完全封闭的屏蔽结构，电磁场只有穿过屏蔽体壁才能出入该封闭结构。这样，电磁场必然经过反射、吸收和多次反射过程而衰减。

1. 电磁波的反射损耗

当电磁波传播到两种不同介质的分界面时，会产生反射和透射，并伴随着能量损失。由于两种介质的特性阻抗不同，电磁波在不同介质分界面产生反射，如图3-11所示，介质1的特性阻抗为 Z_1，介质2的特性阻抗为 Z_2，设由介质1到介质2的入射波场强为 E_0 和 H_0，则分界面上的反射波场强为

$$\begin{cases} E_r = \dfrac{Z_1 - Z_2}{Z_1 + Z_2}E_0 \\ H_r = \dfrac{Z_2 - Z_1}{Z_1 + Z_2}H_0 \end{cases} \tag{3-4}$$

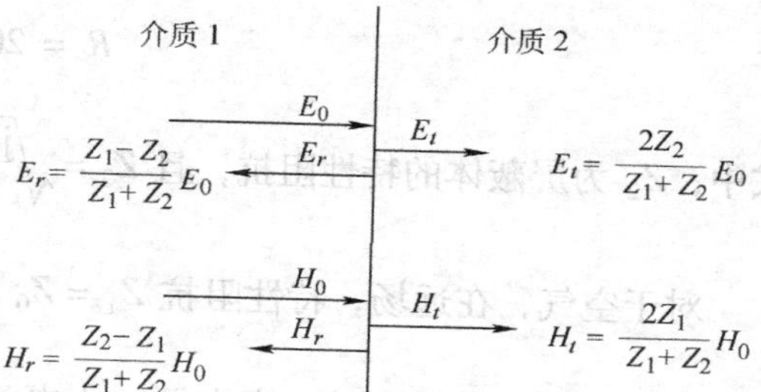

图 3-11 电磁波传播到不同介质分界面发生反射与透射

进入介质 2 的透射波场强为

$$\begin{cases} E_t = E_0 - E_r = \dfrac{2Z_2}{Z_1 + Z_2}E_0 \\ H_t = H_0 - H_r = \dfrac{2Z_1}{Z_1 + Z_2}H_0 \end{cases} \tag{3-5}$$

实际的屏蔽体都有一定厚度，如图 3-12 所示，当电磁波进入屏蔽体（界面 1）时发生反射；当电磁波穿出屏蔽体（界面 2）时，还会发生反射，如不考虑从界面 1 到界面 2 的吸收损耗，则在界面 2 的反射场强为

$$\begin{cases} E_{r2} = \dfrac{Z_2 - Z_1}{Z_1 + Z_2}E_t = \dfrac{2Z_2(Z_2 - Z_1)}{(Z_1 + Z_2)^2}E_0 \\ E_{r2} = \dfrac{Z_1 - Z_2}{Z_1 + Z_2}H_t = \dfrac{2Z_1(Z_1 - Z_2)}{(Z_1 + Z_2)^2}H_0 \end{cases} \tag{3-6}$$

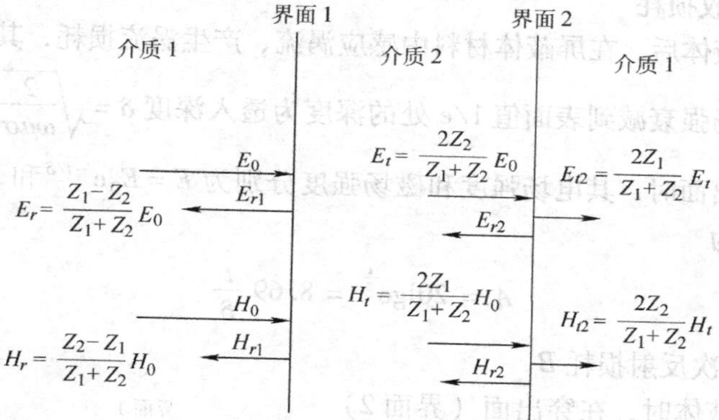

图 3-12 电磁波穿过屏蔽体时的反射与透射

若不计电磁波穿出屏蔽体（界面 2）时的反射波回到入射处（界面 1）再次反射的影响，则穿出屏蔽体的电磁波场强为

$$\begin{cases} E_{t2} = \dfrac{2Z_1}{Z_1 + Z_2}E_t = \dfrac{4Z_1 Z_2}{(Z_1 + Z_2)^2}E_0 \\ H_{t2} = \dfrac{2Z_2}{Z_1 + Z_2}H_t = \dfrac{4Z_1 Z_2}{(Z_1 + Z_2)^2}H_0 \end{cases} \tag{3-7}$$

一般屏蔽体为金属，周围介质为空气或绝缘体，有 $Z_1 \gg Z_2$，则式（3-7）可化为 $E_{t2} \approx \dfrac{4Z_2}{Z_1}E_0$ 和 $H_{t2} \approx \dfrac{4Z_2}{Z_1}H_0$，因此，反射损耗可表示为

$$R = 20\lg\frac{|Z_1|}{4|Z_2|} \tag{3-8}$$

式中，Z_2 为屏蔽体的特性阻抗，且 $Z_2 = \sqrt{\frac{j\omega\mu}{\sigma}} = \sqrt{\frac{\omega\mu}{2\sigma}}(1+j)$；$Z_1$ 为周围介质的特性阻抗。

对于空气，在远场，特性阻抗 $Z_1 = Z_0 = \sqrt{\frac{\mu_0}{\varepsilon_0}} = 377\Omega$；在近场，特性阻抗不再是常数，而取决于场源的性质，对于高电压、小电流场源，呈现高阻抗电场，特性阻抗 $Z_1 = \frac{\lambda}{2\pi r}Z_0$（其中，$\lambda$ 为电磁波的波长，r 为场点到场源的距离），而对于低电压、大电流场源，则呈现低阻抗磁场，特性阻抗 $Z_1 = \frac{2\pi r}{\lambda}Z_0$。

对于电场和磁场，虽然式（3-7）显示它们穿出屏蔽体的场强与入射场强的比值相同，但其过程是不一样的。电场在屏蔽体表面（界面1）几乎完全被反射，进入屏蔽体的量很小，因此，即使很薄的金属层也可以对电场起到良好的屏蔽作用；而磁场在进入屏蔽体后得到加强，在穿出屏蔽体（界面2）时才被削弱，因此，在屏蔽体内的衰减（吸收损耗）对磁场来说是至关重要的。

上面讨论的是垂直入射的结果，当电磁波斜入射时，随着入射角的增大，反射损耗也增大。

2. 电磁波的吸收损耗

电磁波进入屏蔽体后，在屏蔽体材料中感应涡流、产生涡流损耗，其场强随穿过的距离按指数规律衰减。场强衰减到表面值 1/e 处的深度为透入深度 $\delta = \sqrt{\frac{2}{\omega\mu\sigma}} = \frac{1}{\sqrt{\pi f\mu\sigma}}$，当电磁波到达屏蔽体的穿出面时，其电场强度和磁场强度分别为 $E = E_0 e^{-t/\delta}$ 和 $H = H_0 e^{-t/\delta}$，因此，屏蔽体的吸收损耗为

$$A = 20\lg e^{\frac{t}{\delta}} = 8.69\frac{t}{\delta} \tag{3-9}$$

3. 电磁波的多次反射损耗 B

电磁波穿出屏蔽体时，在穿出面（界面2）发生反射，如屏蔽体较薄，该反射波返回界面1时再次被反射，如此反复，直到其能量被吸收至可以忽略为止，如图3-13所示，这一过程被称为多次反射。对于电场，由于大部分能量在进入屏蔽体（界面1）时已经被反射，进入到屏蔽体中的电场分量很弱，在界面2的反射就更小，因此，电场的多次反射可忽略不计；而对于磁场，在界面2反射的磁场强度可能高达 $2H_0$，比入射波增大近一倍，此时，必须考虑多次反射，伴随着多次反射，在界面2同时发生多次透射，此时，实际穿出屏蔽体的磁场强度为 $H_t = H_{t2} + H_{t4} + H_{t6} + \cdots$。

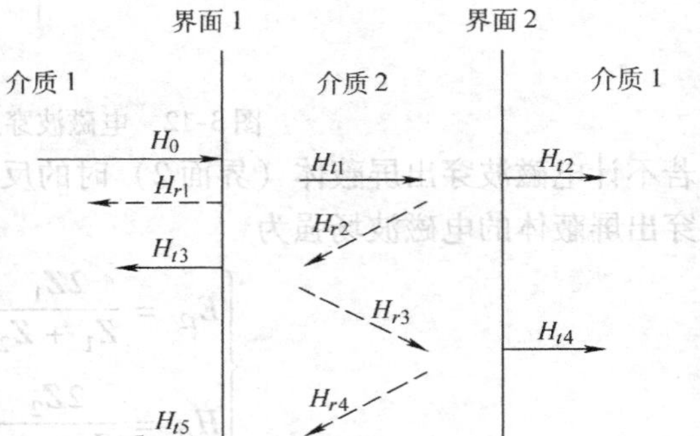

图3-13 电磁波的磁场分量在屏蔽体中的多次反射

为计及磁场多次反射对屏蔽效能的影响，引入多次反射损耗

$$B = 20\lg(1 - e^{-2t/d}) \tag{3-10}$$

式中，t为屏蔽体的厚度；d为透入深度。

多次反射损耗B是一个负值，它反映了多次透射的影响。

4. 屏蔽效能计算

（1）电场的屏蔽效能　电场的大部分能量在界面1被反射，进入屏蔽体后又被部分吸收，多次反射损耗已经很小，可忽略不计，因此，电场的屏蔽效能可用$SE_E = R_E + A_E$表示。

（2）磁场的屏蔽效能　计算磁场屏蔽效能时，必须考虑屏蔽体内的多次反射损耗，因此，磁场的屏蔽效能$SE_H = R_H + A_H + B_H$。

（3）屏蔽效能与频率的关系　屏蔽效能包括反射损耗、吸收损耗和多次反射损耗，它与电磁场的频率、屏蔽体材料及厚度有关。图3-14显示一块铜板对平面电磁波的屏蔽效能与频率的关系，低频时，屏蔽效能以反射损耗为主，而高频时，则以吸收损耗为主。

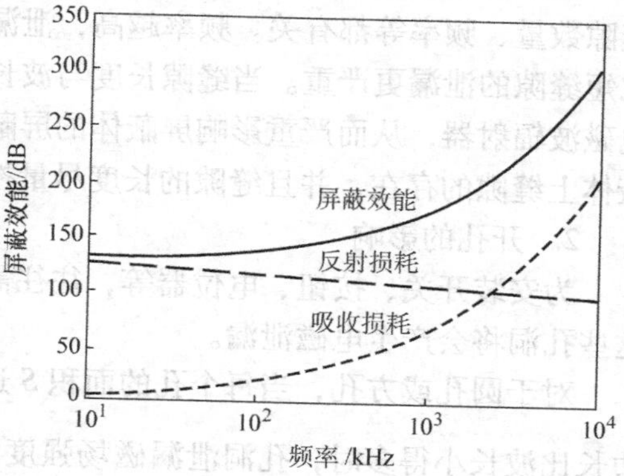

图3-14　一块铜板的屏蔽效能与频率的关系

例如，计算50μm厚的铜箔对100MHz电磁波的屏蔽效能。在100MHz时，铜箔（$\sigma = 5.7\times10^7$S/m）的透入深度$d = 6.7\mu m$、特性阻抗$Z_{Cu} = 3.7\times10^{-3}\Omega$，由式（3-8）可得反射损耗$R = 88$dB，由式（3-9）可得吸收损耗$A = 65$dB，则铜箔的屏蔽效能$SE \approx 153$dB。这一结果只是理论计算值，实际测量中得到的屏蔽效能不超过250dB，设备的最大屏蔽效能一般在80～120dB，超过100dB即可认为屏蔽体是不可穿透的。再如，变压器有漏磁场，屏蔽体距其10cm，是1mm厚的铜板，计算其对150kHz磁场的屏蔽效能。在150kHz时，空气中近场磁场的特性阻抗$Z_{近} = 1.2\times10^{-2}\Omega$，铜板的透入深度$d = 0.17$mm、特性阻抗$Z_{Cu} = 1.4\times10^{-4}\Omega$，由式（3-8）可得反射损耗$R = 26$dB，由式（3-9）可得吸收损耗$A = 51$dB，由式（3-10）可得多次反射损耗$B \approx 0$dB，则铜板的屏蔽效能$SE = 77$dB。

3.2.2 屏蔽体不完整对屏蔽效果的影响

以上的屏蔽效能计算是针对完整屏蔽体的，此时，除了低频磁场外，都很容易达到较好的屏蔽效果。但实际上并不存在完整屏蔽体，因为屏蔽体上总会有门、盖、仪表、开关等各种孔和缝隙，以及连线穿透，如图3-15所示，而这些都不同程度地破坏了屏蔽的完整性。由于孔、缝隙、穿透等引起屏蔽效能的下降往往超过屏蔽材料对屏蔽效能的影响，因此，实际屏蔽体的屏蔽效能比理想情况大为降低。

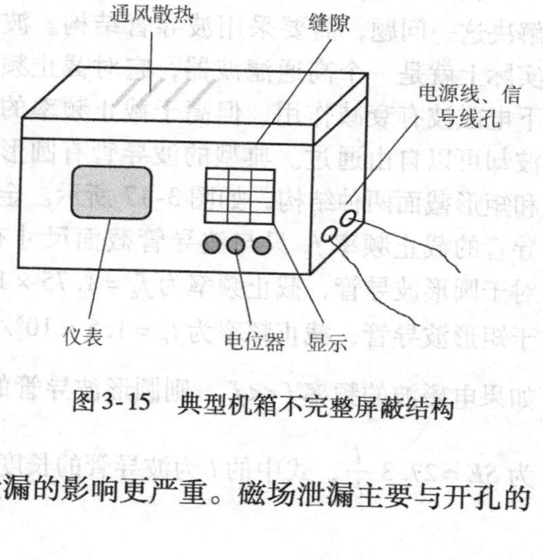

图3-15　典型机箱不完整屏蔽结构

屏蔽不完整对磁场泄漏的影响一般比对电场泄漏的影响更严重。磁场泄漏主要与开孔的

最大线性尺寸（并非面积）、特性阻抗、电磁波的频率等有关，下面具体讨论。

1. 缝隙的影响

设屏蔽体中有一无限长的缝隙，其间隙为 g，屏蔽体的厚度为 t，如图3-16所示，入射电磁波的磁场强度为 H_0，泄漏到屏蔽体中的磁场强度为 H_g，当透入深度 $d>0.3g$ 时，有 $H_g=H_0\mathrm{e}^{-\pi t/\delta}$，则磁场的衰减为 $S_g=20\lg\dfrac{H_0}{H_g}=27.3\dfrac{t}{g}$。可见，当缝隙窄而深时磁场泄漏小，反之则泄漏大。

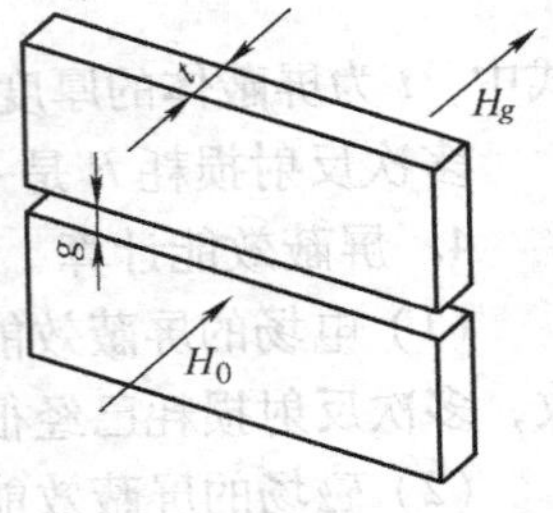

图3-16 无限长缝隙

实际的缝隙泄漏不仅与缝宽、板厚有关，而且与其直线尺寸、缝隙数量、频率等都有关。频率越高，泄漏越严重。在缝隙面积相同情况下，长缝隙的泄漏比短缝隙的泄漏更严重。当缝隙长度与波长接近时，由于缝隙的天线效应，屏蔽体可能成为电磁波辐射器，从而严重影响屏蔽体的屏蔽效果。因此，在设计屏蔽体时，应当尽量减少屏蔽体上缝隙的存在，并且缝隙的长度尽量控制在电磁波波长的1/20以下。

2. 开孔的影响

为安装开关、按钮、电位器等，往往需要在屏蔽面板上开设圆形、方形或矩形的孔洞，这些孔洞将会产生电磁泄漏。

对于圆孔或方孔，当每个孔的面积 S 远远小于屏蔽板的面积 A，且圆孔的直径或方孔的边长比波长小得多时，孔洞泄漏磁场强度为 $H_h=4\left(\dfrac{S}{A}\right)^{3/2}H_0$，若有 n 个孔，则总的泄漏磁场强度为 $H_h=4n\left(\dfrac{S}{A}\right)^{3/2}H_0$；对于矩形孔（长 b、宽 a、面积 S'），可等效成面积为 $S=kS'$ 的圆孔，式中的 $k=\sqrt[3]{\dfrac{b}{a}\xi^2}$，$\xi$ 为折算系数，当 $b/a=1$ 时，$\xi=1$（方孔），$b/a\gg1$ 时 $\xi=\dfrac{b}{2a\ln\dfrac{0.63b}{a}}$（狭长孔）。

3. 波导结构孔洞的影响

孔洞对超高频电磁波的泄漏非常严重，为解决这一问题，需要采用波导管结构。波导管实际上就是一个高通滤波器，它对截止频率以下电磁波有衰减作用，但高于截止频率的电磁波却可以自由通过。典型的波导管有圆形截面和矩形截面两种结构，如图3-17所示。金属波导管的截止频率 f_c 只与波导管截面尺寸有关。

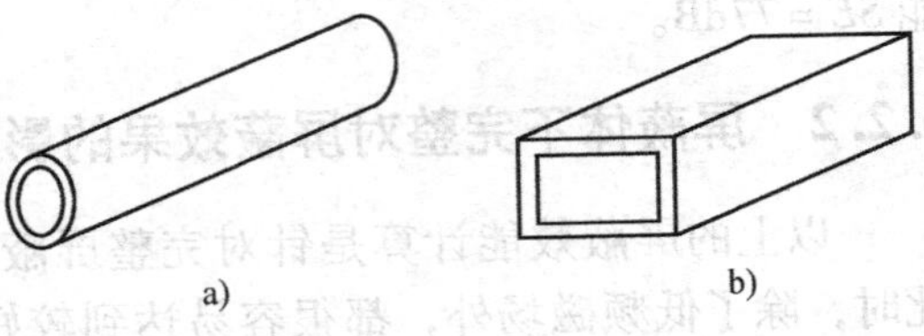

图3-17 波导管

a) 圆形波导管 b) 矩形波导管

对于圆形波导管，截止频率为 $f_c=1.75\times10^8/d$，式中的 d 为圆形波导管截面的内直径；对于矩形波导管，截止频率为 $f_c=1.5\times10^8/b$，式中的 b 为矩形波导管截面的内矩形的长边。如果电磁波的频率 $f\ll f_c$，则圆形波导管的屏蔽效能为 $SE=32\dfrac{l}{d}$，矩形波导管的屏蔽效能为 $SE=27.3\dfrac{l}{b}$，式中的 l 为波导管的长度。

4．金属丝网的影响

金属丝网是常见的不完整屏蔽体，广泛应用于需要自然通风或向内窥视的屏蔽体。金属丝网的材料常为铜、铝或镀锌铁丝，结构有两类：一类是将每个网孔的交叉点均焊牢，另一类是将编织金属丝网用两块玻璃或有机玻璃夹起来。当电磁波频率低于金属丝网的截止频率时，金属丝网可起到屏蔽作用，但屏蔽效能主要是反射损耗，吸收损耗较小，而多次反射损耗因值很小可忽略不计。金属丝网的截止频率为$f_c = 1.5 \times 10^8 / b$，式中的$b$为网眼空隙宽度。当$f > f_c$时，金属丝网不起屏蔽作用，即$SE = 0$；当$f \ll f_c$时，金属丝网的屏蔽效能近似为$SE = 20\lg \dfrac{1.5 \times 10^8}{bf}$。

一般，在1～100MHz内，金属屏蔽网的屏蔽效能可达$SE = 60 \sim 100$dB，玻璃夹层金属屏蔽网的屏蔽效能也能达到50～90dB。用金属丝网作窥视窗的屏蔽，一般有足够的屏蔽效能，但其透明度较差。

5．薄膜及导电玻璃的影响

在玻璃或有机介质薄膜上真空蒸发或喷涂一层导电薄膜作为电磁屏蔽体，可用来代替玻璃夹层的金属丝网结构。为保证一定的透光率，导电薄膜的厚度通常只有几微米。薄膜屏蔽体结构对电磁场中电场分量的屏蔽有效，而对磁场分量的屏蔽则比较微弱（因屏蔽体厚度太薄，吸收损耗有限），因此，其屏蔽效能比金属网低。

6．屏蔽电缆的影响

屏蔽线和屏蔽电缆是电子设备中用于连接两个屏蔽体时最常用的导线。为保证柔软、易于弯曲，其外层屏蔽体常用多股金属丝编织而成，是不完整屏蔽体。编织屏蔽体的屏蔽效能很难计算，一般是通过实验测量得到。屏蔽效能与编织屏蔽体的材料、密度等直接相关，一般单层编织屏蔽体的屏蔽效能大约在50～60dB之间，双层编织屏蔽体则可达80～90dB。

3.3 屏蔽体设计

屏蔽体的实际应用很广，包括专门的屏蔽室、设备的外壳或机箱、设备内部敏感单元的屏蔽盒及各种屏蔽线缆等。不同设备各自特点及不同工作环境，对屏蔽的要求不同，屏蔽体的设计也各有特点，但其基本的设计原则和处理方法是一致的。

3.3.1 屏蔽体设计原则

良好的屏蔽体设计应当根据屏蔽性能要求及实际情况选取最经济、有效的设计方案。为此，应当考虑以下原则：

1．明确电磁骚扰源及敏感单元

如果是屏蔽外部电磁骚扰，则要了解设备的工作环境和可能的骚扰源及强度，找出设备内部易受干扰的电路及其承受能力；如果是屏蔽内部电磁场，则要判断主要的内部骚扰源及可能产生的辐射场强，了解设备的工作环境及其对设备辐射场强的限值要求；如果是屏蔽内部骚扰对设备本身的干扰，则找出内部骚扰源和被干扰电路。

2．大致确定屏蔽体的屏蔽效能

根据第1步已知的骚扰场强及防护要求，按式（3-1）或式（3-2）计算屏蔽体应达到的屏蔽效能要求。

3. 确定屏蔽方式

根据产品的外观设计要求和要屏蔽的骚扰电磁场的性质及频率等，确定屏蔽方式、屏蔽体厚度等。

4. 进行屏蔽完整性设计

根据产品的功能设计要求，确定屏蔽体上必须的孔缝及电缆穿透等，并采取相应的技术措施以避免因屏蔽不完整而带来的屏蔽效果下降。

3.3.2　屏蔽体设计中的处理方法

1. 屏蔽方式及屏蔽材料的选择

从前面的屏蔽原理和屏蔽效能可知，为屏蔽电场、磁场和电磁场，采用的方法及要求不同，应根据骚扰场的性质确定屏蔽方法。对于电场，应采用良导体，屏蔽体厚度没有要求，只要满足机械强度即可；对于电磁波，除了采用采用良导体外，为抑制其磁场分量，屏蔽体还应具有一定厚度，这与电磁波频率及材料有关，在高频情况下，因电磁波的透入深度很小，厚度要求易于满足；对于磁场，可用具有一定厚度的良导体，但在低频情况下，厚度要求无法得到满足，只能采用高磁导率材料，屏蔽体同样应有一定的厚度。

对于设备的屏蔽，一般采用金属外壳。然而，有些设备出于满足用户要求、便于制造出各种形状、降低成本等原因，需要采用塑料外壳。对此，可在其内壁粘贴金属箔，并在接缝处使用导电粘合剂粘接，以构成一个连续导电的整体，也可采用导电涂料或金属喷涂等方法形成薄膜屏蔽体，还可以使用导电塑料。但这些方法只能用于屏蔽电场和高频电磁场，对于低频磁场，作用很小。

如果单层屏蔽不能满足对屏蔽效能的设计要求，可以采用双层或多层屏蔽结构，但应注意两个屏蔽层之间不能有电气上的连接，如果使用不同的屏蔽材料，靠近磁场骚扰源的屏蔽层宜采用高电导率材料，以提供良好的电场屏蔽，并削弱部分磁场强度，使第二层屏蔽不致发生磁饱和，远离骚扰源的屏蔽层采用高磁导率材料，以衰减磁场强度，达到对磁场的屏蔽效能。

2. 屏蔽完整性设计

由于一个设备不大可能与外界完全隔绝，因此，实际的屏蔽体必然是一个不完整屏蔽，要保证其屏蔽效果就需要尽量减小屏蔽不完整所带来的影响。如图3-18所示，在设备中，影响屏蔽不完整的因素主要有两个，一个是为了通风、窥视、开箱等引入的孔缝，另一个是由于电缆线出入引起的穿透。由于穿透引起的屏蔽效能下降，可以通过滤波（见第4章）的方法加以抑制，下面主要考虑孔缝的影响。

屏蔽体上的孔缝对屏蔽效果的影响主要体现在：①对于抑制低频磁场的高导磁材料屏蔽体，由于开孔或开缝影响了沿磁力线方向的磁阻，使其增大，降低了对磁场的分流作用；②对于抑制高频磁场和电磁波的良导体屏蔽体，由于开孔或开缝影响了屏蔽体感应涡流的抑

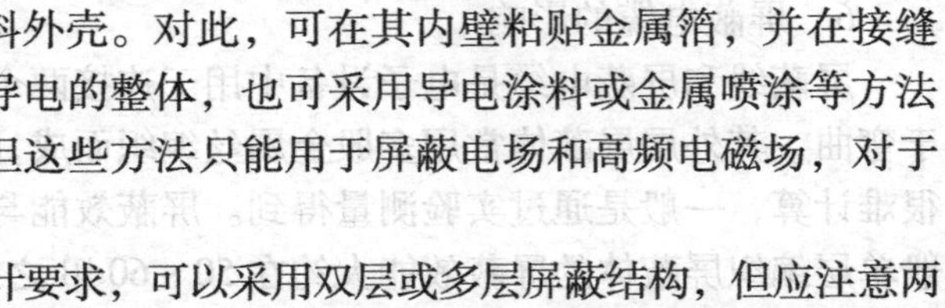

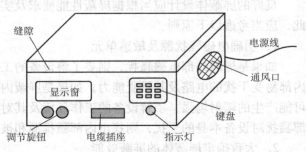

图3-18　影响机箱屏蔽完整性的因素

制作用，使得磁场和电磁波穿过孔缝进入屏蔽体内；③对于抑制电场的屏蔽，由于缝隙影响了屏蔽体的电连续性，使之不能成为一个等位体，屏蔽体上的感应电荷不能顺利地从接地线走掉。

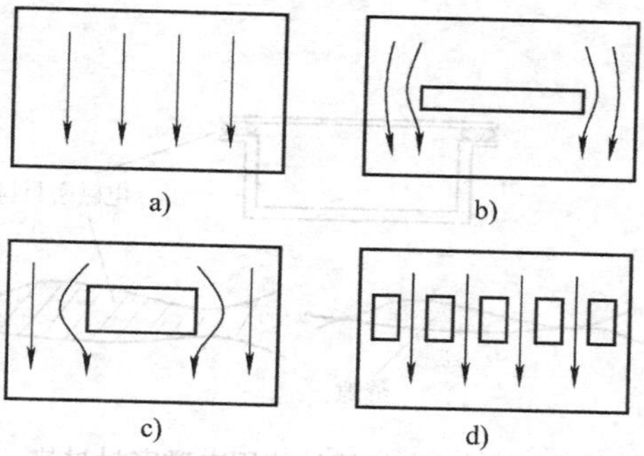

图3-19 屏蔽体上的孔缝对磁场和涡流的影响

因此，如果必须在屏蔽体上开孔或缝，应当注意开孔或缝的型式及方向，尽量减小对屏蔽体中磁场或涡流流通的影响，使其在材料中能均匀分布，以保证削弱外部磁场。如图3-19所示，图a为没有孔缝时的磁场或涡流分布，图b～图d分别开设不同的孔缝，由图可见，图b所示狭长缝的效果最差，图d所示开设多个小孔的效果最好。

电磁波穿过孔缝取决于其最大尺寸。一般，当孔缝的最大尺寸大于电磁波波长 λ 的1/20时，电磁波可穿过屏蔽体，如图3-20所示，而当尺寸大于波长的一半时，电磁波可毫无衰减地穿过。因此，为减小孔缝对屏蔽效果的影响，应减小其最大尺寸，使其小于 $\lambda/20$。

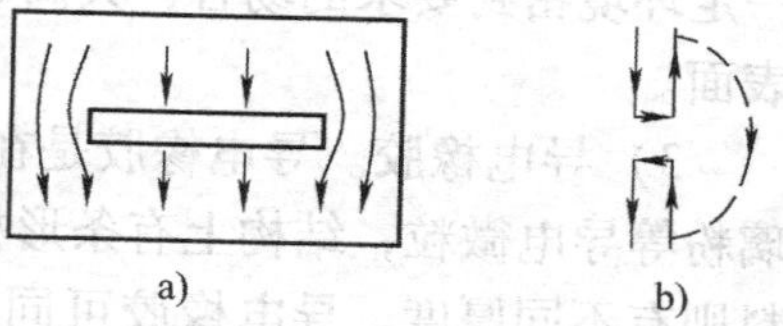

图3-20 电磁场穿过狭长缝
a）表面 b）侧面

应当注意，在一个设备中有许多孔缝，屏蔽完整性的考虑也并非是一味地对所有孔缝都采取完善的措施，应当根据各个孔缝的尺寸及电磁骚扰源的情况，找出主要的泄漏孔缝并加以处理。

下面具体来讨论几种孔缝的情况。

（1）缝隙 在机箱上有许多接缝处，如果接缝不平整、接缝表面的绝缘材料及油污清理不干净，就会产生缝隙，影响导电结构的连续性。一般要求缝隙的长度小于 $\lambda/20$。因此，对于机箱中的接缝，如果是不必拆卸的，最好采用连续焊接；如果不能焊接，则应使结合表面尽可能平整，结合面宽度应大于5倍的最大不平整度，保证有足够的紧固件数目，并保证结合处不同金属材料电化学性能的一致性（见表3-1），避免因金属表面腐蚀所致的结合不可靠。在装配时，还要清除表面的油污、氧化膜等。

表3-1 金属化学性能兼容分组表

组Ⅰ	铝、铝合金、锌和锌镀层、铬镀层、镉镀层、碳钢、铁、镍和镍镀层、锡和锡镀层、锡/铅焊料、铅
组Ⅱ	镉镀层、碳钢、铁、镍和镍镀层、锡和锡镀层、锡/铅焊料、铅、黄铜、不锈钢、铜和铜合金、镍/铜合金

对于因缝隙造成的屏蔽问题，也可采用电磁衬垫进行电磁密封处理，如图3-21所示。电磁密封衬垫是一种表面导电的弹性物质，安装在两块金属结合处，使之充满缝隙，保证导电连续性。使用电磁衬垫可降低对接触面平整度的要求，减少结合处的紧固螺钉，但应注意选用导电性能好的衬垫材料，有足够的厚度，能填充最大缝隙，对衬垫施加足够的压力（通常变形30%～40%），并保持接触面清洁。电磁密封衬垫的安装方法如图3-22所示。

常用的电磁密封衬垫（见图3-23）有：

1）金属丝网衬垫。最常用的电磁密封材料，结构上有全金属丝、空芯和橡胶芯三种。金属丝网衬垫价格较低，过量压缩时也不易损坏，低频时屏蔽效能较高，但高频时屏蔽效能较低。

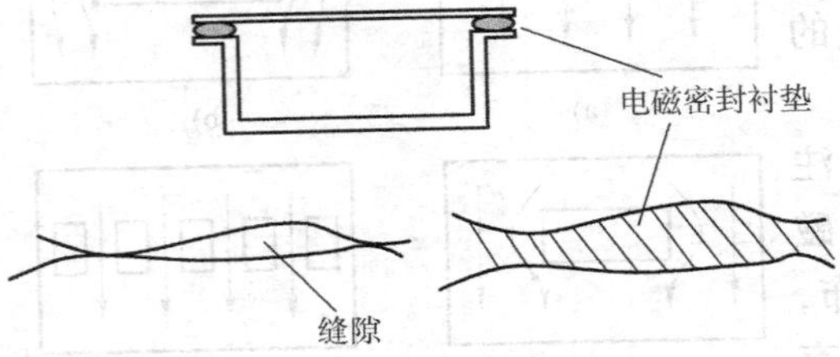

图3-21　在接缝处使用电磁密封衬垫

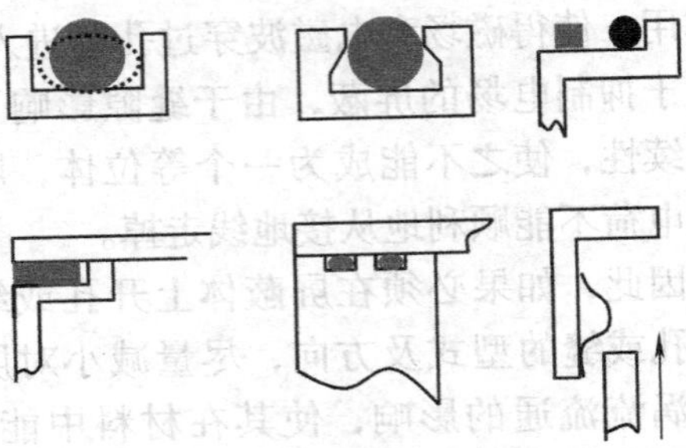

图3-22　电磁密封衬垫的安装方法

2）导电布衬垫。由导电布包裹发泡橡胶制成，具有柔软、压缩性好等特点，可用于有一定环境密封要求的场合，其高、低频的屏蔽效果均较好，价格低，但频繁摩擦易损坏导电表面。

3）导电橡胶。导电橡胶是在硅橡胶中掺入铜粉、银粉、镀银铜粉、镀银铝粉和镀银玻璃粉等导电微粒，结构上有条形材料和板形材料两种，条形材料分空芯和实芯两种，板形材料则有不同厚度。导电橡胶可同时提供电磁密封和环境密封，常用于有环境密封要求的场合，其屏蔽性能低频时较差，高频时则较好。导电橡胶整体较硬，配合性能比金属丝网差，且价格较贵。

4）指形簧片。采用铍铜材料，形状多样，因形变量大，常用在接触面滑动接触的场合。其低频和高频时的屏蔽效能都较好，但价格较高。

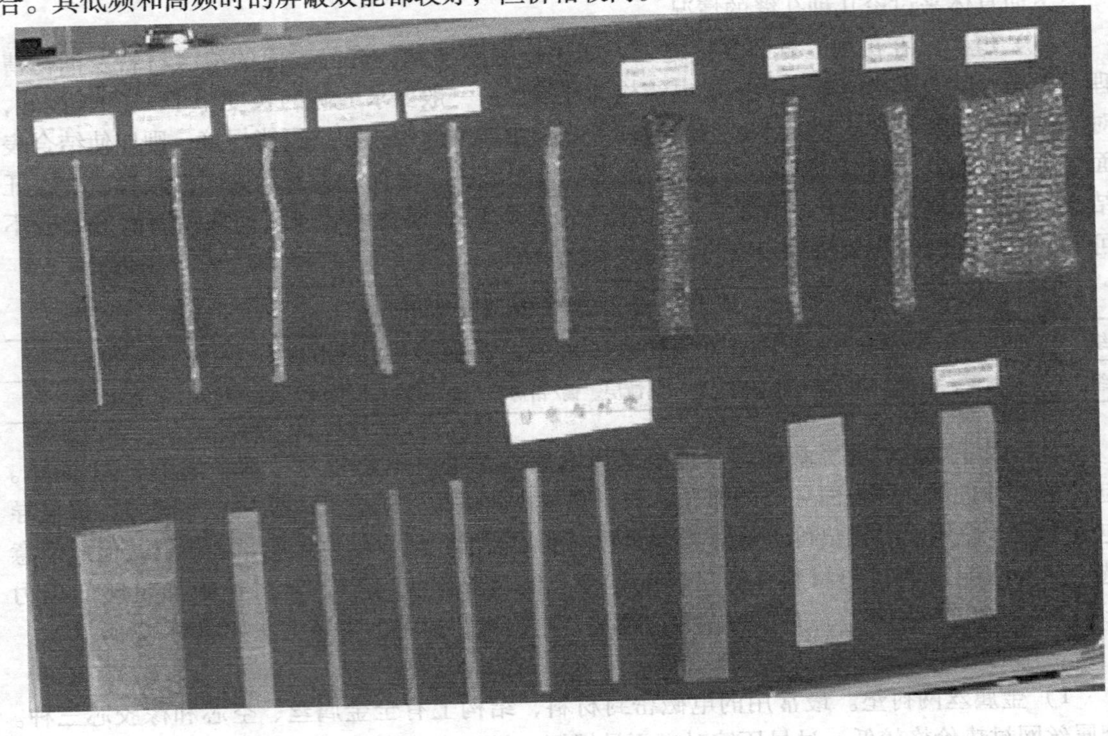

图3-23　各种电磁密封衬垫

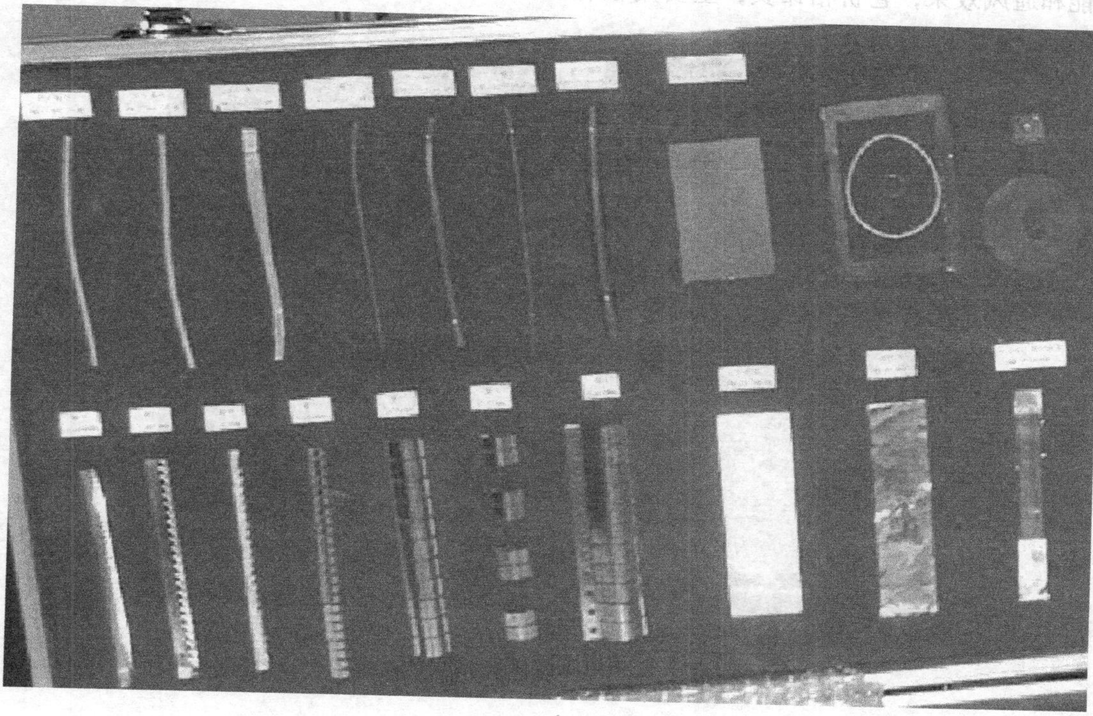

图 3-23　各种电磁密封衬垫（续）

（2）显示窗　很小的显示器件，如发光二极管，只需在面板上开很小的孔，一般不会造成严重的电磁泄漏，但当辐射源距离孔洞很近时，仍会产生泄漏，此时，可在小孔上设置一个截止波导管。对于较大的显示器件，有两种方法，如图 3-24 所示，一种是显示窗使用透明屏蔽材料，如导电玻璃、透明聚酯膜、金属丝网玻璃夹层等；另一种是使用隔离舱。无论是透明屏蔽材料还是隔舱，在安装时都要注意，其边缘与屏蔽体之间不能有缝隙，应保持 360°连接。

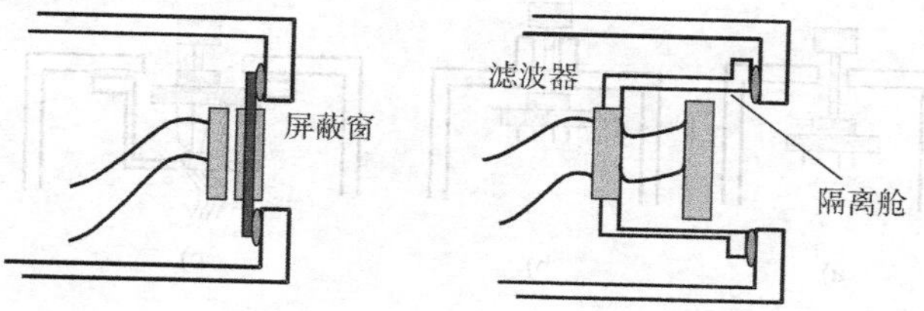

图 3-24　显示窗的屏蔽处理

（3）通风孔　最简单的通风处理就是在所需部位开孔，但这破坏了屏蔽的完整性，为此，可安装电磁屏蔽罩。有两种方法，如图 3-25 所示，一种是采用防尘通风板，另一种是采用截止波导通风板。防尘通风板一般是由多层金属丝网（如铝合金丝网）组成，必要时也会将过滤媒质夹在网层之间，其整体被装配在一个框架内，需要电磁屏蔽时，加上抗电磁干扰的衬垫（镀锡包铜钢丝），其特点是价格便宜，使用寿命长，维修、清洁方便。截止波导通风板是将铜制或钢制的蜂窝状结构（见图 3-26）安装在框架内，以确保有良好的屏蔽性能和通风效果，它价格昂贵，主要用在有高性能要求的屏蔽场合，如屏蔽室、军用设备等。

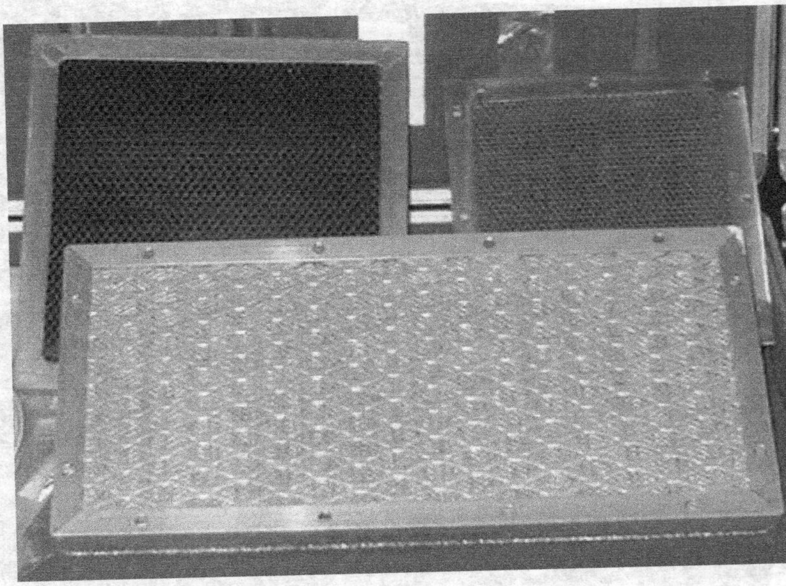

图 3-25 防尘通风板和截止波导通风板

（4）控制轴 在机箱面板上为调节电位器、控制元件上的轴开孔，也会破坏屏蔽的完整性，这些轴也可成为一些潜在电磁骚扰的发送或接收天线。为保证屏蔽的完整性，可采用图 3-27 所示的方法，直接开孔，并用非金属的轴代替金属轴；在金属轴与外壳之间使用圆柱形截止波导管；使用隔舱。

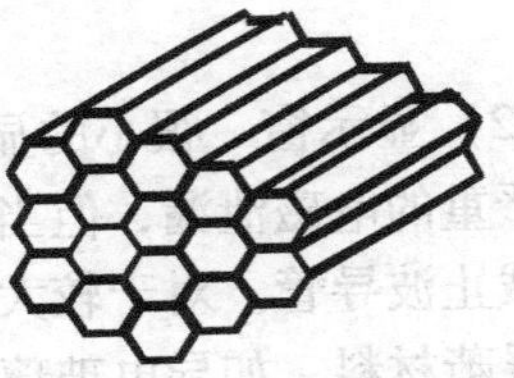

图 3-26 截止波导的蜂窝状结构

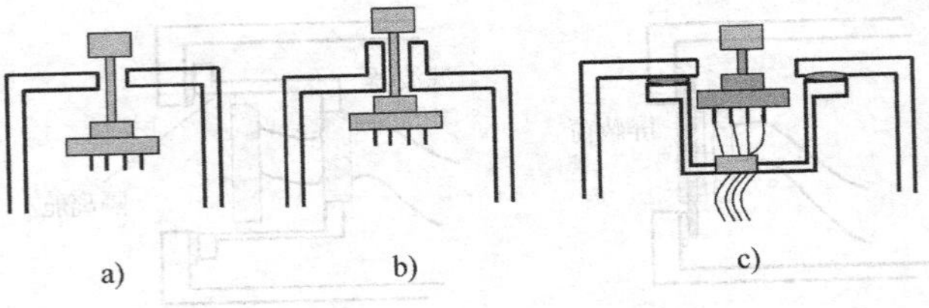

图 3-27 控制轴的屏蔽结构

a）直接开孔 b）用波导管 c）用隔舱

（5）连接器 两个屏蔽体内的电路连接时，为使其构成一个完整的屏蔽体（见图 3-28），通常采用屏蔽缆线或同轴电缆，为保证屏蔽的完整性，必须使用电缆连接器。连接器的插座配合同轴电缆插头，使屏蔽体壁与电缆屏蔽层构成无间隙的屏蔽体，电缆屏蔽体应与插头均匀良好地焊接或紧密地压在一起，插座与插头也应保持均匀良好的接触，以保证没有泄漏缝隙。

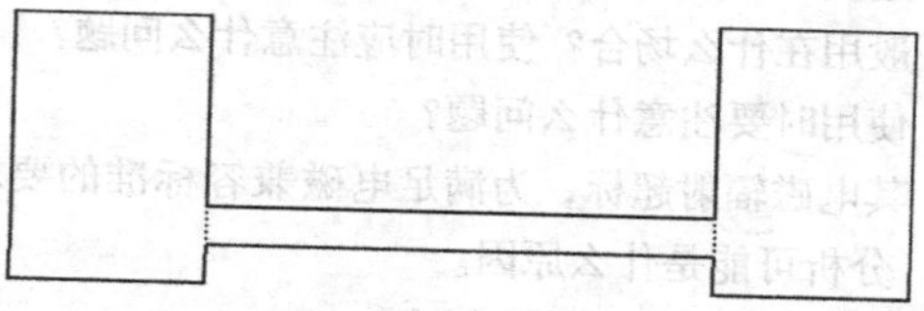

图3-28 两个屏蔽体之间的连接

3.4 小结

本章是电磁兼容基本技术之一的屏蔽，首先，讲述了屏蔽的基本原理、影响因素及保证屏蔽效果的方法；然后，介绍屏蔽效能的计算方法；最后，介绍屏蔽体设计的方法。这里，一些要点需要牢牢掌握：

- 屏蔽是用于抑制电磁骚扰在空间中的传播；
- 屏蔽设计应抓好两点：一是自屏蔽的处理，二是非完整屏蔽的处理；
- 自屏蔽是优先考虑的，应结合产品的功能设计进行，使正/负端电荷、流出/返回电流相包围；
- 电场屏蔽用导体且接地；
- 磁场屏蔽，低频时用高磁导率材料且有一定厚度，高频时用良导体且有一定厚度；
- 电磁场屏蔽用良导体且厚度大于10倍透入深度；
- 处理非完整屏蔽应抓好两点：一是孔缝，二是穿透；
- 对孔缝的处理，一是限制孔缝的最大尺寸，二是采用波导结构；
- 孔缝的最大尺寸应小于电磁波波长的1/20；
- 对穿透，应采取滤波措施。

思 考 题

1. 静电屏蔽的原理是什么？
2. 磁屏蔽的原理是什么？
3. 电磁屏蔽的原理是什么？
4. 一台设备，原来的电磁辐射发射强度是100V/m，采取屏蔽措施，其辐射发射强度降为1V/m，则该屏蔽体的屏蔽效能是多少dB？
5. 计算0.15mm厚的铝箔（$\sigma=3.5\times10^7$S/m）对频率分别为100Hz、10kHz、100MHz和1GHz的电磁波的屏蔽效能。
6. 计算2.5mm厚的铝板（$\sigma=3.5\times10^7$S/m）在距离近场磁场源7cm处，对频率分别为100Hz、10kHz、100MHz和1GHz的近场磁场的屏蔽效能。
7. 计算2.5mm厚的钢板（$\sigma=1\times10^7$S/m、$\mu_r=1000$）在距离近场磁场源7cm处，对频率分别为100Hz、10kHz、100MHz和1GHz的近场磁场的屏蔽效能。
8. 在屏蔽体设计时，应根据哪些因素确定屏蔽材料？
9. 屏蔽磁场辐射源时应注意哪些问题？
10. 屏蔽体的屏蔽效能除了受屏蔽材料影响外，还受哪些因素的影响？

11. 在屏蔽体设计时，应尽量使内部的缆线远离缝隙和孔洞，为什么？

12. 什么是截止波导板？一般用在什么场合？使用时应注意什么问题？

13. 透明屏蔽窗有哪几种，使用时要注意什么问题？

14. 一台塑料机壳的设备，其电磁辐射超标，为满足电磁兼容标准的要求，在机壳内部采取导电漆喷涂措施，但结果没有明显改善，分析可能是什么原因。

15. 常见的电磁衬垫有哪些种类？各适用于什么场合？

第4章　滤　　波

内容提要

滤波是电磁兼容的基本技术之一，本章介绍了抑制电磁骚扰在电路中传播的方法，介绍了滤波器的特性和分类，讲述了滤波器的原理和结构，分析了滤波器的阻抗匹配及安装问题，讨论了元件非理想特性的影响。

电磁骚扰可在空间和电路中传播，为了保证电气、电子设备或系统的电磁兼容性，对于空间中传播的电磁骚扰，可以通过屏蔽技术加以抑制；而对于电路中传播的电磁骚扰，则需要采用滤波技术加以抑制。

当接收器接收有用信号时，同时也会接收到无用的骚扰信号，而骚扰源发出的电磁骚扰信号的频谱一般比要接收的有用信号的频谱宽得多，滤波器的作用就是要限制接收装置的频带，使得在不影响有用信号的前提下抑制无用信号。

滤波器种类很多，按照滤波器的能量损耗特性，可分为反射式滤波器和吸收式滤波器；按照滤波器在电路中的位置和作用，可分为信号滤波、电源滤波、电磁干扰滤波、电源去耦滤波和谐波滤波等；按照滤波电路中是否包含有源器件，可分为有源滤波和无源滤波；按照滤波器的频率特性，可分为高通、低通、带通、带阻滤波等。

4.1　滤波器的特性

滤波器的技术指标包括插入损耗、频率特性、阻抗特性、额定电压、额定电流、外形尺寸、工作环境、可靠性等。

1. 插入损耗（Insertion Losses）

插入损耗是衡量滤波器的主要性能指标，滤波器性能的优劣主要是由插入损耗决定的，在选择滤波器时，应根据骚扰信号的频率特性和幅度特性选择。

如图 4-1 所示，滤波器的插入损耗定义为

$$IL = 20\lg\left(\frac{U_1}{U_2}\right) \tag{4-1}$$

式中，IL 为插入损耗（dB）；U_1 是在信号源与负载阻抗之间不接滤波器时，信号源在负载阻抗上产生的电压；U_2 是在信号源与负载阻抗之间插入滤波器时，信号源在负载阻抗上产生的电压。

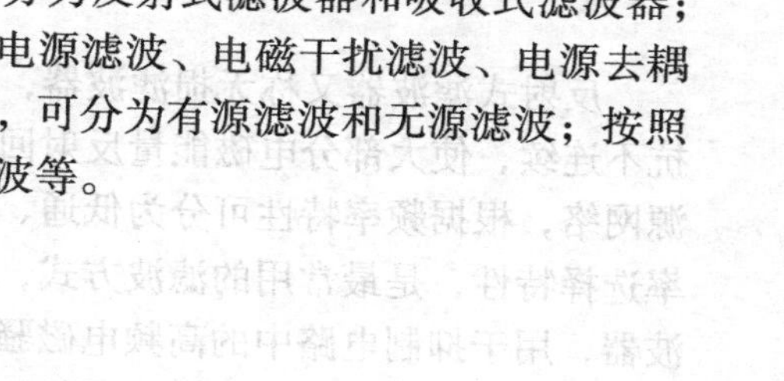

图 4-1　滤波器的插入损耗

从定义上可以看出，插入损耗值越大对骚扰信号的抑制作用越强。

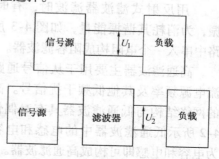

滤波器的插入损耗与信号频率、源阻抗、负载阻抗、工作电流、环境温度等因素有关。

2. 频率特性

滤波器的插入损耗随频率的变化即为频率特性。根据频率特性，滤波器可分为低通、高通、带通、带阻滤波器。滤波器的频率特性又可用中心频率、截止频率、最低使用频率和最高使用频率等参数描述。

3. 阻抗特性

滤波器的输入阻抗、输出阻抗直接影响其插入损耗特性。在许多应用场合，由于阻抗特性不匹配，滤波器的实际滤波特性与生产厂家所给出的滤波特性不一致。因此，在设计、选用、测试滤波器时，阻抗特性是一个重要技术指标。在使用 EMI 滤波器时，应保证在输入、输出最大限度失配的情况下，有合乎要求的最佳抑制效果。

4. 额定电压

额定电压是指滤波器工作时允许的最高电压。若电压过高，则会使滤波器内部的元件损坏。

5. 额定电流

额定电流是滤波器工作时，不降低插入损耗性能的最大使用电流。一般情况下，额定电流越大，滤波器的体积和重量越大，成本也越高。

4.2　反射式滤波器

反射式滤波器又称无损滤波器，其工作原理是在电磁信号传输路径上形成很大的特性阻抗不连续，使大部分电磁能量反射回信号源处。它采用由电感 L、电容 C 储能元件组成的无源网络，根据频率特性可分为低通、高通、带通、带阻滤波器。反射式滤波器具有很好的频率选择特性，是最常用的滤波方式，但容易产生谐振。低通滤波器是电磁兼容中最常用的滤波器，用于抑制电路中的高频电磁骚扰。低通滤波器形式很多，其基本电路如图 4-2 所示，有电感型（L形）、电容型（C形）、Γ形、反Γ形、T形、π形以及它们的组合。在滤波器中，电容的作用是通过并联一个低阻抗的通路，使骚扰电流分流，从而减小负载中的骚扰电流；电感的作用是通过串联一个高阻抗，阻断骚扰信号的流通，从而减小负载上的骚扰电压。通常，当滤波器的频率特性不能满足要求时，为了得到更好的滤波特性，可以采取多个滤波器级联的方法。

用反射式滤波器滤波时，有时会出现谐振，为消耗其谐振能量，如图 4-3 所示，在电路中串入一个电阻构成阻容滤波器。

高通滤波器主要用于从信号通路中滤除交流电源频率及其他低频干扰信号。高通滤波器的网络结构与低通滤波器具有对偶性，即将图 4-2 所示低通滤波器中的电感和电容分别更换为电容和电感即可构成高通滤波器。

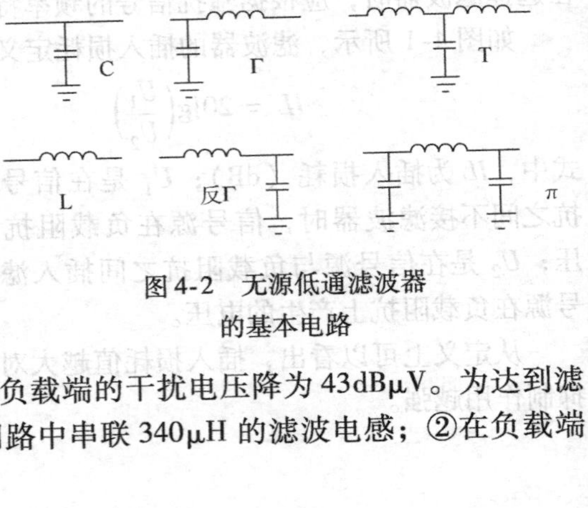

图 4-2　无源低通滤波器的基本电路

例如，对图 4-4 所示的电路进行滤波，使其负载端的干扰电压降为 43dBμV。为达到滤波效果，可以采取图 4-2 中的两种方法：①在回路中串联 340μH 的滤波电感；②在负载端并联1.8μF的滤波电容。一般电感的价格高于电容，常采用电容滤波。

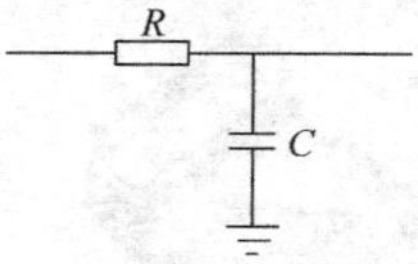

图4-3 阻容滤波器

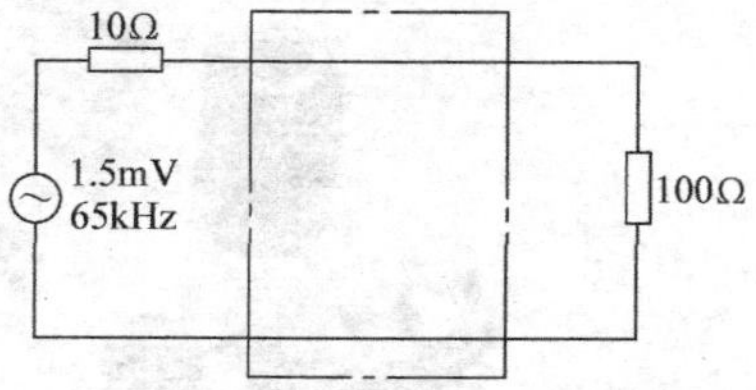

图4-4 噪声电压滤波

4.3 吸收式滤波器

吸收式滤波器又称有损滤波器，它采用有损耗的滤波元件，使骚扰信号的能量消耗在滤波器中，以达到抑制干扰的目的。吸收式滤波可避免反射式滤波因寄生参数效应或阻抗不匹配引起的谐振，但其频率选择性较差。

吸收式滤波器采用铁氧体材料或其他可以产生能量消耗的材料，将导线穿过或缠绕在各种形状的铁氧体材料上，利用其电感及磁场涡流损耗阻断骚扰信号的传播。

1. 铁氧体磁心

如图4-5所示，用铁氧体材料制成环状磁心，与从中穿过的导线构成有损电感，可起到滤除高频电磁骚扰的作用。铁氧体磁心的阻抗由感抗和等效损耗电阻两部分组成，如图4-6所示，低频时主要取决于感抗，高频时因磁导率迅速下降抑制了感抗的增长，而高频铁耗则明显增加，成为阻抗的主要成分。铁氧体磁心具有很好的高频骚扰抑制能力，被制成各种形状及大小，如图4-7所示，广泛应用于各种电子产品。

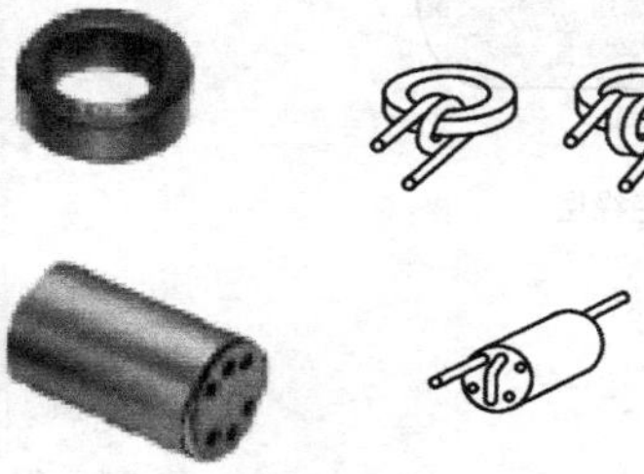

图4-5 铁氧体磁心及其构成的滤波器

图4-6 铁氧体磁心构成有损电感的等效阻抗

使用铁氧体磁心时，应注意以下几点：

1）应根据骚扰信号的频率范围，选择不同的磁心材料，如锰锌适于低频干扰，镍锌适于高频干扰。

2）对于不同的应用场合，应选择不同形状的铁氧体磁心材料，如珠形、环形、多孔形、扁平夹条形、表面贴装型等，且磁心尺寸要与导线直径相配合。

3）磁心在电路中的阻抗与所绕导线匝数有关，匝数多则阻抗大，但容易饱和，且线间分布电容大，对高频特性不利。

4）当用于电源线差模滤波时，由于其工作电流较大，磁心容易饱和，从而导致阻抗下降和插入损耗减小，因此，必须增大磁心截面及选择具有高饱和值的材料，或在两个半环之

图4-7 各种形状的铁氧体磁心

间留有一定间隙，而当用于共模滤波时，由于两根电源线的工作电流方向相反，可以相互抵消，因而磁心不会饱和。

2. 抗干扰电缆

抗干扰电缆是将铁氧体材料填充在同轴电缆的内、外导体之间构成的有损同轴电缆，如图4-8所示，它具有很好的高频衰减特性，可以起到较好的滤波效果。

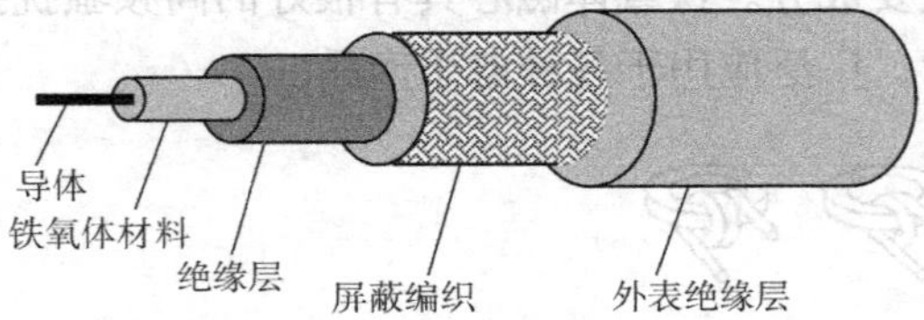

图4-8 抗干扰电缆

4.4 电磁干扰滤波器

在电气、电子设备中，用于抑制电磁骚扰在电路中传播的滤波器统称为电磁干扰滤波器（EMI滤波器），也有的称为射频干扰滤波器（RFI滤波器）。EMI滤波器通常是由串联电感和并联电容组成的低通滤波器，其工作原理与常规滤波器相同，但又有自己的特点：

1）EMI滤波器往往在阻抗不匹配情况下工作，必须考虑其失配特性，以保证在整个频段范围内都有较好的滤波特性。

2）EMI滤波器用于抑制电磁骚扰，必须了解骚扰源的特性，以便正确使用，如果处理不当，可能产生谐振、畸变等。

3）EMI滤波器主要是用于抑制高频电磁骚扰或瞬态骚扰，其所用电感、电容元件的寄生参数对滤波性能有较大影响，必须严格控制。

4）当 EMI 滤波器用在电源线上时，其电感、电容元件会承受较大的电压和电流，必须保证有足够的耐压和容量，还要防止电感出现饱和。

4.4.1 EMI 滤波器的基本电路结构

EMI 滤波器对电路回路的两根导线进行滤波时，要求不但要抑制经两根导线流通的骚扰信号（差模干扰），而且还要抑制经任一根导线与地回路流通的骚扰信号（共模干扰），如图 4-9 所示，其中，U_{DM}为差模电压，I_{DM}为差模电流，U_{CM}为共模电压，I_{CM}为共模电流。为此，常用的 EMI 滤波器是一个 6 端网络，其基本电路结构如图 4-10 所示，其中，$L_1 \sim L_4$为滤波电感，C_d、C_{d1}、C_{d2}为差模电容，它们接在两根导线之间，用于抑制差模干扰，$C_{c1} \sim C_{c4}$为共模电容，它们接在某一根导线与地线之间，用于抑制共模干扰。

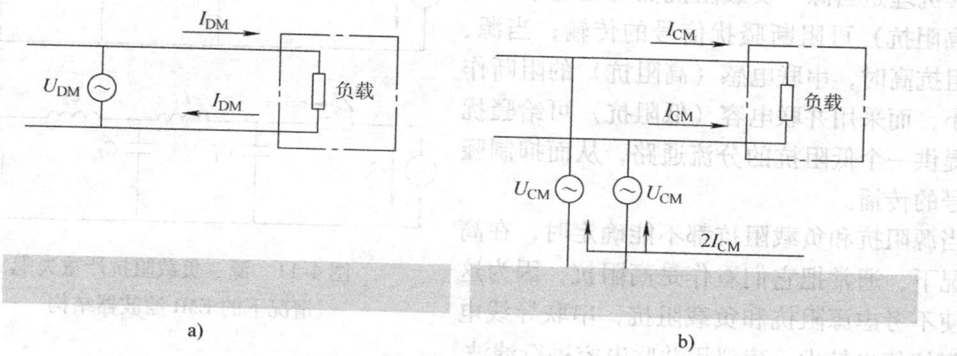

图 4-9 差模干扰和共模干扰

a）差模干扰 b）共模干扰

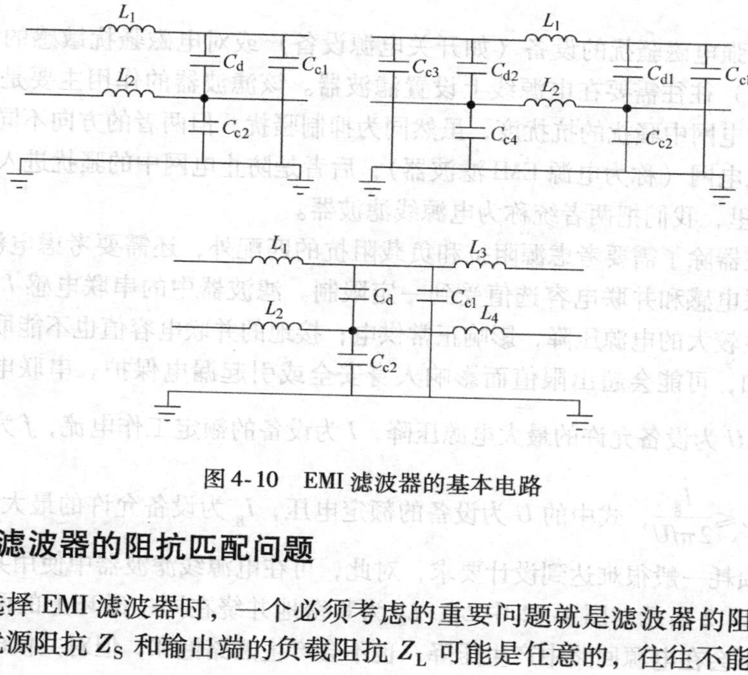

图 4-10 EMI 滤波器的基本电路

4.4.2 EMI 滤波器的阻抗匹配问题

在设计或选择 EMI 滤波器时，一个必须考虑的重要问题就是滤波器的阻抗匹配。滤波器输入端的骚扰源阻抗 Z_S 和输出端的负载阻抗 Z_L 可能是任意的，往往不能满足阻抗匹配条件，因而就无法保证滤波器处于最佳工作状态，这就要求在设计时应使 EMI 滤波器在不匹配的情况下也能满足性能要求。

为改善阻抗不匹配情况下的滤波效果，应根据不同情况采用不同结构的滤波器。图 4-11 列出了几种源阻抗和负载阻抗严重失配情况下，建议采用的几种 EMI 滤波器的电路结构。

应根据源端阻抗和负载阻抗确定 EMI 滤波器的网络结构，一般原则是源、负载的低阻抗与串联电感相配合，高阻抗与并联电容相配合。其机理是当源、负载阻抗低时通过串联电感（高阻抗）可阻断骚扰信号的传输；当源、负载阻抗高时，串联电感（高阻抗）的阻断作用较小，而采用并联电容（低阻抗）可给骚扰信号提供一个低阻抗的分流通路，从而抑制骚扰信号的传播。

当源阻抗和负载阻抗都不能确定时，在高频情况下，通常把它们看作是高阻抗，因为这时即使不考虑源阻抗和负载阻抗，串联导线电感的阻抗值也较大，建议用并联电容进行滤波。

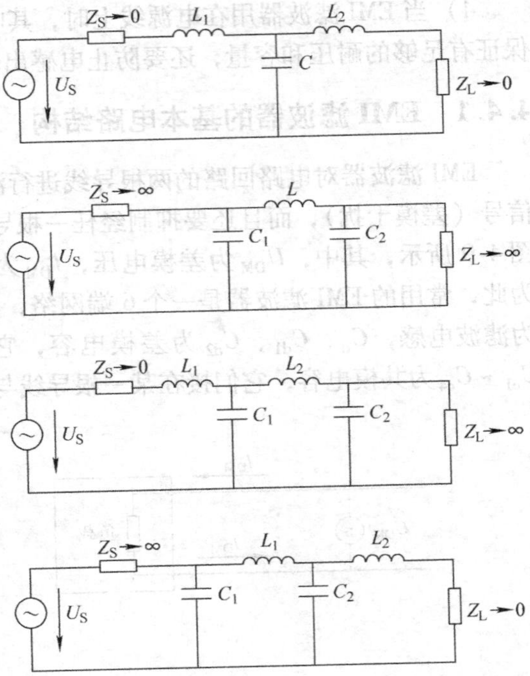

图 4-11　源、负载阻抗严重失配情况下的 EMI 滤波器结构

4.5　电源线滤波器

对于产生较强电磁骚扰的设备（如开关电源设备）或对电磁骚扰敏感的设备（如使用微处理器的设备）往往需要在电源线上设置滤波器。该滤波器的作用主要是抑制设备的传导发射或提高对电网中骚扰的抗扰度，虽然同为抑制骚扰，但两者的方向不同，前者是防止骚扰从设备流入电网（称为电源 EMI 滤波器），后者是防止电网中的骚扰进入设备（称为电源滤波器）。这里，我们把两者统称为电源线滤波器。

电源线滤波器除了需要考虑源阻抗和负载阻抗的匹配外，还需要考虑电源线的特殊性，即滤波器的串联电感和并联电容选值受到一定限制。滤波器中的串联电感 L 值不能取得太大，否则会产生较大的电源压降，影响正常供电；接地的并联电容值也不能取得太大，否则对地漏电流增加，可能会超出限值而影响人身安全或引起漏电保护。串联电感应满足 $L \leqslant \frac{\Delta U}{2\pi f I}$，式中的 ΔU 为设备允许的最大电源压降，I 为设备的额定工作电流，f 为电源频率；并联电容应满足 $C \leqslant \frac{I_g}{2\pi f U}$，式中的 U 为设备的额定电压，I_g 为设备允许的最大漏电流。这样，滤波器的插入损耗一般很难达到设计要求，对此，可在电源线滤波器中使用共模扼流圈，其基本结构如图 4-12 所示。图 4-12 中 L_1、L_2 为紧密地并绕在同一磁环上的两个线圈，因工作电流相反，不会在电源回路中产生压降，也不会产生磁路饱和，但对共模电流却呈现一个很大的电感，可起到抑制共模电流的作用，因而称为共模扼流圈；C_{d1}、C_{d2}为差模电容，接在相线与零线之间，用于抑制差模干扰；$C_{c1} \sim C_{c4}$为共模电容，接在相线或零线与地线之间，用于抑制共模干扰；电阻 R 用来泄放可能积聚在电容器上的静电荷。

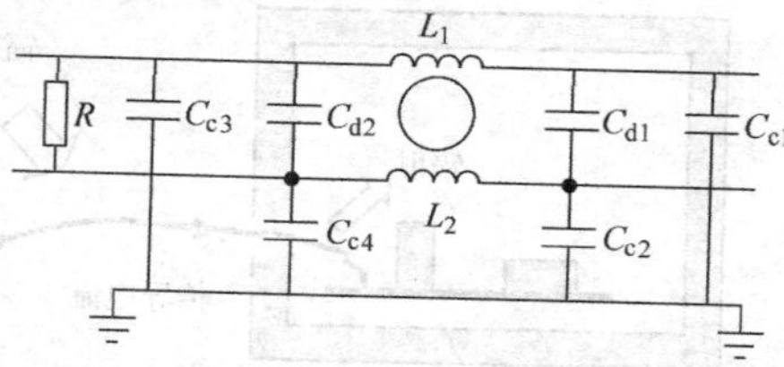

图 4-12 带共模扼流圈的电源线滤波器

滤波器对电磁骚扰的抑制作用不仅取决于滤波器本身及工作条件，还与其安装有关。在安装时，应当注意以下几个方面：

1. 滤波器的安装位置

滤波器应尽量安装在设备的入口/出口处，未经处理的电源线在机内走线不宜过长，如图 4-13a 所示，以防止产生辐射；最好采用插座式滤波器，使其进线、出线分别位于机箱内外两侧。

2. 滤波器输入和输出引线的隔离

滤波器的输入与输出引线应分隔开，而不能捆扎在一起，如图 4-13b 所示，以防止骚扰在引线之间耦合，若由于位置及空间的限制而无法分隔开，则应采用屏蔽线。

3. 滤波器的接地

滤波器不宜用细长导线接地，如图 4-13c 所示，而应保持滤波器的地与设备外壳有一个大的导电接触面，以保证良好接地，同时设备外壳必须接大地。

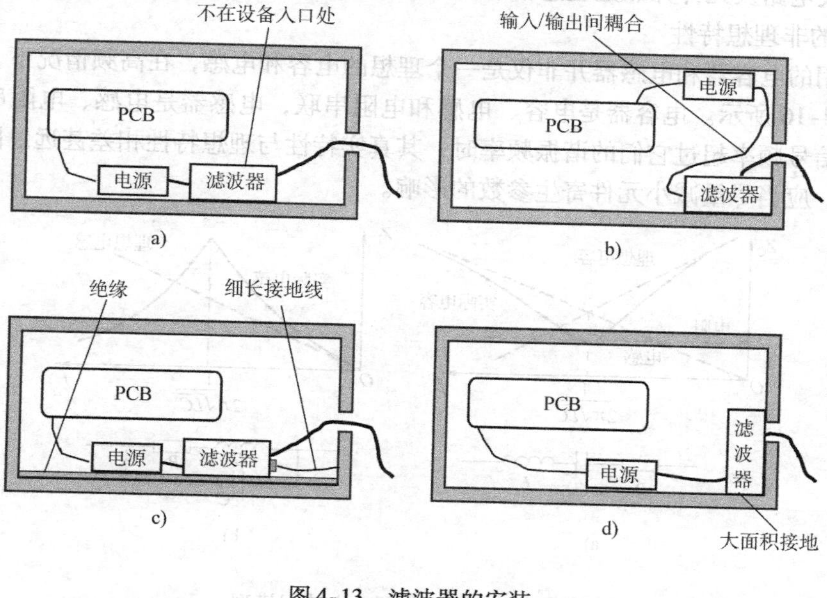

图 4-13 滤波器的安装

a）滤波器不在设备入口处 b）输入/输出间耦合 c）细长接地线 d）正确安装

另外，如第 3 章屏蔽中所述，导线的穿透是屏蔽体屏蔽效果下降的一个重要原因，如图 4-14 所示，当有外部辐射时，屏蔽体外的导线作为接收天线接收了外部辐射，转化为传导电流，通过导线流入屏蔽体，然后屏蔽体内的导线作为发射天线在屏蔽体内部产生辐射，外部电磁场通过导线的穿透进入屏蔽体，而避开了屏蔽。为解决屏蔽体上的穿透对屏蔽效果的影响，应当同时阻断经过导线的流通通路，这就需要采取滤波的方式，使转化的骚扰电流不能进入屏蔽体内部。为与屏蔽共同作用，构成完整的电磁骚扰防护，应使滤波和屏蔽良好配合，一般滤波器安装在屏蔽体表面，且其出入引线分别位于屏蔽体的两侧，如图 4-15 所示。

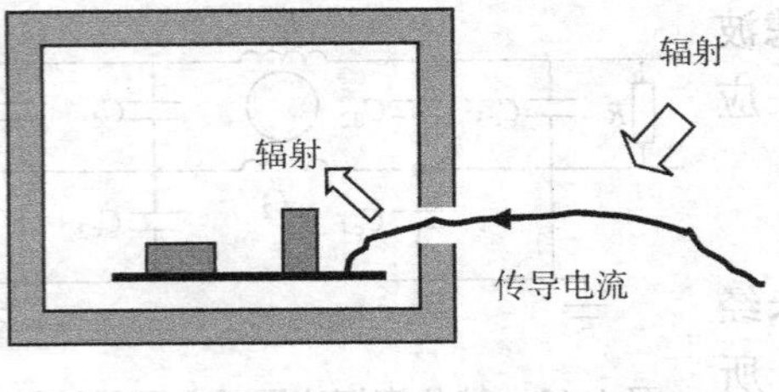

图 4-14　导线穿透对屏蔽的影响

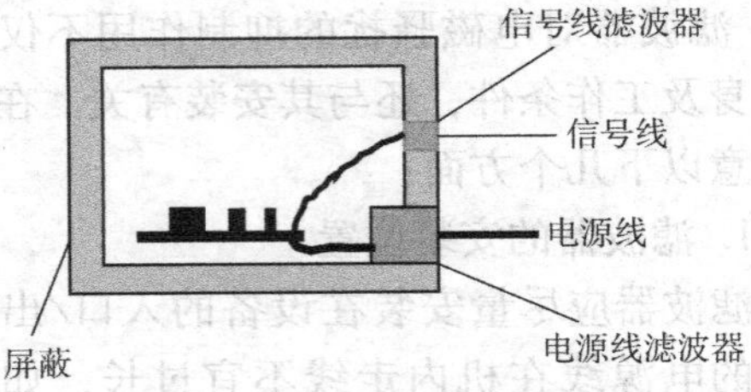

图 4-15　滤波与屏蔽的配合

4.6　元件非理想特性的影响

由于电缆线对高频骚扰具有天线作用，设备通过它可向空间辐射电磁骚扰，空间的电磁骚扰也可以通过它传入设备。电缆线感应的一般都是共模干扰，通常以共模滤波为主。滤波器一般是安装在电缆线端口处，大多是采用并联电容滤波。但有时滤波效果并不好，主要在于实际的滤波电路及元件并非是理想情况，存在各种寄生参数，以至影响了滤波效果。

1. 元件的非理想特性

实际使用的电容器和电感器并非仅是一个理想的电容和电感，在高频情况下，它们的实际模型如图 4-16 所示。电容器是电容、电感和电阻串联，电感器是电感、电阻串联再与电容并联。当信号频率超过它们的谐振频率时，其真实特性与理想特性相差甚远。因此，为保证滤波效果，应当尽量减小元件寄生参数的影响。

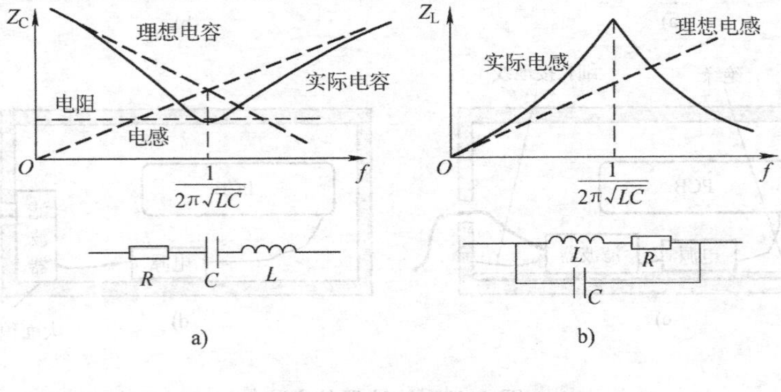

图 4-16　实际电容器、电感器模型

a）实际电容器的特性　b）实际电感器的特性

电容器种类很多，用于电磁兼容目的的主要有陶瓷电容和钽电解电容。钽电解电容体积小、量值大（可达 1 ~ 1000μF），但工作频率低，主要用于抑制传导发射和在印制电路板上存储电荷；陶瓷电容量值虽小（5pF ~ 1μF），但工作频率却很高，可用于抑制辐射发射。两种电容器的等效电路都如图 4-16a 所示，为保证滤波效果，应当尽量减小串联电感。

为改善电容器实际特性的影响，实际应用中经常将大、小电容并联，即将一个高频性能好的小电容与一个大电容并联，如图 4-17 所示，利用小电容弥补大电容高频特性的不足，这样，既能保证成本低，又能使高频性能好。

2. 互感的影响

并联电容滤波时，高频滤波效果比设想的差，是因为有电感，这里的电感不是指自感，而是并联电容两侧的回路之间的互感 M，如图 4-18 所示。对于图 4-18a，$M \approx \frac{\mu d}{\pi}\ln\left(\frac{d}{a}\right)$，其中 a 为电容引线的半径。为减小互感，可减小两侧回路的磁通耦合，如缩短电容引线长度、改变电路走线、采用四引线电容、采用表面安装电容等。

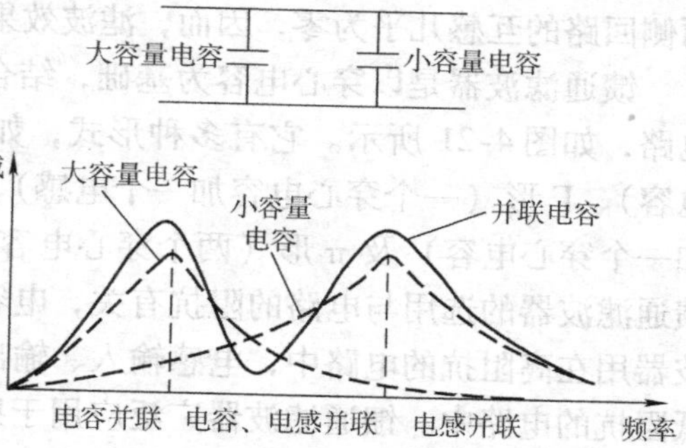

图 4-17　将大、小电容并联以改善高频特性

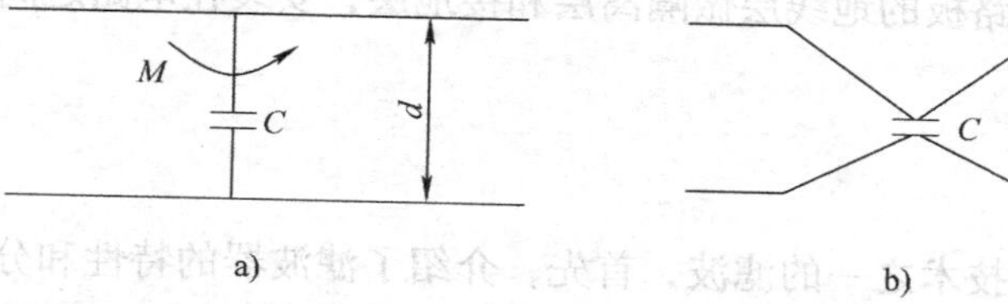

图 4-18　并联电容滤波

3. 电容回路的电感

在印制电路板上的电源平面和地平面之间，集成电路 IC 旁边经常要接滤波电容器 C 以抑制器件驱动时产生的电压脉动，电容器的电荷释放受到电感的限制，这里的电感除了电容器的寄生电感外，还包括回路电感，如图 4-19 中的阴影部分所示，为减小回路电感，应使滤波电容尽量靠近集成电路，或使用电源平面和地平面间距较小的电路板。

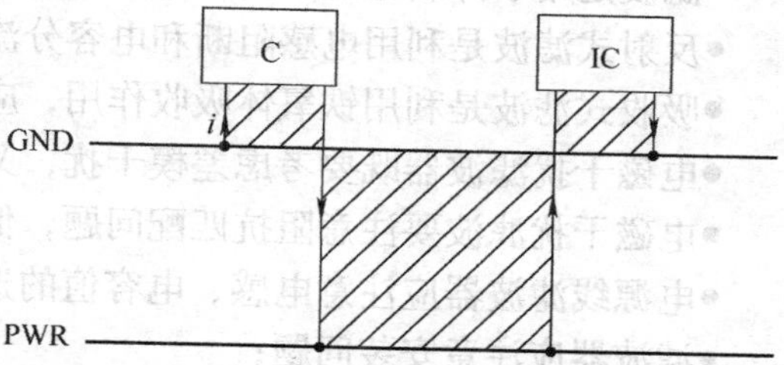

图 4-19　电容滤波的回路电感

4. 穿心电容和馈通滤波器

对于电缆线的滤波，如果与屏蔽体相配合，可采用穿心电容和馈通滤波器。

穿心电容的结构如图 4-20 所示，它由金属薄膜卷绕而成，其中一个电极与中心导线相

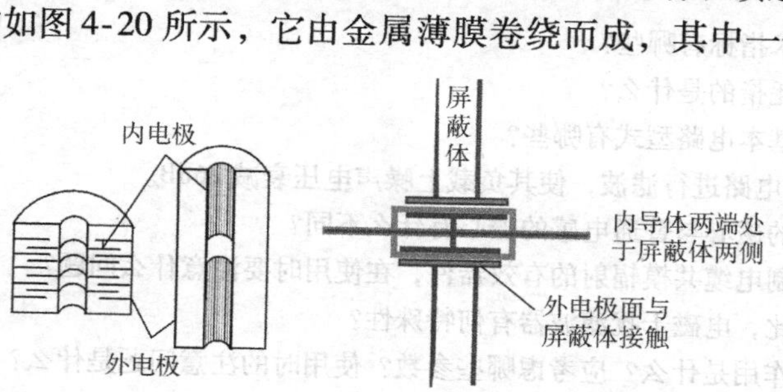

图 4-20　穿心电容的结构

连，另一个电极与外壳连在一起，并作为接地端。由于穿心电容结构的特殊性，其接地电感很小。穿心电容通常安装在设备的导电外壳上，电容壳外与接地的设备壳360°连接，电容两侧回路的互感几乎为零，因而，滤波效果大大提高。

馈通滤波器是以穿心电容为基础，结合电感构成的滤波电路，如图4-21所示。它有多种形式，如C形（单个穿心电容）、Γ形（一个穿心电容加一个电感）、T形（两个电感加一个穿心电容）及π形（两个穿心电容加一个电感）等。馈通滤波器的选用与电路的阻抗有关，电容输入、输出的滤波器用在高阻抗的电路中，电感输入、输出的滤波器则用在低阻抗的电路中。馈通滤波器广泛应用于射频滤波，对于单独进出的电缆线是一种很好的滤波方法。

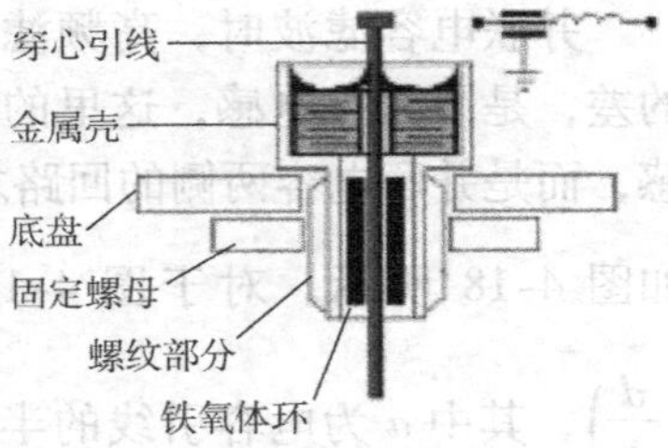

图4-21 馈通滤波器

馈通滤波器有3种安装方式：安装在屏蔽体表面，使导线经馈通滤波器进出屏蔽体；安装在线路板上，用印制电路板的地线层做隔离层和接地层；安装在电路之间的隔离板上。

4.7 小结

本章是电磁兼容基本技术之一的滤波，首先，介绍了滤波器的特性和分类，然后，讲述了反射式滤波和吸收式滤波的原理和方法，分析了电磁干扰滤波器和电源线滤波器的特点；最后，介绍了非理想特性对滤波器的影响。这里，一些要点需要牢牢掌握：

- 滤波是用于抑制电磁骚扰在电路中的传播；
- 反射式滤波是利用电感阻断和电容分流的作用，应注意阻抗匹配；
- 吸收式滤波是利用铁氧体吸收作用，应注意材料特性及与导线的配合；
- 电磁干扰滤波器既要考虑差模干扰，又更要考虑共模干扰；
- 电磁干扰滤波要注意阻抗匹配问题，低阻抗串电感、高阻抗并电容；
- 电源线滤波器应注意电感、电容值的选取；
- 滤波器应注意安装问题；
- 非理想特性对滤波器的高频特性影响很大，应控制好元件寄生参数；
- 影响电容滤波效果的是互感而非自感。

思 考 题

1. 滤波器的主要技术指标有哪些？
2. 滤波器的插入损耗指的是什么？
3. 反射式滤波器的基本电路型式有哪些？
4. 对图4-22所示的电路进行滤波，使其负载上噪声电压衰减26dB。
5. 吸收式滤波器用的磁心与普通电感的磁心有什么不同？
6. 铁氧体磁环是抑制电缆共模辐射的有效器件，在使用时要注意什么问题？
7. 与普通滤波器相比，电磁干扰滤波器有何特殊性？
8. 电源线滤波器的作用是什么？应考虑哪些参数？使用时的注意问题是什么？
9. 共模扼流圈的作用是什么？如何绕制？
10. 为什么说电源线滤波器的高频滤波特性十分重要？

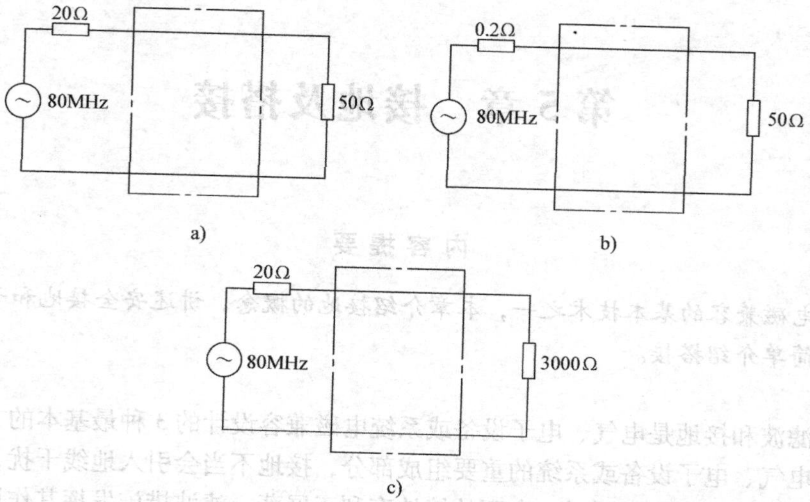

图 4-22　干扰电压滤波

11. 为什么经过滤波的电源线要尽量远离各种信号电缆？

12. 对滤波器的安装应注意什么问题？

13. 元件的寄生参数会对滤波效果产生何种影响？

14. 为什么四端电容器比两端电容器更适于滤波？

15. 为什么穿心电容是理想的干扰滤波元件？

第 5 章　接地及搭接

内 容 提 要

接地是电磁兼容的基本技术之一，本章介绍接地的概念，讲述安全接地和干扰控制接地的方法，并简单介绍搭接。

屏蔽、滤波和接地是电气、电子设备或系统电磁兼容设计的 3 种最基本的方法。接地及搭接是任何电气、电子设备或系统的重要组成部分，接地不当会引入地线干扰，而正确的接地则有利于消除电磁干扰，同时，合理的接地有利于屏蔽、滤波措施发挥其作用。因此，在电路、设备或系统的设计过程中必须正确考虑接地问题。接地是一个电路的概念，而搭接是这一概念的物理实现。

5.1　接地的概念

关于“接地”中的“地”，在不同的技术应用领域，有不同的理解，如电气工程师可能理解为供电变压器 Y 联结绕组的中性点与“大地”直接连接，而电子工程师则可能理解为印制电路板上的公共零电位连接导电面。因此，要掌握和运用好接地技术，就必须要弄清什么是接地及如何实现它。

1. 接地的定义

接地，顾名思义，是指设备或系统与“大地”相连接。大地具有非常大的电容量，无论向其注入多大的电流或电荷，在稳态时其电位都能够保持恒定，因此，大地是一个理想的零电位面（体）。一般情况下，接地就是使设备或系统与大地保持良好的电连接。在理想情况下，接地阻抗可以忽略不计，参考点的电位能始终保持为零。

从广义上讲，接地并非一定是与大地直接连接，而是指连接到一个作为参考点或参考面的良导体上。理想的接地导体的电位为零，且任何电流流入它都不产生电压降，可作为电路中各信号电平的参考点。

2. 接地的目的

在不同情况下，接地的目的是不一样的，常见的有：

1）建立与大地相连的低阻抗通路，使雷击电流、静电放电电流等从接地通路直接流入大地，而不致影响设备或系统的正常工作及人身安全。

2）建立设备外壳与附近金属导体之间的低阻抗通路，当设备中存在漏电流时，不至于危及人身安全。

3）设备或系统的各部分都连接到一个公共点或等位面，以便有一个公共的参考电位，消除两个悬浮电路之间可能存在的干扰电压。

4）将屏蔽体接地，使屏蔽发挥作用。

5）将滤波器接地，使滤波器能起到抑制共模干扰的作用。

6）印制电路板上的信号电路接到地平面，以提供一个信号返回通路。

7）汽车、飞机上的非重要电路接车体或机体的金属外壳，以提供一个电流返回通路。

上述接地中，1）、2）是有关安全的接地，3）~5）是有关干扰控制的接地，6）、7）是与实现电路的功能有关的接地。归纳起来，我们把接地分为安全接地、干扰控制接地和功能接地等。

对于6）、7）的功能接地，这里的“地”是功能电路必不可少的一部分，通过它电路可以构成一个回路，即它是信号或电流的返回通路。在这种情况下，只要提供了电气连接即可，与是否是“地”毫无关系，因此，本章不讨论这种情况。

5.2 安全接地

安全接地就是用低阻抗的导体将设备或系统的外壳连接到大地，以保证人身及设备的安全。安全接地包括防止设备漏电的设备安全接地和防止雷击的防雷安全接地。

1. 设备安全接地

为了安全，任何高压电气、电子设备的机壳、底座都要接地，以避免高压直接接触外壳或漏电时机壳带电，使触及机壳的人体触电。

有多种原因都会导致设备漏电，如高压线绝缘老化、因擦碰而破损；高压与机壳之间浸水、潮湿、灰尘等。人体触及机壳，就相当于机壳和大地之间连接一个人体电阻。人体电阻的变化范围很大，从人体处于出汗、潮湿状态下的大约1000Ω左右，到人体皮肤处于干燥洁净和无破损情况下的40~100kΩ。对人体造成伤害的是流经人体的电流，对于交流电，其安全限值为15~20mA，对于直流电，其安全限值为50mA，而当流经人体的电流达到100mA时，人就可能死亡。因此，我国规定的安全电压，在没有高度危险的建筑物中为65V，在高度危险的建筑物中为36V，在特别危险的建筑物中为12V。一般家用电器的安全电压限定为36V，以保证触电时流经人体的电流小于40mA。

为了保证安全，应将设备的金属外壳（正常情况下不带电）与接地体相连接，一般情况下，接地电阻为5~10Ω，当人体接触带电外壳时，流经人体的电流可减少到原先漏电流的1/100~1/200，而大部分电流经接地电阻分流。

对于采用三相四线制电源的电气设备，应将正常不带电的金属外壳与零线相连接。这样，在任何情况下，短路电流将从零线回流，因而起到保护人身安全的作用。

当电流从接地体流入大地时，在接地体周围会存在流散电流和流散电场。如图5-1所示，设接地体为半径为a、高度为h的接地棒，并完全埋于大地中，接地电阻为r_0，当流入电流为I_0时，将在接地棒上建立电压$U_0=I_0r_0$，流入大地的电流沿径向扩散，在接地棒表面，流散电流密度为$J=\dfrac{I_0}{2\pi ah}$，而在距接地棒中心距离为r处，电流密度则

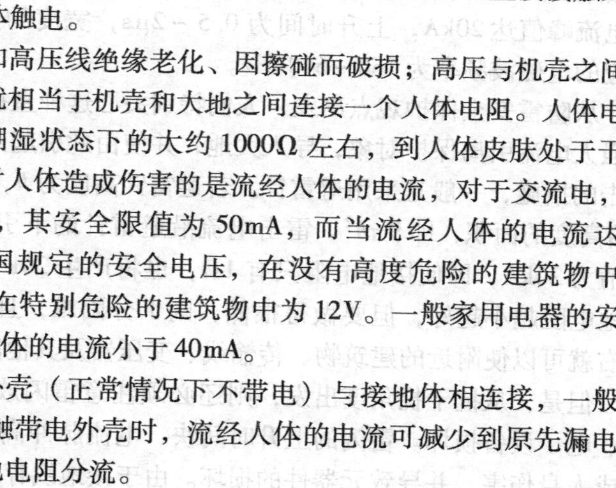

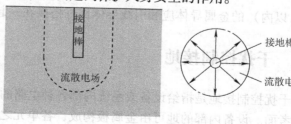

图5-1　接地电流及跨步电压

为 $J=\frac{I_0}{2\pi rh}$。由于存在流散电流，接地棒附近的地电位将升高，若人体跨步之间的电位差（跨步电压）太高，则可能引起人身触电危险；而对于设备或系统，若接地的两点电压过高，也会使设备受到干扰或损坏。

2. 防雷安全接地

防雷击是电气、电子设备以及人身安全防护最重要的内容之一，也是抗干扰需要考虑的重要问题。防雷接地的目的就是把雷电流引入大地从而保护设备及人身安全，以免遭雷击，并且要求在消除雷击时不要影响其他接地系统。

雷闪电的发生是由于雷雨云中的电荷累积到一定程度而引起静电放电。云层的底部主要积累负电荷，上部为正电荷，而在局部范围内底部积累正电荷，上部为负电荷。放电可以在云层与云层之间发生，也可以在云层和地面间某一点发生，特别是在平地或水面上的突出点，如山峰、高建筑物、塔架、树木等。云层与地面之间发生的放电称为直接雷击，它所释放的巨大能量将使被击中的目标受到破坏，如引起树林火灾、建筑物被摧毁、金属熔化、设备损坏、人畜死亡等。

一次雷闪往往包含多次闪击，在第一次闪击之后数毫秒又会发生一系列的闪击，直至闪击结束。一次雷闪将延续几十毫秒至几秒钟。一次典型的雷闪约有2～4个闪击，每次闪击的电流峰值达20kA，上升时间为0.5～2μs，宽度约为50μs，每次闪击的间隔约为50ms，相应的电磁波频率为160～640kHz。

从防雷安全保护观点出发，人们特别关心这种直接雷击。防雷接地的作用就在于把雷闪的强大电流引离保护对象，导入大地，并使由此引起的流散电场降低到安全水平以下。防止雷击的措施，一般是采用避雷针。若避雷针高度为 h，则保护区域为以投影为中心，半径为3倍高度的面积，即 $9\pi h^2$。雷击电流沿避雷针的下引导体接至大地，一次典型闪击的电流峰值为20kA，即使接地电阻只有1Ω，也将产生20kV的电压，并且在附近产生流散电场。接地电阻越小越好，但要做得很低，则十分困难，且不经济。实验表明，接地电阻为10Ω左右就可以使附近的建筑物、传输线、变压器及其他露天设施得到保护。

但是，从抗干扰角度出发，则还必须注意雷闪放电在建筑物或设施附近可能导致的电气、电子设备损坏。雷闪的上升时间快、电流脉冲高，所产生的电压很高，可能击穿绝缘，造成人身伤害，并导致元器件的损坏。由于接地线存在电感，当电流变化很快时，会产生很大的感应电压 $U=L\frac{\mathrm{d}i}{\mathrm{d}t}$，可能使其与近处导体之间的绝缘被击穿，因此，接地线近处（如15cm以内）的金属导体应和引线导体良好搭接在一起。

5.3 干扰控制接地

干扰控制接地是指给设备或系统内部各种电路的信号电压提供一个零电位的公共参考点或参考面。设备内部的地可由金属板构成，各单元之间的地一般由连接导线网络构成。接地线必须采用低阻抗的导线，且不能随意连接，如以建筑物内的结构金属体、水管等作为接地线（因为其阻抗很大，即使很小的电流流过也会产生严重的干扰）。对于干扰控制的地线连接，必须认真分析，决不能掉以轻心。干扰控制接地有3种基本的接法：浮地、单点接地和多点接地，以及由单点接地和多点接地派生出来的混合接地。这些接地方法既适用于设备内部电路及印制电路板，也适用于多台设备构成的系统。

5.3.1　浮地

浮地是将设备或电路单元与公共地或可能引起环流的公共导体隔离开来，如图5-2所示。

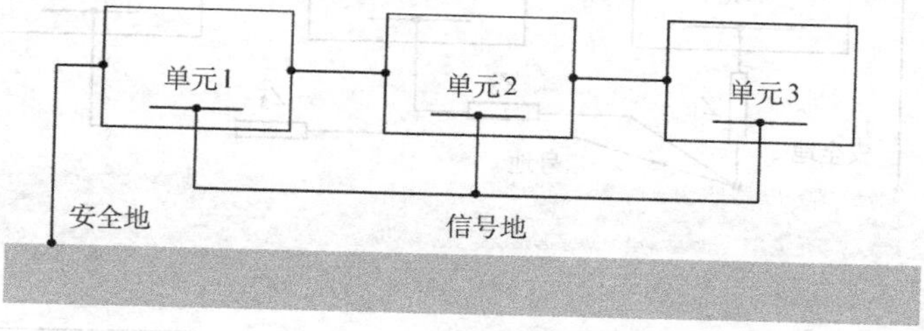

图5-2　浮地

浮地一般用于便携式设备，其抗干扰能力强（取决于浮地与其他接地系统的隔离程度），且可使不同电位的电路之间容易配合（通过光耦或变压器）；但由于设备不与大地直接连接，容易产生静电积累，当电荷积累到一定程度，会在设备与大地之间产生放电，这就成为新的干扰源。为避免这种干扰，可在采用浮地的设备与公共地之间接一个阻值很大的电阻，以泄放静电荷。

5.3.2　单点接地

单点接地是在设备或电路单元中，只有一个参考接地点，如图5-3所示，所有需要接地的点都必须通过地线连接到这一点上。如果系统中有多台设备，每台设备的“地”都是独立的，则设备内的电路需采用各自的单点接地，再将各设备的“地”连接到系统中的惟一参考接地点。注意，在地线连接中不能形成地回路。

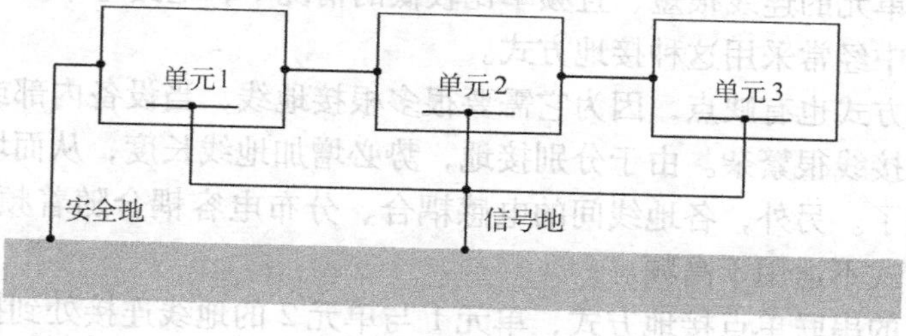

图5-3　单点接地

单点接地的优点是简单，且不存在多点接地时形成的地回路干扰；但当系统工作频率很高，以致系统接地线长度与波长 λ 可比（如达到 $\lambda/4$）时，地线会成为天线，向外辐射电磁波，其接地效果变差，此时，不宜再用单点接地，而应当采取多点接地。一般，当频率在1MHz以下或地线长度小于 $\lambda/20$ 时，可采用单点接地方式，以防止辐射，并降低地阻抗。

需要特别注意的是，干扰控制接地只是提供了一个公共参考点，接地线中并不流通正常的信号电流，即使把接地线断开，也不影响电路的正常工作（虽然所受干扰严重了），这与功能接地不同。

对于单点接地，根据其地线的具体连线方式又可分为两种：即独立地线的并联单点接地和共用地线的串联单点接地，如图 5-4 所示。独立地线的并联单点接地是指各设备或电路单元分别用地线连接到一个接地点上，如图 5-4a 所示；共用地线的串联单点接地是指各设备或电路单元共用一根地线，然后单点接地，如图 5-4b 所示。由于地线连线方式及阻抗不同，故两种接地方式各有特点。

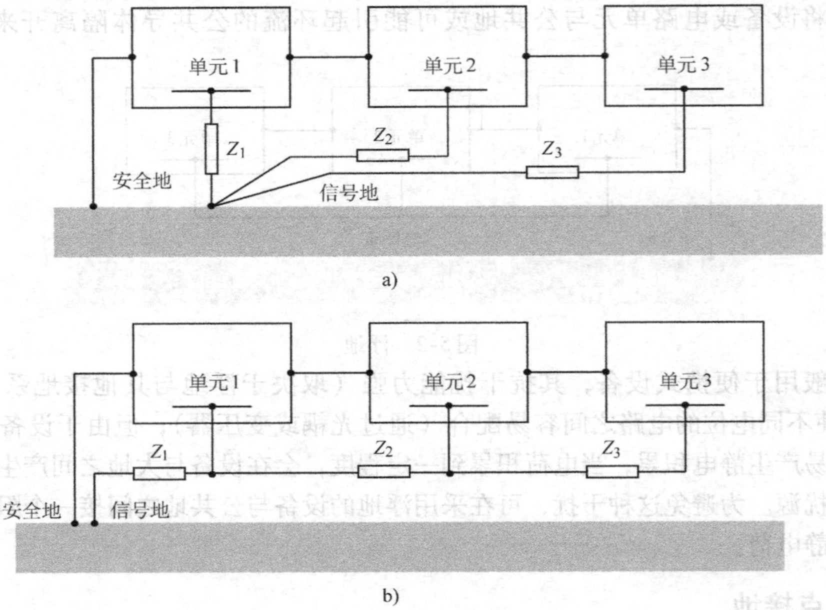

图 5-4 并联单点接地和串联单点接地

a）并联单点接地 b）串联单点接地

对于独立地线的并联单点接地方式，各设备或电路单元的地电位只与本电路的地电流和地线阻抗有关，不受其他电路影响，这样，可有效地防止各电路单元之间的互相干扰。当一个设备内部各电路单元的连线很短、且频率比较低的情况下，电路基本上不受其他电路的影响，因此，在设备中经常采用这种接地方式。

并联单点接地方式也有缺点，因为它需要很多根接地线，当设备内部或机箱间的接地线多、且长时，则连接线很繁杂。由于分别接地，势必增加地线长度，从而增加地线阻抗，地线阻抗的干扰增大了。另外，各地线间的电感耦合、分布电容耦合随着频率增加也会增大，因此，这种接地方式不适用于高频。

对于共用地线的串联单点接地方式，单元1与单元2的地线连接处到接地点的一段地线是单元1、单元2和单元3的共用地线，单元2与单元3的地线连接处到单元1与和单元2的地线连接处的一段地线是单元2和单元3的共用地线。由于共用一根地线，各接地点的电位并不相同，且受其他单元的影响，因此，从抑制干扰的角度来看，这种接地方式并不好，但因为非常简单，所以是设备或电路单元中经常采用的一种接地方式。在采用串联单点接地方式时，注意要把最高电平电路放在最靠近接地点的位置，以使各接地点电位升高最小。

5.3.3 多点接地

多点接地是指设备或电路单元中各接地点都是直接连接到离其最近的接地平面，以使接地线的长度最短，如图 5-5 所示。多点接地一般用于高频系统，为降低地线阻抗，地线应尽量加宽，或采用地平面、地栅网。

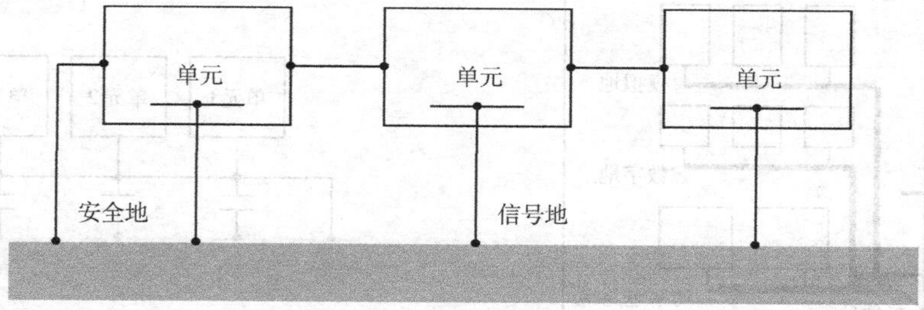

图5-5　多点接地

多点接地的优点是地线较短，因而适用于高频情况。但因多点接地便形成了各种地线回路，从而造成地回路干扰，这对较低频率的电路产生不良影响。另外，多点接地虽然形式上比较简单，但对接地的维护提出了很高的要求，因为任何接地点上的腐蚀、松动都会使接地呈现高阻抗，从而使接地效果变差。

一般来说，频率在1MHz以下时，可采用单点接地方式；当频率高于10MHz时，应采用多点接地方式；当频率在1~10MHz之间时，如地线长度小于$\lambda/20$，可用单点接地方式，否则应采用多点接地方式。

5.3.4　混合接地

实际情况往往比较复杂，很难通过一种简单的接地方式来解决，因而，常将单点接地和多点接地结合起来构成混合接地方式，如图5-6所示。混合接地方式利用了单点接地和多点接地的优点，对于高频电路部分采用多点接地，对于接地线过长的部分采用多点接地，而其余部分则可以采用单点接地。

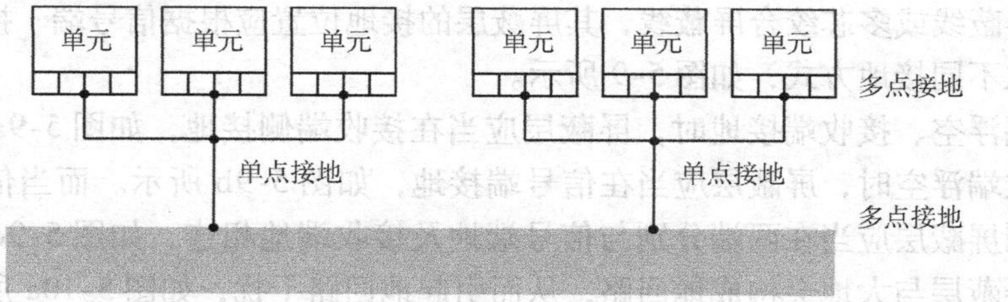

图5-6　混合接地

有的设备，内部电路较复杂，既有模拟电路，又有数字电路，既有产生强骚扰的电路，又有对骚扰高度敏感的电路。一般可先将所有内部电路分割成模拟、数字、功率等几个独立接地的系统，然后再将几个系统合并成一个接地系统连接至参考点，如图5-7所示。在金属机壳中，系统参考地一般要和机壳接在一起，以避免机壳天线效应等产生的影响。

对于宽频系统，电路中既有高频信号，又有低频信号。为同时满足低频单点接地和高频多点接地的不同要求，可利用电容器对高频相当于短路（高频地）、对低频相当于开路的特点来实现，如图5-8所示，从而避免在低频电路中出现地回路。

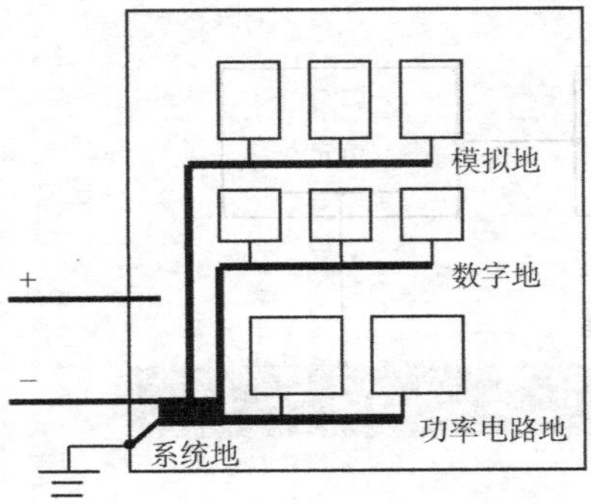

图5-7　设备内部接地

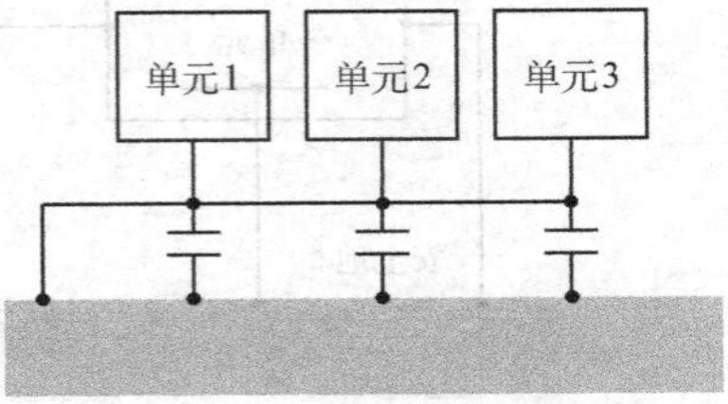

图5-8　宽频系统接地

5.4　屏蔽层接地

为了实现对电场的屏蔽，需要采用良导体作静电屏蔽层，并且屏蔽体必须接地，否则，该屏蔽层不但起不了静电屏蔽作用，反而还会加大分布电容，从而加强了电容耦合。同样，屏蔽高频电磁场的良导体屏蔽层也应当接地。此外，对于屏蔽低频磁场的磁屏蔽体最好也接地。屏蔽层接地也属于干扰控制接地。

在设备或系统中，除了上述屏蔽体外还存在许多缆线的屏蔽，屏蔽电缆的屏蔽层的接地方式选择，要求既要保证其屏蔽效果，又要避免形成不合理的地回路。对缆线的屏蔽通常安排在两部分：一是信号输入部分，用于削弱外界骚扰对敏感电路引起的干扰；二是输出部分，用来屏蔽自身产生的骚扰电平。

1. 低频信号屏蔽层的接地

对于频率低于1MHz的低频接地系统，通常应当采用单点接地方式。低频信号的传输一般采用双绞屏蔽线或多芯绞合屏蔽线，其屏蔽层的接地位置应根据信号端、接收端接地情况的不同，采取不同接地方式，如图5-9所示。

当信号端浮空、接收端接地时，屏蔽层应当在接收端侧接地，如图5-9a所示。当信号端接地、接收端浮空时，屏蔽层应当在信号端接地，如图5-9b所示。而当信号端、接收端都接地时，则屏蔽层应当在两端分别与信号端地及接收端地相连，如图5-9c所示。但由于两点接地，屏蔽层与大地会构成地回路，从而引起地回路干扰，如图5-10a所示。为此，需要先采用隔离变压器、平衡变压器、光耦合器、差动电路等，将信号地与接收端地隔离，如图5-10b～d所示，然后再采用图5-9a、图5-9b的方法处理屏蔽接地。

2. 高频信号屏蔽层的接地

当频率高于10MHz，或电缆线长度超过$\lambda/20$，以及在处理高速脉冲数字电路时，信号地就必须采用多点接地方式，通过就近接地及地平面或地栅网等，使系统的信号地保持同一电位，如图5-11所示。

对于高频信号的传输，必须考虑阻抗匹配的问题，否则，传输信号会在阻抗突变的位置发生反射，引起传输信号波形的振荡，造成波形严重畸变。因此，高频信号的传输一般使用具有固定特性阻抗的同轴电缆，而不用是带双绞芯线的屏蔽线，同轴电缆的外层导体作为传输信号的返流地线。

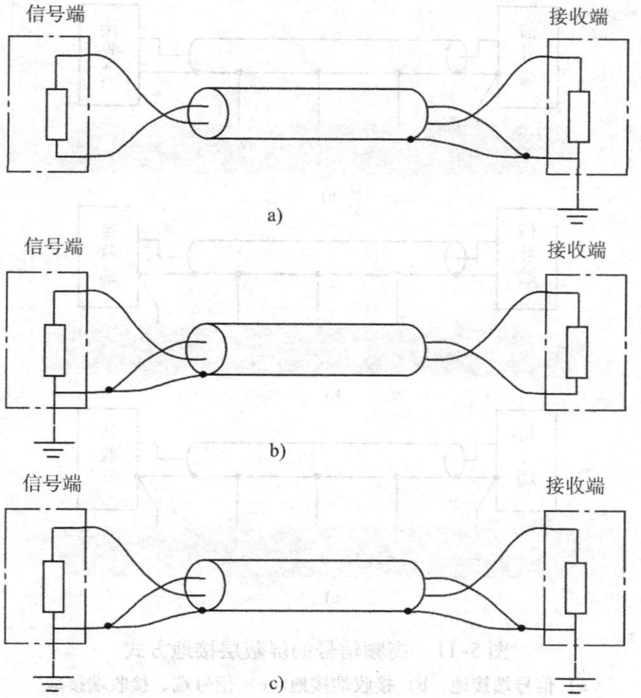

图5-9 低频信号的屏蔽层接地方式

a）信号端浮空，接收端接地 b）信号端接地，接收端浮空

c）信号端、接收端都接地

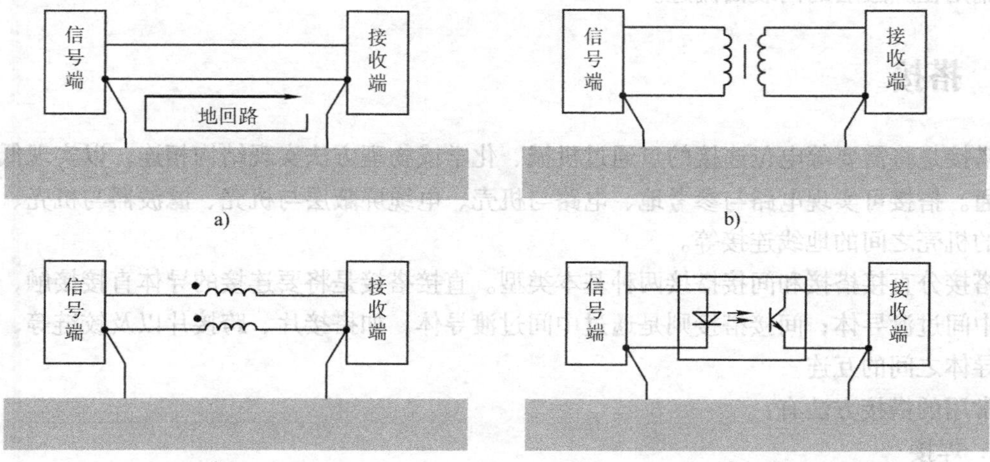

图5-10 地回路的隔离

a）两端接地存在地回路 b）用信号隔离变压器 c）用平衡变压器 d）用光电耦合器

高频信号的屏蔽接地必须采取多点接地方式，将作为同轴电缆屏蔽层的外层导体多点接信号地平面，而相邻屏蔽接地点间的距离一般小于 $\lambda/20$。当电缆长度较短时，将电缆屏蔽层两端分别接信号端和接收端的信号地。对于地回路引起的低频干扰，由于其频率远低于信

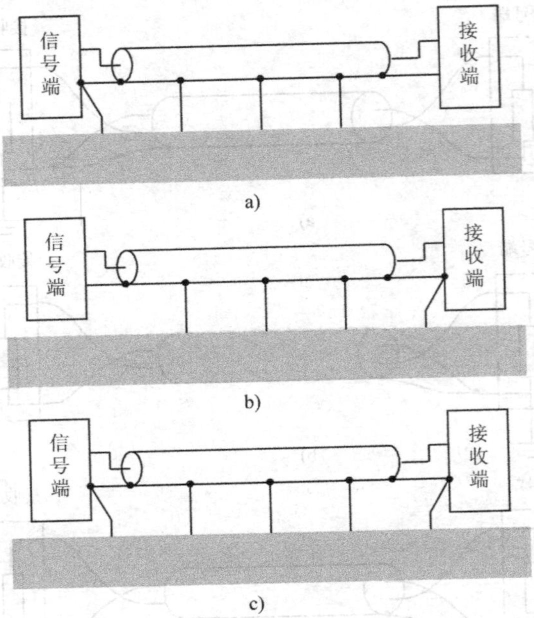

图5-11　高频信号的屏蔽层接地方式

a）信号端接地　b）接收端接地　c）信号端、接收端接地

号频率，可用高通滤波器滤除；对于屏蔽电缆周围的高频骚扰电磁场，则由于存在集肤效应，只在屏蔽层表面有高频骚扰电流，在导体内部高频骚扰电磁场得到有效的屏蔽；高频信号电流则在屏蔽层的内表面流过。

5.5　搭接

搭接是将需要等电位连接的点通过机械、化学或物理方法实现结构相连，以实现低阻抗的连通。搭接可实现电路与参考地、电路与机壳、电缆屏蔽层与机壳、滤波器与机壳、不同设备的机壳之间的地线连接等。

搭接分直接搭接和间接搭接两种基本类型。直接搭接是将要连接的导体直接接触，而不通过中间过渡导体；间接搭接则是通过中间过渡导体，如搭接片、跨接片以及铰链等，实现连接导体之间的互连。

常用的搭接方法有：

1. 焊接

通过焊接使需要接触的导体永久连接，是比较理想的搭接方法，可避免金属面曝露在空气中，因锈蚀而引起的搭接性能下降。

2. 铆接

铆接也实现了永久连接，在铆接部位的阻抗很小，但其他部位阻抗较大，在高频时不能提供良好的低阻抗连接。

3. 栓接

通过螺栓连接，可以拆卸，但长时间使用后可能出现连接松动，有时通过螺纹接触的两个面会变成接触线，并且由于腐蚀及高频电流的集肤效应，射频电流沿螺旋线流动，因而在很大程度上呈现电感性。

搭接处理最重要的是强调搭接良好，这对于有射频电流流过的情况尤为重要。无论是直接搭接还是间接搭接，对搭接表面都需要进行认真处理，清除影响搭接质量的表面的氧化层、油漆和附着物，保证搭接表面是面接触。此外，还应注意搭接金属间的电化学性能的兼容，以及搭接后刷的漆层是否会渗入搭接部位，从而影响搭接质量。

搭接不良会影响设计电路的工作性能及引入干扰。如图 5-12 所示，由于搭接不良附加的阻抗的影响，使被滤波器滤除的干扰信号不能顺畅地通过接地返回干扰源，而是通过后一级电容又馈入被保护电路；再如图 5-13 所示，由于搭接不良则引入新的干扰电压。

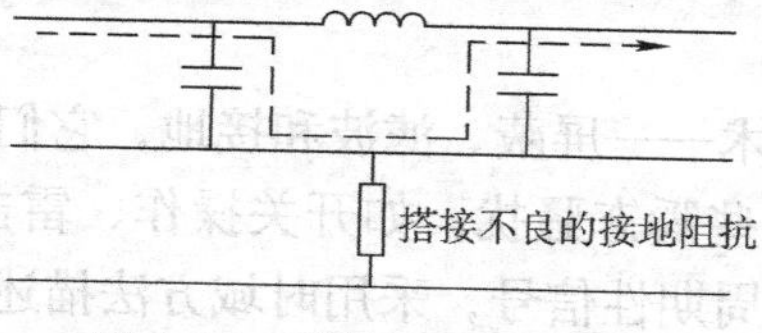

图 5-12 搭接不良对滤波器滤波效果的影响

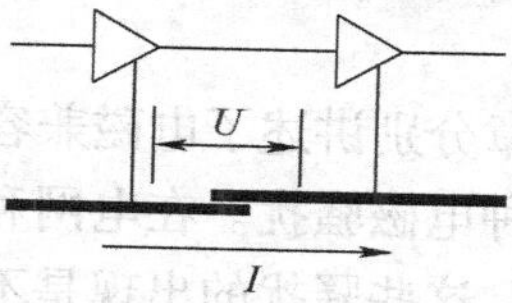

图 5-13 搭接不良对电路的影响

5.6 小结

本章是电磁兼容基本技术之一的接地，首先，介绍了接地的概念，然后，讲述了安全接地和干扰控制接地的方法，最后，简单介绍了搭接。这里，一些要点需要牢牢掌握：

- 接地是提供一个公共的参考点（面）；
- 安全接地是设备外壳通过低阻抗导体接大地；
- 干扰控制接地是提供一个公共的参考点（面）；
- 干扰控制接地并非是电路功能所必需的，不要将其与信号返回通路相混淆；
- 干扰控制接地有浮地、单点接地、多点接地和混合接地；
- 单点接地用于低频电路（一般 $f<1\text{MHz}$）；
- 多点接地用于高频电路（一般 $f>10\text{MHz}$）及长地线（$\lambda>20$）；
- 电缆屏蔽层的接地位置应与电路的接地位置相一致；
- 接地的实现依赖于良好的搭接。

思 考 题

1. 什么是接地？为什么要接地？
2. 什么是地线干扰？
3. 接地有哪几种？其内容如何？
4. 什么是单点接地、多点接地？如何选择？
5. 为什么在设备中有时会通过电容接地？
6. 常用的降低地阻抗的方法有哪些？
7. 屏蔽电缆的屏蔽层应如何确定接地方式及接地位置？
8. 什么是搭接？试举出几种搭接的方法。

第 6 章　瞬态骚扰抑制

内容提要

本章专门讨论在电气、电子设备中经常出现的瞬态骚扰问题，介绍了常见的传导骚扰，讲述了开关操作骚扰、浪涌、机电装置骚扰产生的机理及抑制方法，介绍了静电放电骚扰及防护。

前面 3 章分别讲述了电磁兼容设计的 3 种基本技术——屏蔽、滤波和接地，它们已广泛用于抑制各种电磁骚扰。在电网和电路中经常出现一些瞬态骚扰，如开关操作、雷击浪涌、静电放电等，这些骚扰的出现是不规律的，且都是非周期性信号，采用时域方法描述比较方便，下面就分析这些骚扰的产生及抑制。

6.1　电网中的传导骚扰

电气、电子设备接到电网上，会受到电网及接到同一电网的其他设备的传导骚扰的影响，由于雷电、开关操作、运行故障等原因，电网中存在各种传导骚扰，主要有电源中断、频率偏移、电压跌落、浪涌，电压噪声、谐波、瞬变等。对于这些骚扰，依严重程度可采取不同的方法加以抑制，且大体可利用专用供电线路、不间断电源、稳压电源、隔离变压器、电源滤波器、瞬态骚扰抑制电路等。

不同类型的骚扰对设备正常工作的影响是不同的。IBM 公司在 1974 年对计算机故障的一项研究表明，在电源干扰的统计分析中，振荡瞬变占 49%，脉冲干扰占 39.5%，这两项是电源干扰的主要原因，其他的还有电压跌落占 11%，电源中断占 0.5%。

电网中的开关操作、负载切换及各种故障都会使电网发生瞬变过程，产生各种瞬变电压，它们通常是脉冲波，对于持续时间大于 8.4ms 的瞬变电压，人们通常将其称为浪涌。

6.2　开关操作骚扰及其抑制

开关的触点在断开和闭合过程中会产生电弧，在电路和空间中产生电磁骚扰，并对接到同一电网中或附近的其他设备产生干扰。

6.2.1　开关断开过程中瞬态骚扰的形成

图 6-1 为电源通过触点开关给感性负载供电的系统的等效电路，其中，R_1 为电源及供电线路的电阻，L_1 为电源及供电线路的电感，C_1 为供电线路的分布电容，R_2 为负载电阻，L_2 为负载电感，C_2 为负载的分布电容。在开关断开的瞬间，由于负载电感 L_2 中的电流 I 不能突变，电感中储存的磁场能量转化为电能对分布电容 C_2 进行充电，并以电场能量的形式

储存到电容中，若不考虑电弧放电，并忽略转换过程中的能量损耗，当磁场能量 $W_m=\frac{1}{2}L_2I^2$ 全部转化为电场能量 $W_e=\frac{1}{2}C_2U^2$ 时，负载两端的电压峰值可达 $U=I\sqrt{\frac{L_2}{C_2}}$，然后，电容又在回路中放电，产生反向电流，电场能量转化为磁场能量，这样，电路中的电磁能量会不断地进行充电、放电，产生振荡，其振荡频率为 $f=\frac{1}{2\pi\sqrt{L_2C_2}}$，由于负载电阻的能量消耗，这一振荡过程是衰减振荡。

实际上，在这一过程中，触点电压一般达不到上述的峰值电压，如图 6-2 所示，当开关触点刚刚打开的瞬间，由于触点距离很近，感性负载只要感应出较低的电压就能击穿触点间的空气，形成第一次电弧，而一旦出现电弧，分布电容 C_2 储存的会电荷迅速释放；当电弧结束后，负载电感 L_2 恢复对电容 C_2 的充电，当电压达到击穿电压时又产生电弧，如此反复，形成一组脉冲波。随着开关打开，触点间距不断增大，所需的击穿电压不断增高，直至无法击穿。这一系列的充电、放电过程中，放电电流具有很高频率的频谱分量，向周围产生严重的辐射发射；瞬态电压作用于与该设备使用同一电源的其他用电设备产生传导干扰。因此，必须采取一定的措施加以抑制。

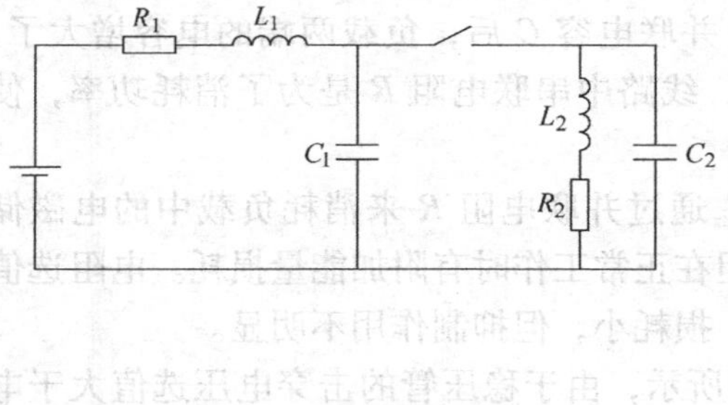

图 6-1　感性负载开关电路

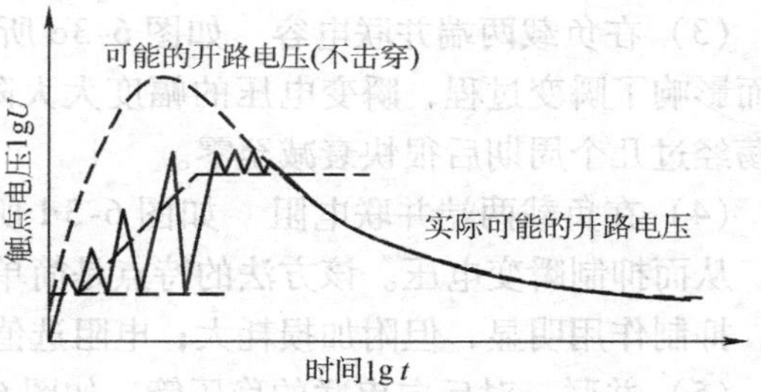

图 6-2　开关断开过程的触点电压波形

6.2.2　开关操作瞬态骚扰的抑制

为保护开关触点及减小开关操作过程中产生的瞬态骚扰，可在感性负载两端或开关触点两端采取抑制措施，也可以两种方法同时采用，具体措施应根据实际情况而定。

1. 对感性负载的处理

在负载两端采取措施，其方法是通过给感性负载提供一个续流通路，减小感性负载对电容的充电作用，降低负载两端的电压，并消耗电路中的能量，使这一瞬态过程迅速衰减。

对于开关切换瞬变，可采用图 6-3 所示的几种抑制电路。

（1）在负载两端反向并联二极管　如图 6-3a 所示，利用二极管的正向导通特性，将负载电压钳制在二极管的管压降，消除了开关切断瞬变过程中对负载电感自身分布电容的充电，避免了谐振的发生。负载中电流的变化为 $I=I_0e^{-t/\tau}$，其中，I_0 为开关断开瞬间的负载电流。L 和 R_L 分别为负载的电感和电阻，$\tau=L/R_L$ 为时间常数。这种方法最大的优点是产生的瞬变电压最低，但是，当 L 很大而 R 很小时，τ 将很大，即线路中电流衰减很慢。

（2）反向并联二极管并串入电阻　如图 6-3b 所示，由于在图 6-3a 的基础上，在二极管回路中串联了电阻 R，负载电流衰减的时间常数[$\tau=L/(R_L+R)$]减小了，因而电流衰减加

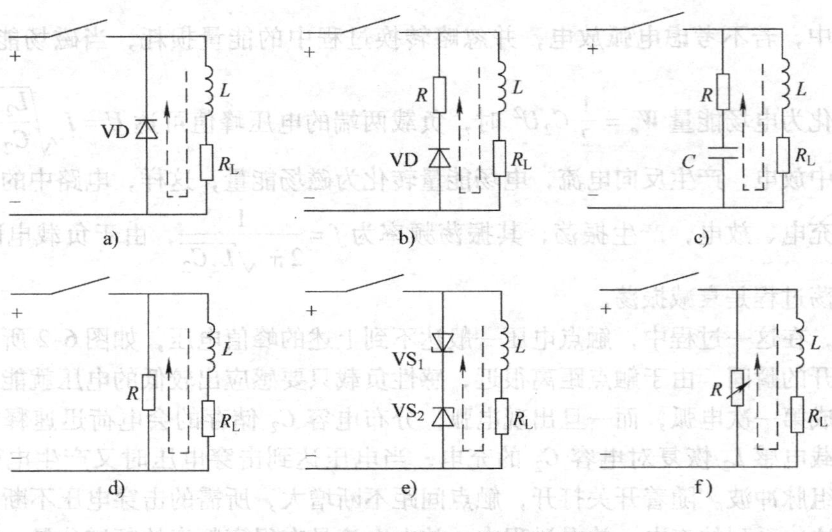

图6-3 在负载端抑制开关操作瞬变

快了，但这样开关过程中的瞬变电压也增大了。为此，串联电阻 R 值要适中，太大了，相当抑制电路开路，对瞬变无抑制作用；太小了，瞬变过程持续时间太长。

（3）在负载两端并联电容 如图6-3c所示，并联电容 C 后，负载两端的电容增大了，从而影响了瞬变过程，瞬变电压的幅度大大降低，线路中串联电阻 R 是为了消耗功率，使振荡经过几个周期后很快衰减至零。

（4）在负载两端并联电阻 如图6-3d所示，通过并联电阻 R 来消耗负载中的电磁储能，从而抑制瞬变电压。该方法的特点是简单，但在正常工作时有附加能量损耗。电阻选值小，抑制作用明显，但附加损耗大；电阻选值大，损耗小，但抑制作用不明显。

（5）并联一对反向串联的稳压管 如图6-3e所示，由于稳压管的击穿电压选值大于电源电压的峰值、额定电流大于最大负载电流，系统正常工作时，稳压管不导通，而当触点开关切断负载电流的瞬间，感性负载感应的瞬变电压超过稳压管的击穿电压，稳压管导通，并把负载电压钳制在稳压管的稳压值，从而限制了负载电压的续继升高，使瞬变电压得到抑制。由于稳压管消耗功率，感性负载中的能量可以很快释放，故缩短了瞬变过程。

（6）在负载两端并联压敏电阻 如图6-3f所示，压敏电阻在正常工作状态下等效阻值大，当承受高瞬变电压时，等效电阻变小，为触点断开时的负载电流提供续流通路。

上述方法中，（1）和（2）只能用于直流电路，（3）~（6）既可用于直流电路，也可用于交流电路。

2. 对开关触点的处理

通过对开关触点的处理同样可以达到抑制开关操作过程中所产生的瞬变骚扰的目的，其方法是通过给开关提供一个分流通路，抑制开关的触点电压，从而避免形成电弧。图6-4列出几种可能采用的方案。

（1）在触点两端并联阻容支路 如图6-4a所示，开关断开时，感性负载中的能量经阻容支路维持电流的流通，由于电容 C 的作用，限制了触点电压的上升速度和最大值；当开关闭合时，电容经开关放电，由于电阻 R 的作用，限制了放电电流。C 的取值，应大于一定值，以保证触点的电压上升率及最大电压小于限定值。R 的取值，需要折衷考虑，取值小，

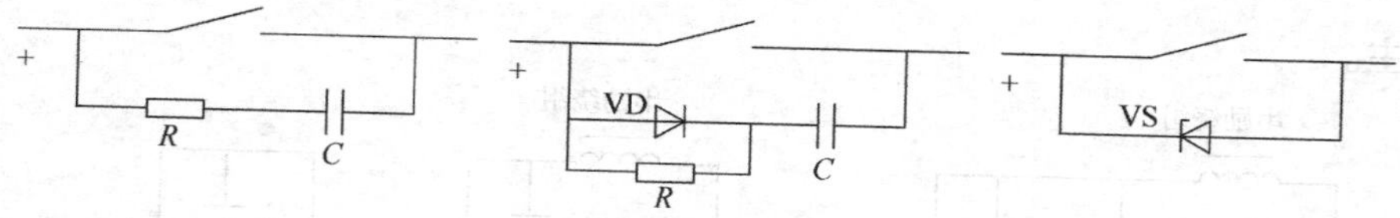

a) b) c)

图6-4 开关触点的防护

开关断开时触点电压小，但开关闭合时放电电流大；取值大，开关闭合时放电电流小，但开关断开时触点电压大。

（2）在阻容支路的电阻上并联二极管　如图6-4b所示，当开关断开瞬间，负载电流经二极管对电容C充电，限制了触点电压的上升，从而抑制了瞬变骚扰。当开关闭合时，电容C储存的电场能量经过电阻R对开关放电，电阻R起到了限制了电容C的放电电流的作用。

（3）在触点两端并联稳压管　如图6-4c所示，通过稳压管的钳位作用，限制断开瞬间触点电压的增大，从而抑制了瞬变骚扰。这里，稳压管的击穿电压要大于电源的峰值电压。

上述方法中，其（1）既可用于直流电路，也可用于交流电路，其（2）和（3）则只能用于直流电路，若将（3）中的稳压管换成反向串联的两个稳压管，则也可用于交流电路。

6.3 机电装置的电磁骚扰及抑制

许多电气、电子产品，如电动工具、家用电器等，使用机电装置（直流电动机、交流电动机、电磁阀等）将电能转化为机械运动，这些装置会产生严重的电磁骚扰。

1. 电磁骚扰产生的原因

有刷电动机产生的电磁骚扰主要是由于电动机换向时产生的电弧而形成的。当电动机电枢转动，使电刷接触相邻的两个换向片时，这两个换向片及相连的线圈通过电刷短路，有短路电流；随着电枢转动，当电刷与其中一个换向片断开时，电刷与换向片间产生电弧放电，形成开关操作骚扰。无刷电动机、电磁阀等虽然没有电弧放电，但它们（也包括有刷电动机）的绕组与其金属外壳之间有较大的寄生电容，而通常为了便于散热，这些装置一般直接安装在接地的设备外壳（或框架）上，提供了一个很好的共模电流通路，在高频/瞬态电压作用下会产生共模骚扰。

2. 电磁骚扰的抑制

为抑制电磁装置的电磁骚扰，可从其产生的根源及传播路径入手，采取措施加以抑制。

（1）从有刷电动机产生电弧的原因入手　为解决有刷电动机的电磁骚扰，首先应从电动机本身入手，当电刷与换向片接触不良或机械振动明显时，电弧放电严重，产生的电磁骚扰将远大于正常情况。为了减小骚扰，应使电刷与换向片之间保持可靠接触、开合正常，选用优质电刷，使换向器表面光洁，保持电刷对换向器的适当压力，且压力均匀，使电动机的机座可靠固定以减小运转时的振动。为了抑制电弧，还可以在电动机的换向片间并联电容或电阻。

（2）抑制骚扰传播的路径　抑制骚扰电路中的传播，无非是使用电容、电感、滤波器等。

1）并联电容，通过电容为骚扰源提供一条低阻抗的通路，使骚扰电流旁路掉，并抑制产生的尖峰电压，如图6-5a所示，在两根引线之间接差模电容器C_d以抑制差模骚扰，在电动机的每根引线和地之间接共模电容器C_c以抑制共模骚扰，电动机换向引起的骚扰通常是以差模为主。

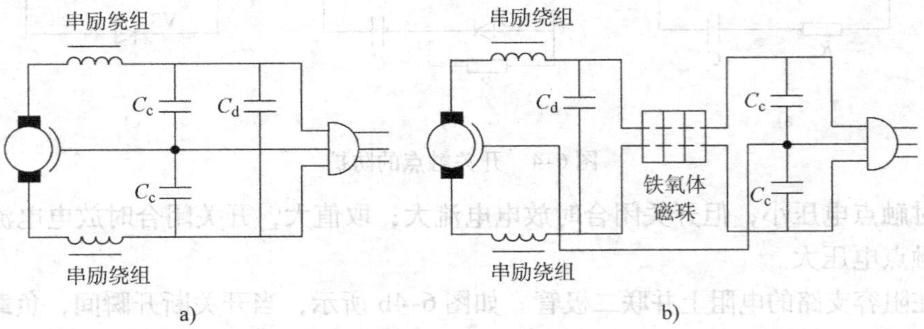

图6-5 有刷电动机电磁骚扰的抑制

2）使用铁氧体环或磁珠，如图6-5b所示，在线路中插入铁氧体环或磁珠，利用其高阻抗特性阻断共模通路，以抑制共模骚扰，且铁氧体环或磁珠与并联电容构成滤波器。

6.4 浪涌及其抑制

电气、电子设备可能由于雷击、运行操作中的过电压，而承受浪涌电压（电流），必须采用浪涌抑制器件构成保护电路加以抑制。

1. 浪涌抑制器件

浪涌抑制器件被用来与被保护电路或设备并联，以便对超过电路或设备承受能力的过电压进行限幅、过电流进行分流，使浪涌能量得到泄放。目前常用的浪涌抑制器件有电火花隙、金属氧化物压敏电阻、硅瞬变吸收二极管等。

衡量浪涌抑制器件性能的主要指标有吸收能力、响应速度和残余电压。常用8μs/20μs（上升时间/持续时间）、10μs/700μs或10μs/1000μs电流波考核器件的电流吸收能力，用1.2μs/50μs电压波考核器件的响应速度，1.2μs/50μs或8μs/20μs综合波考核器件的抑制特性。

（1）电火花隙 电火花隙用图6-6的符号表示，有两个或三个电极，可分别用于线间或线间及对地的浪涌保护。当外施电压低于电火花隙的击穿电压时，电火花隙不导通，对被保护对象没有任何影响；当电路中的浪涌电压超过电火花隙的击穿电压时，间隙就会被击穿，电火花隙中产生电弧，电极间电压迅速下降到很低的电弧压降，电极间的电阻也由$10^9 \sim 10^{10}\Omega$下降到0.1Ω左右，阻止了浪涌电压的继续升高。如图6-7所示，浪涌的能量通过低阻抗的电火花隙旁路掉，实现了对设备的保护，当电火花隙中的电流低于电弧的维持电流时，电火花隙自动恢复截止状态。

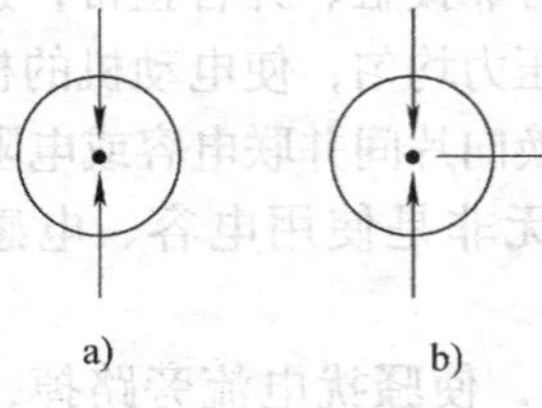

图6-6 电火花隙符号

a）两极 b）三极

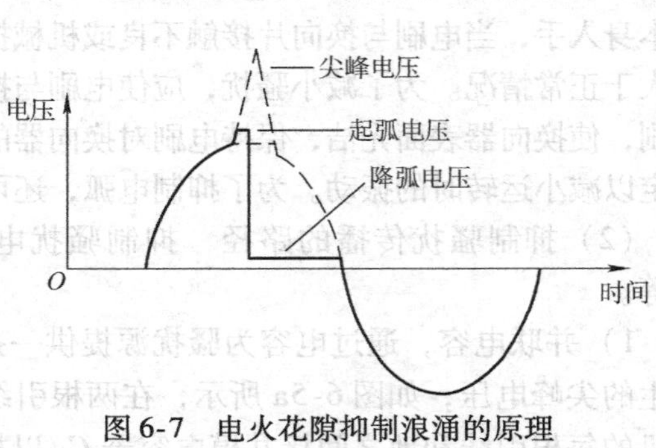

图6-7 电火花隙抑制浪涌的原理

电火花隙有真空和气体两类，真空电火花隙击穿电压高，一般为1kV~1MV，而充气电火花隙（气体放电管）击穿电压则一般为0.1~1kV，因此，多用充气电火花隙作浪涌保护器件。气体放电管绝缘电阻很高（10^9~$10^{10}\Omega$），固有电容很小（1~7pF），可用于较高频率的电路，它吸收冲击电流的能力很强（可超过50kA），但击穿电压较高（0.1~1kV），响应较慢（约100ns），因而，适合于做第一级高电压、大电流的瞬态保护。

（2）金属氧化物压敏电阻 金属氧化物压敏电阻（MOV）由金属氧化物（主要是氧化锌）材料制成，它属于钳位型器件，特性与两只背对背连接的稳压管非常相似，如图6-8所示。当压敏电阻承受高瞬态电压时，等效电阻急剧下降，将浪涌能量泄放掉，从而起到电压钳位、浪涌防护的目的，最终压敏电阻上的电压取决于流过压敏电阻的电流和压敏电阻的电阻值，压敏电阻的响应速度为纳秒级。

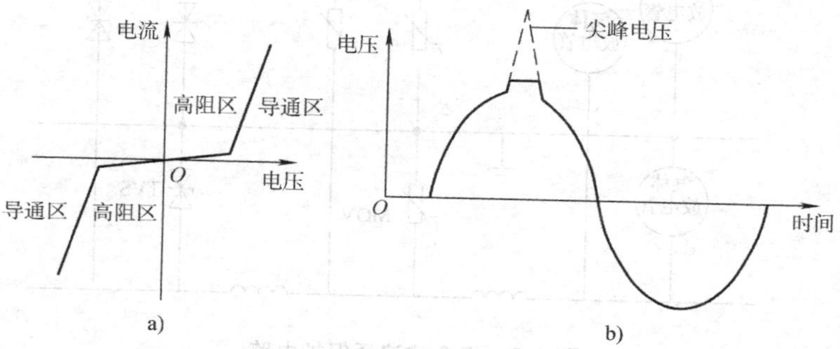

图6-8 压敏电阻的伏安特性及对瞬态电压的抑制
a）压敏电阻的伏安特性 b）压敏电阻对瞬态电压的抑制作用

压敏电阻的峰值电流承受能力较大，价格低；但钳位电压较高，有较大的动态电阻，且随着受到浪涌冲击次数增加，漏电增加，另外，压敏电阻缺点是固有电容较大（几百至几千皮法），因此，不能用在高频场合，而较适合于工频系统，如电源进线的保护、晶闸管的保护等。

（3）硅瞬变吸收二极管 硅瞬变吸收二极管（Transient Voltage Suppressors，TVS）是电压钳位型器件，它在稳压管的基础上发展起来，具有极快的响应时间（亚纳秒级）和相当高的浪涌吸收能力，钳位电压低，适合于超高频和甚高频范围，可用于保护电路或设备免受静电、开关操作瞬变电压、雷电感应过电压的损害。硅瞬变吸收二极管的缺点是承受的峰值电流较小，且价格较贵。

2. 组合式浪涌保护电路

不同的浪涌抑制器件有各自的特点，适用于不同情况：

1）气体放电管电流吸收能力大，但响应速度低、有后续电流、离散性大、且电压分档少，适合于做第一级粗保护。

2）压敏电阻响应速度高、可有较大的吸收能力，但固有电容较大，不适合用在高频电路。

3）硅瞬变吸收二极管响应速度很高、电压分档很多，但带电流负荷能力较弱，可用于精细保护。

因此，一个理想的浪涌保护方案应当结合各种抑制器件的特点，取长补短，以达到响应快、限压低、泄放能力强的目的。

一种典型的组合式浪涌保护电路如图6-9所示，它有三级保护，理想工作情况是：①当出现瞬态浪涌电压时，硅瞬变吸收二极管首先动作，使过压不能进入负载；②随着电流的增大，在硅瞬变吸收二极管烧毁前，换流到压敏电阻；③在压敏电阻的吸收能力达到极限前，再换流到气体放电管。为实现依次保护的目的，在组合电路的级与级之间串联了限电流电感。

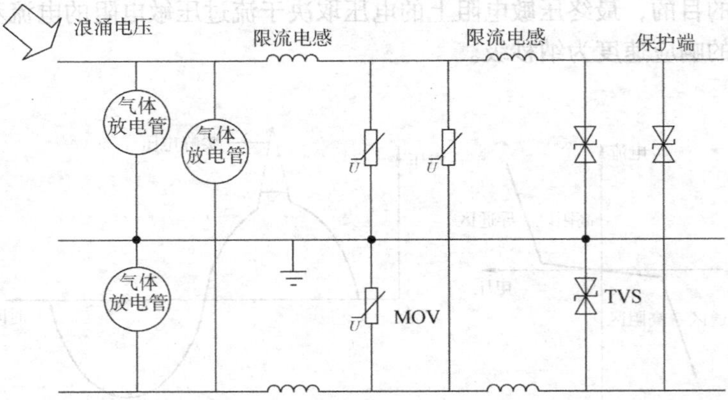

图6-9　组合式浪涌保护电路

对于不同应用场合的过电压，应当采取合理有效的保护措施。在室外，可能直接遭受雷击，必须采用避雷器，而不能用上述器件；室内的主配电柜，可能承受感应雷、较高的开关过电压，常用压敏电阻作保护；室内的二次配电柜，承受开关操作和静电放电引起的骚扰，可用压敏电阻保护；对于室内设备，常用组合式保护器，以提供精细的限电压和快速的响应。

6.5　静电放电防护

静电放电（ESD）现象在生活中经常发生，其高电位、强电场、大瞬时电流往往会对敏感的元器件、电子设备产生骚扰，必须防护。

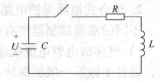

两种不同介质互相摩擦后会产生静电，介电常数较高的物体带正电荷，介电常数较低的物体带负电荷；另外，静电感应也会产生静电，物体靠近带电物体会感应出与带电极性相反的电荷。当带正负电荷的导体相接触时，会产生短路放电电流；当带电导体间的电压超过间隔空气或绝缘介质的击穿电压时，会产生电弧，形成电弧电流。静电放电的模型如图6-10所示。静电放电电流在0.7～10ns的时间内，峰值会达到几十安，有时甚至会超过100A，这样，放电电流会在其周围产生强度大、频带宽的电磁场，从而对附近的敏感电路产生骚扰。为控制静电放电，可从3个方面入手：①阻止静电荷的生成；②阻止放电；③控制放电电流路径。

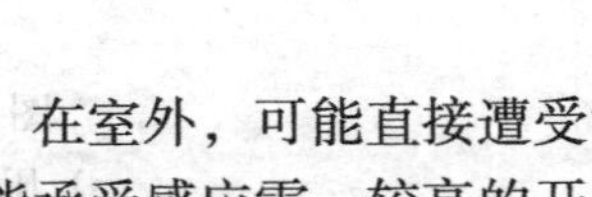

图6-10　静电放电模型

材料的导电性能对静电荷的生成和传递有重要影响，根据表面电阻可将材料分成 3 类，导体材料（表面电阻 $<10^5\Omega/m^2$）、静电消耗材料（$10^5\Omega/m^2<$ 表面电阻 $<10^{12}\Omega/m^2$）和绝缘材料（表面电阻 $>10^{12}\Omega/m^2$）。导体材料不易产生静电，但能够存储其他材料产生的静电荷，并在放电时迅速传递电荷；静电消耗材料因有导电性而不易产生静电，且因表面电阻较大而在放电时不易快速传递电荷；绝缘材料易产生静电。为阻止静电荷的生成，应避免两种绝缘材料的摩擦，至少消除一种绝缘材料，如选用轻微导电的地板；保持工作环境中有一定的空气湿度。为阻止放电，应尽量消除存储电荷和快速传递电荷的导体。

静电放电的能量耦合到电子设备，主要有传导耦合、电场耦合和磁场耦合 3 种方式，如图 6-11 所示。当放电电流直接流过敏感电路时，便产生传导耦合，它可能导致元器件、电路的损坏；机壳或电缆中的静电放电电流产生的电磁场通过耦合电容或互感传入附近的敏感电路，则是电场耦合或磁场耦合，而屏蔽机壳上的孔缝经常是骚扰电磁场的窜入通道。

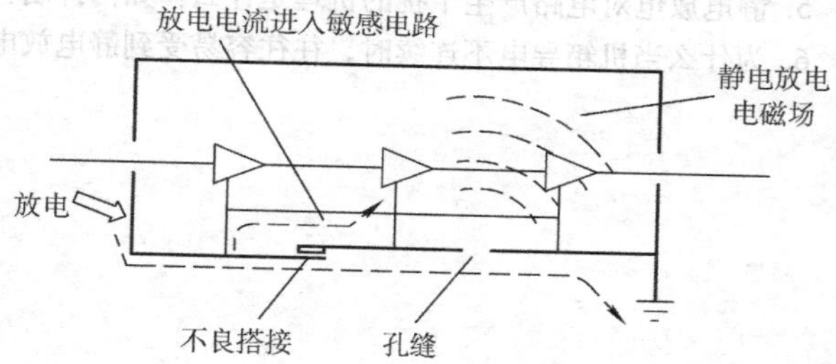

图 6-11　静电放电对电路产生的骚扰

为抑制静电放电的骚扰，可从骚扰源及耦合通道入手采取措施：改善工作环境，消除静电放电的源；隔离导体，避免产生直接放电；屏蔽机壳连成一个整体，并可靠接地，为放电电流提供分流通路；减少孔缝，避免放电电磁场窜入；对出入线缆滤波，防止经线缆进入。对特别敏感的电路采取额外的保护。

对于电气、电子设备，最容易产生静电放电的部位就是曝露在外面的金属框架及各种线缆。因此，对金属外壳，应可靠接地，以提供放电通路，并且金属部件间要求低阻抗连接；对于传输线缆，可采用屏蔽电缆，在端口设置滤波器、共模扼流圈，使用硅瞬变吸收二极管对共模电压的幅度进行限制。

6.6　小结

本章专门讨论在电气、电子设备中经常出现的瞬态骚扰问题，首先，介绍了电网中常见的传导骚扰，然后，分别讲述了开关操作骚扰、浪涌、机电装置骚扰产生的机理及抑制方法，最后介绍了静电放电骚扰及防护。这里，一些要点需要牢牢掌握：

- 瞬变电压是电网中最常见的骚扰；
- 抑制开关操作骚扰的关键是避免形成电弧，可为负载提供续流通路，为触点提供分流通路；
- 有刷电动机产生骚扰主要是源于换向电弧；
- 机电装置的骚扰一般是共模骚扰；
- 浪涌抑制是通过抑制器件提供一个能量泄放通路；
- 静电放电防护需要做好接地和隔离。

思考题

1. 电网中有哪些电磁骚扰?

2. 电感性负载由机械开关控制通断时，会在开关触点上产生电弧及电磁骚扰，这种骚扰在开关闭合时还是断开时严重?为抑制骚扰，应采取何种措施?

3. 有刷电动机产生电磁骚扰的原因是什么?如何抑制?

4. 常用的浪涌抑制器件有哪些?各有何特点?用于什么场合?

5. 静电放电对电路产生干扰的机理是什么?如何抑制?

6. 为什么当机箱导电不连续时，往往容易受到静电放电的干扰?

第 7 章　电磁兼容标准与测量

内容提要

本章主要介绍电磁兼容的标准和基本的试验测量方法。

前面几章介绍了电磁兼容原理和基本技术，可用于指导产品的电磁兼容设计，但实际的电气、电子设备及其电磁环境往往非常复杂，最终结果要通过试验测试来考核。下面介绍电磁兼容标准与测量。

1934 年，国际电工委员会（IEC）成立了国际无线电干扰特别委员会（CISPR），专门研究无线电干扰问题，制定有关标准，旨在保护广播接收效果。最初，只有少数国家，如英国、法国、德国、比利时、荷兰等国参加该委员会，经过 50 多年的发展，人们对电磁兼容有了深刻认识，1989 年，欧共体（现称欧盟）颁发了 39/336/EEC 指令，明确规定，自 1996 年 1 月 1 日起，所有的电气、电子产品须经过电磁兼容性的认证，否则将禁止其在欧盟市场销售，至此，电磁兼容性已成为影响国际贸易的一个重要的产品性能指标，CISPR 工作范围也由当初保护广播接收业务扩展到涉及保护无线电接收的所有业务。

7.1　电磁兼容标准及强制性产品认证

7.1.1　主要的 EMC 国际组织及 EMC 标准

1. IEC

国际电工委员会（IEC）是各国民间制造商（团体）组成的关于电气标准和规范的国际组织。它包括 78 个技术委员会和 4 个特别委员会及咨询委员会，其中有两个委员会专门从事电磁兼容标准化工作，即国际无线电干扰特别委员会（CISPR）和电磁兼容委员会（TC-77），其他各委员会也在各自的领域内涉及电磁兼容问题，如工业过程测量和控制委员会（TC-65）就制定了《工业过程测量和控制的电磁兼容性》国际标准（已被 IEC61000-4 代替）。关于 CISPR 和 TC-77 的分工问题，一般倾向于 9kHz 以上的 EMC 问题由 CISPR 负责，9kHz 以下的由 TC77 负责。

2. CISPR

国际无线电干扰特别委员会（CISPR）成立于 1934 年，最初主要是研究广播接收、通信等受电气设备的干扰问题，之后不断推进 EMC 标准化方面的工作，提出了各种电气设备电磁骚扰的限制。CISPR 有 7 个分技术委员会，它们分别是：

A 分会——涉及无线电骚扰和抗扰度测量设备及测量方法；

B 分会——涉及工业、科学、医疗射频设备的 EMC；

C 分会——涉及架空电力线路和高压设备的 EMC；

D分会——涉及车辆、机动船和火花点火发动机驱动装置的EMC；

E分会——涉及收音机和电视接收机及有关设备的EMC；

F分会——涉及家用电器、电动工具及荧光灯和照明设备的EMC；

G分会——涉及信息技术设备的EMC。

目前，CISPR已经出版和即将出版的EMC标准已基本上考虑了通常的工业和民用产品的EMC，CISPR还起草了通用射频骚扰限值国际标准草案，可以给暂时还没有现行CISPR产品标准的产品提供射频骚扰限值。CISPR已将其工作频率范围扩展为DC~400GHz，实际开展工作的范围为9kHz~18GHz，最初的CISPR标准主要涉及无线电干扰限值及其测量。近年来，CISPR在抗扰度方面加强了研究，并制定了一些标准。

3. TC-77

电磁兼容委员会（TC-77）成立于1977年，最初主要关心低压电网系统的EMC问题（9kHz以下频段），后来将其工作范围扩展至EMC所涉及的整个频率范围及所有产品。TC-77下设3个分技术委员会，即TC-77/A“连接到低压供电系统的设备”，TC-77/B“工业和其他非公共网络及与其相连的设备”，TC-77/C“关于高海拔核电磁脉冲问题”。

制定IEC61000《电磁兼容性》系列标准是TC-77的主要工作。IEC61000由以下各部分组成：

61000-1综述，包括导论、基本原理、术语、定义；

61000-2环境，包括环境的描述、环境的分类、兼容性电平；

61000-3限值，包括发射限值、抗扰度限值；

61000-4试验和测量技术；

61000-5安装和调试导则，包括安装指南、调试方法和测试设备；

61000-6通用标准，包括工业环境的发射标准和抗扰度标准。

其中，IEC61000-4系列标准是目前国际上比较完整和系统的抗扰度基础标准，它包括：

61000-4-1抗扰度试验总论；

61000-4-2静电放电抗扰度试验；

61000-4-3射频电磁场辐射抗扰度试验；

61000-4-4电快速瞬变脉冲群抗扰度试验；

61000-4-5浪涌（冲击）抗扰度试验；

61000-4-6射频场感应的传导骚扰抗扰度试验；

61000-4-7供电系统及所连设备谐波、谐间波的测量和测量仪器导则；

61000-4-8工频磁场抗扰度试验；

61000-4-9脉冲磁场抗扰度试验；

61000-4-10阻尼振荡磁场抗扰度试验；

61000-4-11电压暂降、短时中断和电压变化抗扰度试验；

61000-4-12振荡波抗扰度试验；

61000-4-14电压波动抗扰度试验；

61000-4-15闪烁测量仪——功能和设计技术要求；

61000-4-16频率范围从0Hz~150kHz的共模传导骚扰抗扰度试验；

61000-4-17直流电源输入端口波动抗扰度试验；

61000-4-23 高空核电磁脉冲（HEMP）和其他辐射骚扰保护装置的试验方法；

61000-4-24 高空核电磁脉冲（HEMP）传导骚扰保护装置的试验方法；

61000-4-27 三相电压不平衡抗扰度试验；

61000-4-28 工频频率变化抗扰度试验；

61000-4-29 直流电源输入端口电压暂降、短时中断和电压变化抗扰度试验。

7.1.2　世界各国的 EMC 标准

除了 IEC 和 CISPR 国际性的 EMC 标准化组织外，世界各国均成立了相应组织，制定和颁布各国的 EMC 标准。起步较早的是欧盟，1973 年建立欧洲电气化标准委员会，负责制定统一的欧洲 EMC 标准。由于在 IEC 组织中欧洲委员占很大比例，故欧洲标准以 IEC 标准为基础，往往直接引用。从 1996 年 1 月起，欧洲 EMC 标准开始强制执行，对于达标的产品统一用 CE 标志确认，而未达到欧洲 EMC 标准的产品，将被排斥在欧洲市场之外。

与欧洲标准（或 IEC、CISPR 标准）相对应的另一个最具影响的 EMC 标准是美国电气电子工程师学会（IEEE）和美国国家标准协会（ANSI）编制的有关标准。另外，美国联邦通信委员会（FCC）也颁布了一些民用产品的 EMC 法规，美国还有一套十分完整的军用标准（MIL-STD）。美国的电磁兼容技术处于世界领先水平，其 EMC 标准在美洲有很大影响。

其他国家也陆续制定标准和法规对 EMC 作出限定，如日本的《电气用品取缔法》就涉及到甲类（强制性的）和乙类（自愿的）两种产品的 EMC。

随着市场的国际化，各国在制定本国标准时越来越注意与 IEC、CISPR 国际标准或欧洲标准、美国标准的协调一致，有些就直接采用或等效引用。

7.1.3　我国的 EMC 标准

我国的 EMC 测试及标准化工作始于 20 世纪 60 年代，当时国内一些研究所筹建了相对简陋的实验室，开展 EMC 研究和测试工作，同时参考前苏联和欧美国家标准制定了我国的 EMC 标准。

1986 年，成立了全国无线电干扰标准化技术委员会，挂靠在上海电器科学研究所，并开始有系统、有组织地对应 IEC、CISPR 开展国内的 EMC 标准化工作。目前全国无线电干扰标准化技术委员会已成立了 8 个技术委员会，它们及其挂靠单位分别是：全国无线电干扰测量方法和统计方法标准化分技术委员会，挂靠在中国电子标准化研究所；全国工业、科学和医疗射频设备的无线电干扰标准化分技术委员会，挂靠在上海电器科学研究所；全国电力线、高压设备和电力牵引系统的无线电干扰标准化分技术委员会，挂靠在武汉高压研究所；全国机动车辆和内燃机的无线电干扰标准化分技术委员会，挂靠在天津汽车中心；全国无线电接收机设备干扰特性标准化分技术委员会，挂靠在中国电声电视研究所；全国家用电器、电动工具、照明设备及类似电器无线电电干扰标准化分技术委员会，挂靠在广州电器科学研究所；全国信息技术设备干扰标准化分技术委员会，挂靠在中国电子标准化研究所；全国无线电干扰系统与非无线电系统电磁兼容标准化分技术委员会，挂靠在信息产业部频谱管理研究所。其中，前 7 个分会分别与 CISPR/A、B、C、D、E、F、G 分会对应，第八个分会（S 分会）则是根据我国国情成立的，主要研究无线电系统与非无线电系统之间的电磁兼容问题。

对于 TC-77，国内归口单位为武汉高压研究所。

为了更好地促进 EMC 标准化整体工作发展，推动国内 EMC 技术进步，切实促进有关产品的技术改造和更新，提高产品质量和企业参与国际市场竞争能力，国家质量监督检验检疫组织国内 CISPR、TC-77 和 TC-65 标准化技术归口单位和有关专家成立了“电磁兼容标准化联合工作组”，旨在统一规划、协调和开展我国 EMC 标准化活动。

目前，我国已制定了对应 CISPR 和 IEC61000-4 等标准的一系列国家标准，以及其他一些结合我国国情的 EMC 国家标准，详见附录 A。

7.1.4　EMC 标准体系

1. EMC 标准分类

电磁兼容标准由基础标准、通用标准和产品类标准 3 个层次构成，如图 7-1 所示，每个层次都包含发射和抗扰度两个方面的标准，通用标准按产品的使用环境又将产品分为 A 类和 B 类。在这 3 个层次中，下一层次的标准通过引用上一层次的标准而构成本层次标准的一部分，层次越低规定越详细、明确，而层次越高，则适用范围越宽。

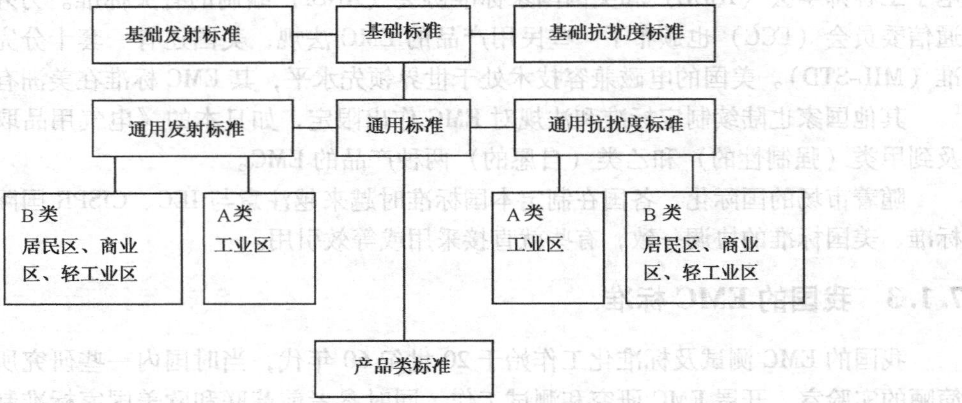

图 7-1　EMC 标准体系

（1）基础标准　基础标准是制定其他 EMC 标准的基础，一般不涉及具体的产品，仅就现象、环境、试验和测量方法、试验仪器和基本试验配置等作出规定，但不给出指令性的限值以及对产品性能的直接判据，例如 GB 4365 电磁兼容术语、GB/T 6113 无线电骚扰和抗扰度测量设备规范、GB/T 17626 有关产品抗扰度测量的系列标准等。

（2）通用标准　通用标准是针对通用环境中所有产品规定的一系列的标准化试验方法与要求（限值）的电磁兼容性最低要求，包括必须进行的测试项目和必须达到的测试要求。通用标准中的测试项目及其试验方法可在相应的基础标准中找到，而无需在通用标准中作出规定。通用标准给出的试验环境、试验要求可以成为产品类标准的编制导则。若某种产品尚无产品类标准，则可以使用通用标准。通用标准将环境分成两类：A 类是住宅、商业和轻工业环境，例如居民住宅区、商店和超市、银行、办公楼、公共娱乐场所、加油站、停车场、公园等；B 类是工业场所，包括工科医射频设备环境、频繁切换大电感和大电容负载的环境、大电流及强电磁场的环境等。通用标准认定凡直接从公共电网以低压供电的场所属于住宅、商业和轻工业环境。考虑到产品的电磁兼容性包含了电磁发射和抗扰度的要求，通用标准实际上有 4 个分标准：GB/T 17799.1—1999《电磁兼容　通用标准　居住、商业和轻工业环境中的抗扰度试验》，GB/T 17799.2—2003《电磁兼容 通用标准 工业环境中的抗扰度试验》，GB/T 17799.3—2012《电磁兼容 通用标准 居住、商业和轻工业环境的发射标准》和 GB/T 17799.4—2012《电磁兼容 通用标准 工业环境中的发射标准》。

（3）产品类标准 产品类标准是针对某类产品而制定的电磁兼容性能的测试标准，包括发射限值、抗扰度限值及详细的测量程序。产品类标准中所规定的试验内容及限值应与通用标准相一致，但与通用标准相比较，产品类标准根据产品的特殊性，在试验内容的选择、限值及性能的判据等方面作出一些特殊规定，如增加试验的项目和提高试验的限值。目前 CISPR 已制定的标准大多为产品类标准，如对应的国标 GB 4343、GB 17743、GB 9254、GB 4824 和 GB 13836 分别是家用电器和电动工具、照明灯具、信息技术设备、工科医射频设备、声音和广播电视接收设备的无线电骚扰特性测量及限值的标准，这些标准分别代表了一个大类产品对电磁骚扰发射限值的要求。

在我国，还有一大类 EMC 标准——系统间的 EMC 标准，主要规定了经协调的不同系统之间的 EMC 要求。

2. EMC 测试内容

对于繁多的电磁兼容标准，测试内容大体包括以下 3 个方面：

（1）高频电磁骚扰发射测量 它包括交流电源线传导骚扰测量，交流电源线断续骚扰测量（仅对家用电器类产品），信号线、控制线、直流电源线传导骚扰测量，辐射骚扰测量等。对于传导骚扰，频率范围为 150kHz ~ 30MHz，对于辐射骚扰，频率范围为 30MHz ~ 1GHz（家用电器和电动工具为 30 ~ 300MHz）。

（2）低频电磁骚扰发射测量 它包括 0 ~ 2kHz 的工频谐波、电压波动和闪烁测量等。

（3）产品的抗扰度测试 它包括静电放电试验、高频辐射电磁场试验、电快速瞬变脉冲群试验、雷击浪涌试验、由射频场感应所引起的高频传导试验、电压跌落试验、工频磁场试验等。抗扰度试验后，对于不同产品，其性能判定可根据该产品的工作条件和功能规范分为 4 类：①试品在试验中和试验后都能正常工作，无性能下降；②试品在试验中出现暂时性的功能降低或丧失，但可自行恢复性能；③出现暂时性的功能降低或丧失，但可通过人工操作或系统复位而恢复；④由于设备损坏或数据丢失，而造成不可恢复的功能降低或丧失。这 4 种情况，第一种为合格，第四种为不合格，第二、三种是否合格应由相应的产品标准或产品制造商给出。

7.1.5 产品的电磁兼容认证

随着电气、电子设备的广泛使用，电磁骚扰对环境的影响日益严重，各种电磁不兼容的现象时有发生，影响设备的正常工作及人们的日常生活甚至人身安全。为此，工业发达国家和地区都把对电磁骚扰的控制纳入了法制管理和环境保护的范畴，颁布相关法令、法规及标准等，对产品的生产、流通以及有电磁辐射活动的企业实行全面管理与监督，并广泛开展了电磁兼容认证制度，以确保公共安全与公众利益。

1. 国外 EMC 认证简介

在 EMC 标准和认证领域，欧盟于 1989 年颁布了 89/336/EMC 指令，使得 EMC 性能成为了有 EMC 要求的产品进入其市场的条件。所有电气产品除获准电气安全认证外，还必须通过 EMC 标准检测，检测合格，获取“CE”标志，才能进入欧盟。该项规定一经出台，立即在世界范围内引起强烈反响，世界各国（特别是发达国家）纷纷强化其EMC认证工作，并促使国际组织和各国开始研究建立国际EMC认证互认制度的可能性。

美国的联邦通信委员会（FCC）成立于1934年，主要对无线电、通信等进行管理与控制，属政府机构，有执法权。它与政府、企业合作制定FCC法规、标准，内容涉及无线电、通信等各方面，特别是无线通信设备和系统的无线电干扰问题，包括无线电干扰限值与测量方法，认证体系与组织管理制度等。FCC通过对产品的随机采样测试，来监控产品达到其规定的电磁兼容标准。

2. 中国EMC认证简介

我国于1999年成立了中国电磁兼容认证委员会，为开展电磁兼容认证工作提供了组织保证，由国家质量监督检验检疫总局先后颁布了《电磁兼容认证管理办法》和“实施电磁兼容认证产品目录（第一批）”（见附录B），为电磁兼容认证工作提供了技术保证。

中国电磁兼容认证委员会是国家质量监督检验检疫总局依法授权的代表国家对产品电磁兼容性进行第三方公正评价的机构，由电磁兼容认证管理委员会和电磁兼容认证中心（CEMC）组成。电磁兼容认证中心是电磁兼容认证管理委员会领导下的负责实施电磁兼容认证的第三方认证机构，经中国产品质量认证机构国家认可委员会（CNACP）认可，具备产品认证机构国家认可资格。

我国电磁兼容认证主要依据强制性电磁兼容国家标准或强制性电磁兼容行业标准，以及ISO19002质量管理体系标准。电磁兼容认证的基本模式为型式试验加工厂质量体系检查及认证后的监督，包括对工厂质量体系的检查和对带有认证标志的产品的抽样检验。

电磁兼容认证简要程序如下：向CEMC提出书面申请（标明认证产品的名称、规格和型号等）；经CEMC审查，并确认材料齐全后受理认证申请；签订认证合同；CEMC确认检测机构并委托其对所述产品抽样检验；检测机构将检验结果上报CEMC审核；CEMC对结果进行评审，并报请中国电磁兼容认证委员会批准；颁发认证证书及认证标志。

对不符合要求的申请企业需进行整改，对其产品进行重新抽查，合格后仍可通过认证。

认证证书有效期为4年。CEMC每年对企业质量体系进行检查，认证后的监督检查频度至少每年一次。对不符合的企业，将撤消其认证证书，并进行公告。

3. 中国强制认证

中国强制认证（China Compulsory Certification），简称3C认证，是合并了原来的进口商品安全质量许可证制度（CCIB认证）、安全认证强制性监督管理制度（CCEE认证）和电磁兼容安全认证制度（CEMC认证），对强制性认证产品实施“四个统一”（即统一目录，统一标准、技术法规和合格评定程序，统一标志，统一收费标准）。3C认证标志，如图7-2所示，是《第一批实施强制性产品认证的产品目录》（以下简称《目录》）中产品准许其出厂销售、进口和使用的证明标记。3C认证自2003年8月1日起正式实施，原有的产品安全认证制度和进口安全质量许可制度同时废止。

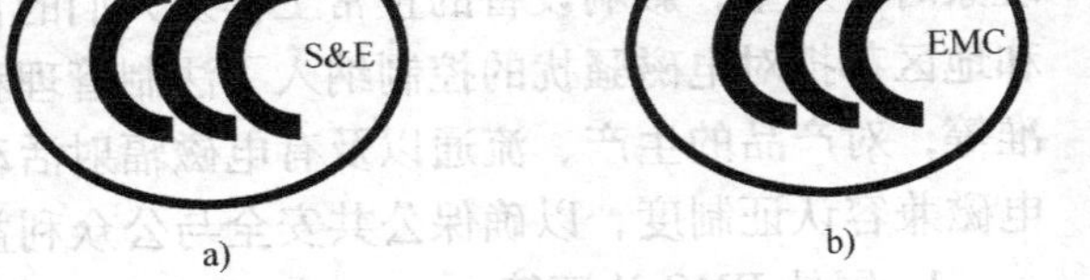

a)　　b)

图7-2　3C认证标志

强制性产品认证制度是为保护广大消费者人身安全、保护动植物生命安全、保护环境、保护国家安全，依照有关法律法规实施的一种对产品是否符合国家强制标准、技术规则的合格评定的制度。通过制定强制性产品认证的产品目录和强制性产品认证程序规定，对列入《目录》中的产品实施强制性的检测和审核，经国家指定的认证机构认证合格，获得指定认证机构颁发的认证证书后，方可使用3C标志；凡列入《目录》但未获得指定机构的认证证书、未按规定加施认证标志的产品，不得出厂、进口、销售和在经营服务场所使用。

《目录》中产品认证的程序包括以下全部或者部分环节：认证申请和受理；型式试验；工厂审查；抽样检测；认证结果评价和批准；获得认证后的监督。

《目录》中产品的生产者、销售者和进口商可以作为申请人，向指定认证机构提出《目录》中产品认证申请。指定认证机构在一般情况下，应当自受理申请人认证申请的90日内，做出认证决定并通知申请人，即认证的时限是90天。

《目录》中共有19类132种产品，其中有10类82种产品涉及电磁兼容性要求。有电磁兼容性要求的产品主要有家用和类似用途设备、电动工具、音视频设备、信息技术设备、照明电器等。具体要求的电磁兼容检测标准及检测项目如下：

（1）家用和类似用途设备　包括家用电冰箱和食品冷冻箱、电风扇、空调器、电动机—压缩机、家用电动洗衣机、电热水器、室内加热器、真空吸尘器、皮肤和毛发护理器具、电熨斗、电磁灶、电烤箱、电动食品加工器具、微波炉等18种。要求的电磁兼容检测标准有：GB 4343.1—2003《家用和类似用途电动、电热器具、电动工具以及类似电器无线电干扰特性测量方法和允许值》；GB 17625.1—2003《电磁兼容　限值　谐波电流发射限值（设备每相输入电流≤16A）》。电磁兼容检测项目有：0.15~30MHz连续骚扰电压；30~300MHz连续骚扰功率；0.15~30MHz断续骚扰电压；谐波电流。

（2）电动工具　包括电钻、电动螺钉旋具和冲击扳手、电动砂轮机、砂光机、圆锯、电锤、不易燃液体电喷枪等16种。要求的电磁兼容检测标准有：GB 4343.1—2003《家用和类似用途电动、电热器具、电动工具以及类似电器无线电干扰特性测量方法和允许值》；GB 17625.1—2003《电磁兼容　谐波电流发射限值（设备每相输入电流≤16A）》。电磁兼容检测项目有：连续骚扰电压；骚扰功率；谐波电流。

（3）音视频设备　包括电视机、录像机、收音机、扬声器、有源音箱、音频功率放大器、调谐器音视频录制、播放及处理设备等18种。要求的电磁兼容检测标准有：GB 13837—2003《声音和电视广播接收机及有关设备无线电骚干扰特性限值和测量方法》；GB 17625.1—2003《限值　谐波电流发射限值（设备每相输入电流≤16A）》；GB 13836—2000《电视和声音信号电缆分配系统　第2部分：设备的电磁兼容》。电磁兼容检测项目按上述标准的全部适用项目。

（4）信息技术设备　包括计算机、显示器、打印机、复印机、扫描仪、计算机内置电源等12种。要求的电磁兼容检测标准有：GB 9254—1998《信息技术设备无线电骚扰限值和测量方法》；GB 17625.1—2003《电磁兼容　限值　谐波电流发射限值（设备每相输入电流≤16A）》。电磁兼容检测项目有：电源端子骚扰电压；辐射骚扰场强；谐波电流。

（5）照明设备　包括灯具、镇流器两种。要求的电磁兼容检测标准有：GB 17743—1999《电气照明和类似设备的无线电骚扰特性的限值和测量方法》；GB 17625.1—2003《电磁兼容　限值　谐波电流发射限值（设备每相输入电流≤16A）》。电磁兼容检测项目有：插入损耗；骚扰电压；辐射电磁骚扰；谐波电流。

（6）机动车辆及安全附件 包括汽车和摩托车两种。要求的电磁兼容检测标准有：GB 14023—2000《车辆、机动船和由火花点火发动机驱动的装置的无线电骚扰特性的限值和测量方法》。电磁兼容检测项目为 GB 14023—2000 标准中规定的全部适用项目。

7.2 电磁兼容测量

7.2.1 电磁兼容测量的主要仪器和设备

EMC 测量包括电磁干扰（EMI）测量和电磁敏感度（EMS）测试。EMI 测量需要的测量及辅助设备主要有 EMI 接收机、线路阻抗稳定网络（LISN，又称人工电源网络）、接收天线、电流探头、电压探头和 10pF 穿心电容等，以及测量场地（如开阔场地、屏蔽电波暗室、TEM 小室、GTEM 传输室和混响室）。EMS 测试除上述设备外，还需要产生电磁场的设备，如各种信号源、功率放大器、发射天线、注入探头、注入变压器等。

1. EMI 接收机

EMI 接收机是进行电磁兼容测量的基本仪器。它与各种传感器、天线及其他测量设备组合，可以测量干扰电压、干扰电流、干扰功率和干扰场强，同时也可以对无线电业务的信号电平和信号场强进行测量。

EMI 接收机实质上是一台具有特殊性能的超外差接收机。因常用于测量脉冲骚扰电平，EMI 接收机的检波方式与普通接收机的检波方式不同，除了通常的平均值检波（主要用于连续波测量）功能外，还增加了峰值检波和准峰值检波（这两种主要用于脉冲干扰测量）功能。峰值检波，其结果只取决于信号的幅度，能测出信号包络的最大值，这种检波器的充电时间很快，而放电时间很慢，即使一个很窄的单脉冲也能很快充电到峰值，由于放电时间很慢，所以峰值可长时间保持不变，因此，脉冲宽度和重复频率的变化对其输出结果影响不大，因而用峰值检波不易判断脉冲数的积累情况；平均值检波，其结果是信号包络在一段时间内的平均值，检波器的充、放电时间常数相同，平均值检波器不能作为脉冲干扰的客观评定手段；准峰值检波，其结果与信号幅度和时间分布都有关，其充放电时间常数介于峰值检波器和平均值检波器之间，充电时间常数比峰值检波器的大、比平均值检波器的小，而放电时间常数比峰值检波器的小、比平均值检波器的大，CISPR 的标准都是采用这种检波方式。

对 EMI 接收机的主要技术性能指标要求有：正弦波电压测量精度范围为 ±2dB；具有峰值、准峰值、平均值和有效值测量方式；6dB 测量带宽为 200Hz（9～150kHz），9kHz（150kHz～30MHz），120kHz（>30MHz）；本机噪声引入误差不大于 1dB；镜频抑制比不小于 40dB；额定输入阻抗为 50Ω。

2. 电磁干扰测量用辅助设备

针对不同的测量目的，电磁干扰测量需要配置不同的辅助设备和传感器，下面作一简单介绍。

（1）天线 天线是测量辐射干扰的最主要的辅助设备。对于 30MHz 以下的电磁干扰，主要使用杆状天线和环形天线，分别测量干扰电磁场的电场分量和磁场分量；而对于 30MHz 以上的电磁干扰，则主要使用电场测量天线，常见的有双锥天线、对数周期天线和扬声器（喇叭）天线等宽带天线等。常用天线的覆盖频率范围大致如下：环形天线10kHz～30MHz，1m无源杆状天线10kHz～30MHz，1m有源杆状天线10kHz～30MHz，双锥天线20～300MHz，对数周期天线200～1000MHz或1～18GHz，对数螺旋天线200～1000MHz或1～10GHz，双脊扬声器天线200～1000MHz或1～18GHz，扬声器天线18～40GHz。

（2）线路阻抗稳定网络　线路阻抗稳定网络是测量被测设备对电源线路产生的传导干扰电压的辅助设备，一般用于30MHz以下。其主要作用有：向被测设备的电源端子提供近似恒定的高频阻抗，以保证不同测量结果的可比性；将电网上的其他干扰信号和由被测设备产生的干扰电压隔离开来，以保证测量结果的准确性；为测量端和被测电源回路提供安全隔离，以避免电源电路的交流电压损坏电磁干扰测量接收机的输入电路。

（3）电流探头　电流探头是一种卡钳式电流传感器。使用它可以在不直接接触干扰源导线、不改变线路或系统正常布置及工作状态的情况下测量出传导干扰电流。

（4）电压探头　电压探头是一种高阻抗的高频电压探头。有时几根导线靠得很近，无法用电流探头来测量单根导线上的电流，此时可用电压探头测量其电压。为了减小探头对测试点的加载影响，要求电压探头阻抗越高越好。

（5）功率吸收钳　当干扰电流频率高于30MHz时，干扰信号将通过电源线和其他连接导线向外界辐射，此时，使用功率吸收钳可测量其辐射干扰能力。使用它既可避免辐射干扰测量受场地限制的不足，又解决了电流探头测量误差随频率上升而增大的矛盾。

3．测量场地

在电磁兼容测量中，场地的电磁环境对测量结果有重要影响，要保证没有外部干扰，就需要对电磁兼容测量的场地作统一的要求。

（1）开阔场地　开阔场地是一个平坦的、空旷的、电导率均匀良好的、无任何反射物的椭圆形试验场地，其长轴是两焦点距离的两倍，短轴是焦距的$\sqrt{3}$倍，如图7-3所示。测量时，被测设备（EUT）与接收天线分别置于椭圆的两个焦点上。为得到有效的测量结果，一般环境电平应低于测量的发射电平20dB。随着电气、电子设备的广泛使用，在城市环境中要找到一个既无污染又符合测量条件的开阔场地已经很困难，为此，需要采用替代场地（如屏蔽暗室）来代替开阔场地。

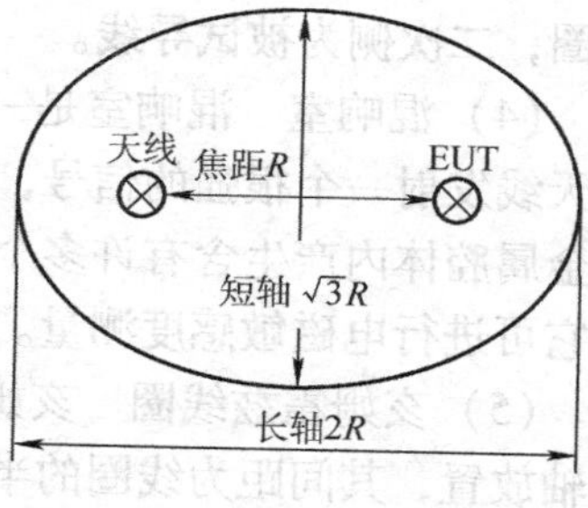

图7-3　开阔测量场地

（2）屏蔽室　屏蔽室是一个用金属材料制成的六面体房间。由于四壁、天花板和地面均采用金属材料，可以有效地屏蔽电磁场。按其功能可分为防止电磁波泄漏出去的屏蔽室和防止外界电磁干扰进入的屏蔽室。对于电磁兼容试验的许多项目，要求在具有一定屏蔽效能的屏蔽室内进行。从安装型式上可分为固定式和可拆装式，前者在金属板的连接上采取焊接方式，后者在拼装时用电磁衬垫处理接缝处。屏蔽室的电磁泄漏主要是在门、通风窗及电源线引入处。

（3）屏蔽电波暗室　屏蔽电波暗室是在屏蔽室内部贴吸波材料，以消除内壁对电磁波的反射。它有半电波暗室和全电波暗室两种形式，前者是在四壁及天花板五面贴吸波材料，用来模拟开阔测量场地，后者则在六面都贴吸波材料。半电波暗室的尺寸应以开阔测量场地的要求为依据，一般测量距离R为3m、10m等。电波暗室测量重复性好，不受外界干扰的影响，可全天候测量，但由于存在不同程度的反射和谐振，给测量结果带来较大的误差。为此，如果电波暗室和开阔场地的测量结果有分歧，以开阔场地为准。

（4）横电磁波传输室　横电磁波传输室（TEM Transmission Cell）又称TEM小室，是一个变形的同轴线，外导体的横截面可以是矩形或正方形，内导体是一块金属平板，TEM小室两端成锥形并逐渐过渡到50Ω的N形接头。当信号通过传输室时，在其内外导体之间激励起横电磁波，在TEM传输室中心部分形成一个比较均匀的场区，在大约半个腔体的1/3空间内场均匀性为±3dB，空间越小场的均匀性越高。TEM小室具有频带宽、激励效率高、场分布均匀、无电磁泄漏、测量简便、体积小、结构简单等一系列优点，不足之处是由于最高使用频率受到多模波形制约，从而限制了它的工作空间及受试对象的尺寸。

（5）吉赫横电磁波传输室　吉赫横电磁波传输室（GTEM传输室）形状与TEM传输室的锥形部分相似，终端用了50Ω匹配负载和吸波材料，它克服了TEM传输室上限频率不高和被测件太小的缺点，具有很宽的工作频率范围和较大的工作空间，但室内场强的均匀性和测量精度不如TEM传输室高。

4．电磁敏感度测试用设备

（1）信号源　信号源是场强测试系统校准和电磁敏感度测试时需要的仪器，有连续波（正弦波、调制波）、脉冲波、尖峰信号等的发生器，以及模拟静电放电、电快速瞬变脉冲群、浪涌、阻尼振荡波等的信号发生器。

（2）功率放大器　电磁敏感度测试一般需要很强的信号，从1V/m至几百伏/米，因此，需要用功率放大器把信号放大，且放大器一般都是宽带大功率放大器。

（3）注入探头（注入卡钳）　注入探头是一种套在导线上将大功率信号耦合到电源线或信号线上的装置，用于传导敏感度测试，其结构与电流探头大体相同，只是一次侧为多匝线圈，二次侧为被试导线。

（4）混响室　混响室是一个用金属板制成的屏蔽室，其内部发射天线和有搅拌器，发射天线发射一个很强的信号，由于屏蔽室各个面对电磁波的反射，再加上模搅拌器的搅拌，使金属腔体内产生含有许多个谐振模的场强，其极化方向和相位都是随机的、比较均匀，利用它可进行电磁敏感度测量。

（5）亥姆霍兹线圈　亥姆霍兹线圈一般是由两个线圈组成（也有用4个线圈的），它们同轴放置，其间距为线圈的半径。用亥姆霍兹线圈能产生一个比较均匀的磁场，利用这个磁场可进行磁场敏感度测量。

7.2.2　电磁兼容测量的基本方法

1．电磁辐射发射测量系统

电磁场辐射测量是测量电气、电子设备的电磁辐射强度，其测量系统如图7-4所示，为消除环境电磁干扰的影响，测量是在开阔测量场地或屏蔽半电波暗室内进行，被测设备（EUT）与接收天线之间的距离R对于不同的标准有不同的要求，如国标GB 9254—1998中R可以是3m、10m、30m等不同距离，军标GJB152A中R为1m。

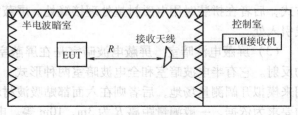

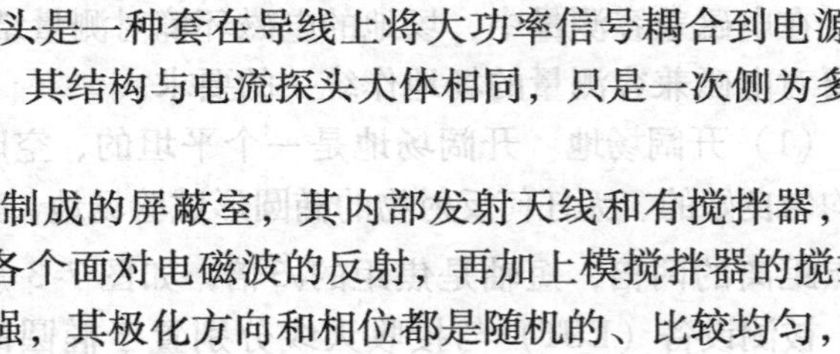

图7-4　辐射发射测量系统

2. 电磁辐射敏感度测试系统

电磁辐射敏感度测试是把被测设备置于某一电磁环境中，考核设备抵抗其环境电磁场的能力，由于产生电磁场的方法不同，所以测试方法也不同，其测试方法主要有以下几种：

（1）用发射天线产生骚扰电磁场　在开阔场地或电波暗室内，用发射天线在规定的距离上产生试验标准要求的骚扰电磁场，作用于被测设备，考核其承受骚扰电磁场的能力，如图7-5所示。

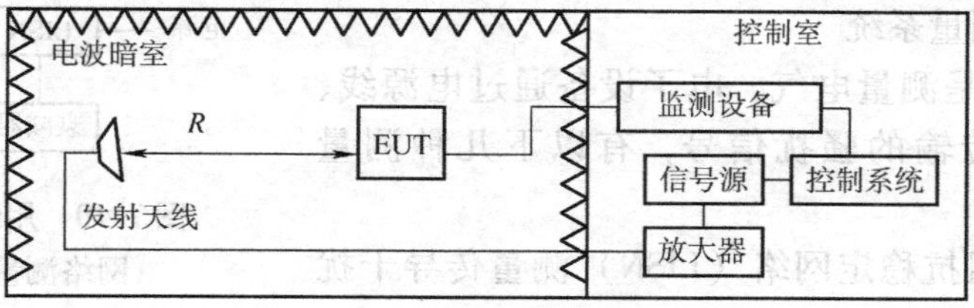

图7-5　用发射天线产生场强

（2）用TEM小室或GTEM小室产生骚扰电磁场　用TEM小室或GTEM小室产生骚扰电磁场，将被测设备置于其中，如图7-6和图7-7所示，考核其承受骚扰电磁场的能力。

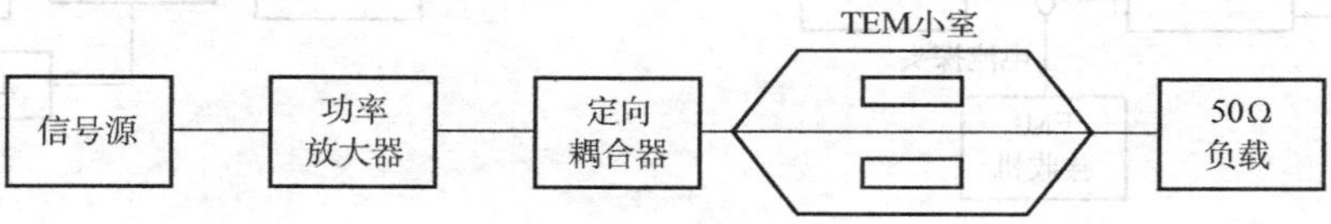

图7-6　TEM小室的测试系统

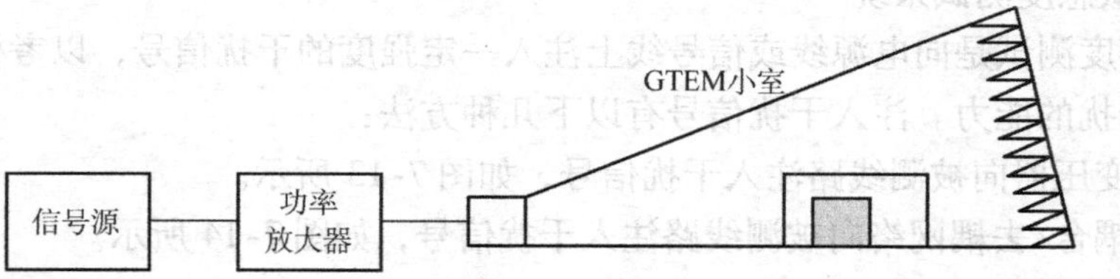

图7-7　GTEM小室的测试系统

（3）用混响室产生骚扰电磁场　用混响室产生骚扰电磁场的测试系统如图7-8所示。

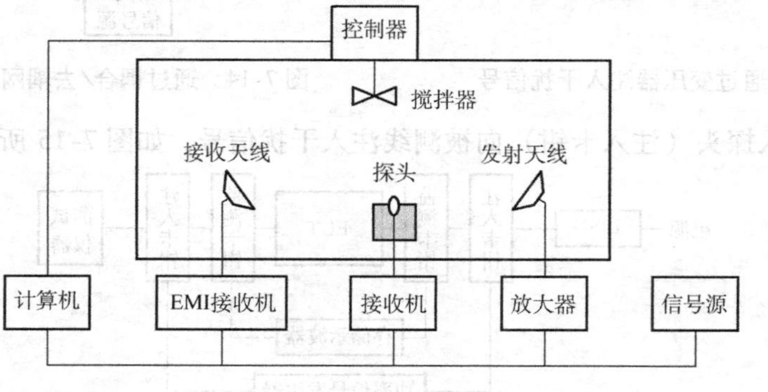

图7-8　混响室的测试系统

（4）用亥姆霍兹线圈产生磁场　用亥姆霍兹线圈产生骚扰磁场的测试系统如图7-9所示。

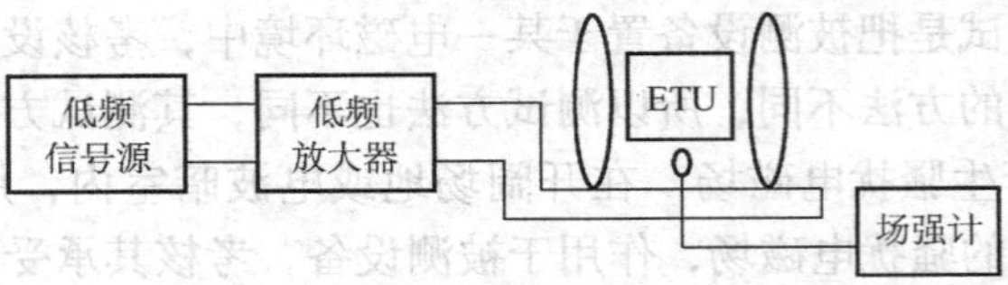

图7-9　由亥姆霍兹线圈构成的测试系统

3. 传导发射测量系统

传导发射测量是测量电气、电子设备通过电源线、信号线和互连线传输的骚扰信号，有以下几种测量方法：

1）通过线路阻抗稳定网络（LISN）测量传导干扰电压，如图7-10所示。

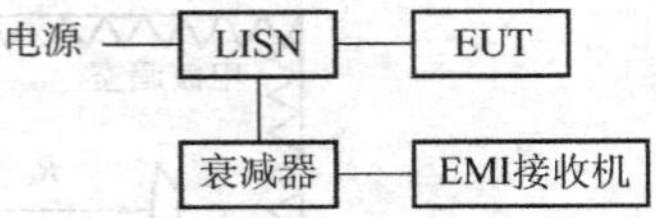

图7-10　用线路阻抗稳定网络测量传导发射

2）用电流探头（电流卡钳）测量电源线上的干扰电流，如图7-11所示。

3）通过功率吸收钳测量电源线上的干扰功率，如图7-12所示。

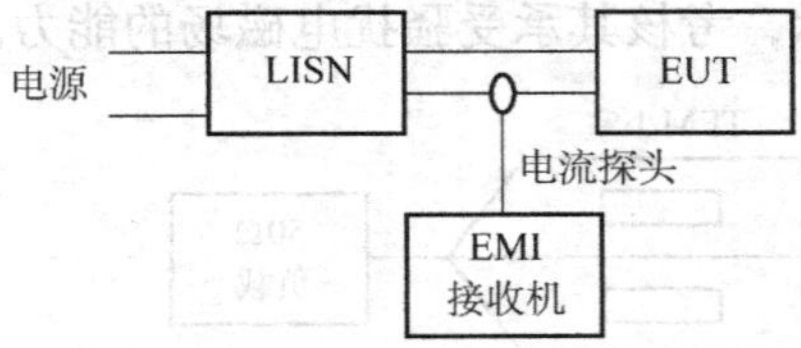

图7-11　用电流探头测量传导发射

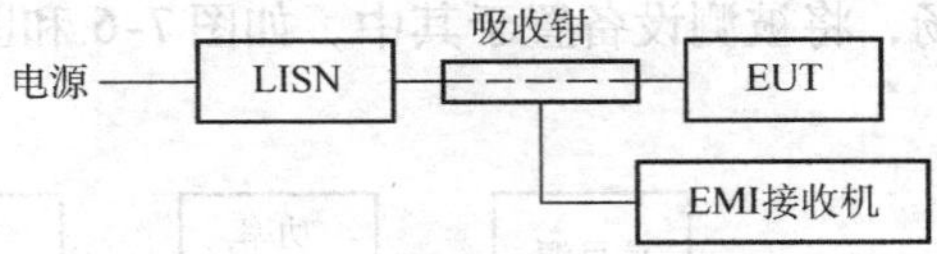

图7-12　用功率吸收钳测量

4. 传导敏感度测试系统

传导敏感度测试是向电源线或信号线上注入一定强度的干扰信号，以考核电气、电子设备抵抗传导干扰的能力。注入干扰信号有以下几种方法：

1）通过变压器向被测线路注入干扰信号，如图7-13所示。

2）通过耦合/去耦网络向被测线路注入干扰信号，如图7-14所示。

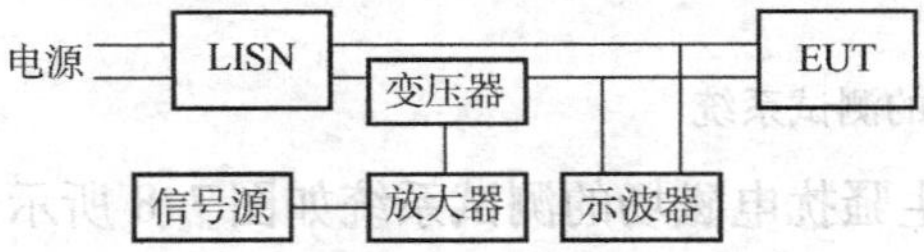

图7-13　通过变压器注入干扰信号

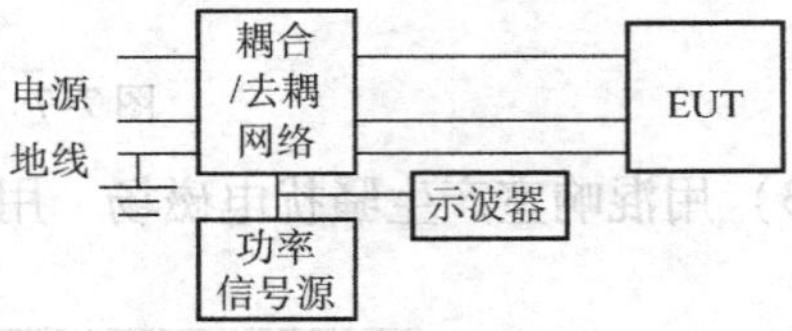

图7-14　通过耦合/去耦网络注入干扰信号

3）通过注入探头（注入卡钳）向被测线注入干扰信号，如图7-15所示。

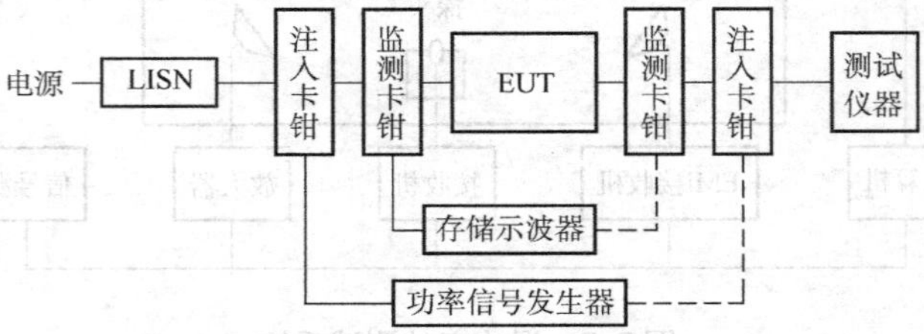

图7-15　用注入探头注入干扰信号

7.2.3　常用的产品抗扰度试验

下面简单介绍一下经常用到的静电放电、电快速瞬变脉冲群、雷击浪涌和衰减振荡波抗扰度试验。

1. 静电放电抗扰度试验

静电放电抗扰度试验，国家标准为 GB/T 17626.2—2006，等同于国际标准 IEC61000-4-2。

产生静电放电有多种起因，GB/T 17626.2—2006 描述的是在低湿度环境下，人体通过摩擦带电，并在与设备的接触过程中对设备产生放电。静电放电通过直接放电，可能引起设备中电子器件的损坏，从而造成设备的永久性损坏；也可能由于放电引起的附近电磁场的变化，造成设备的误动作。静电放电抗扰度试验模拟两种情况，如图 7-16 所示，一是直接放电，即设备操作人员直接触摸设备时对设备放电及放电对设备工作的影响，二是间接放电（或空气放电），即设备操作人员触摸邻近设备放电对本设备的影响。

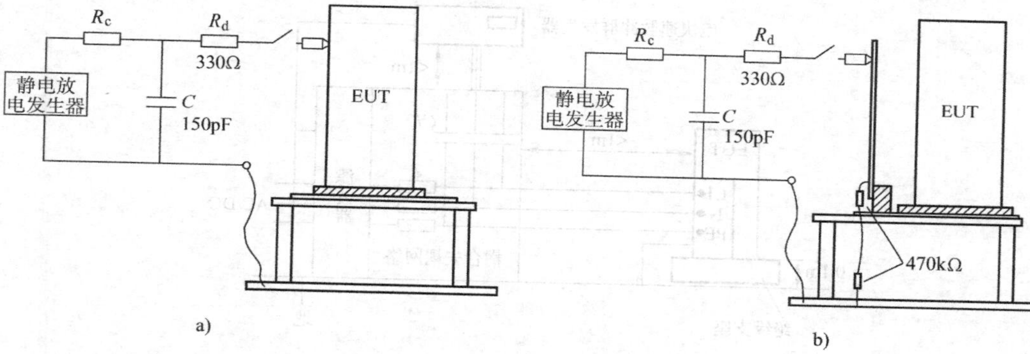

图 7-16　静电放电试验
a）直接放电　b）间接放电

静电放电的模拟是通过静电放电发生器产生放电电流波形，如图 7-17 所示，施加到被测设备上。从放电电流波形可以看出它包含丰富的频谱分量。

试验严酷度等级有 4 级，对直接放电分别为 2kV、4kV、6kV、8kV，对间接放电分别为 2kV、4kV、8kV、15kV。

2. 电快速瞬变脉冲群抗扰度试验

电快速瞬变脉冲群抗扰度试验，国家标准为 GB/T 17626.4—1998，等同于国际标准 IEC61000-4-4。

在电路中，机械开关投切电感性负载时，往往会对同一电路中的其他设备产生干扰，其特点是脉冲成群出现，重复频率较高，波形的上升时间很短。对于单个脉冲，由于能量较小，一般不会造成设备故障，但可能会使设备产生误动作。由于脉冲是成群出现的，如脉冲群对线路中半导体器件的结电容充电，当结电容上的能量积累到一定程度时，会引起线路的误动作。

电快速瞬变脉冲群抗扰度试验利用脉冲群发生器产生如图 7-18 所示的波形，通过耦合/去耦网络耦合到设备的电源线或信号线（见图 7-19）。在电源线上试验时，分别取 0.5kV

(5kHz)、1kV (5kHz)、2kV (5kHz)、4kV (2.5kHz) 及待定值，在信号线、控制线上试验时，分别取0.25kV (5kHz)、0.5kV (5kHz)、1kV (5kHz)、2kV (5kHz) 及待定值。

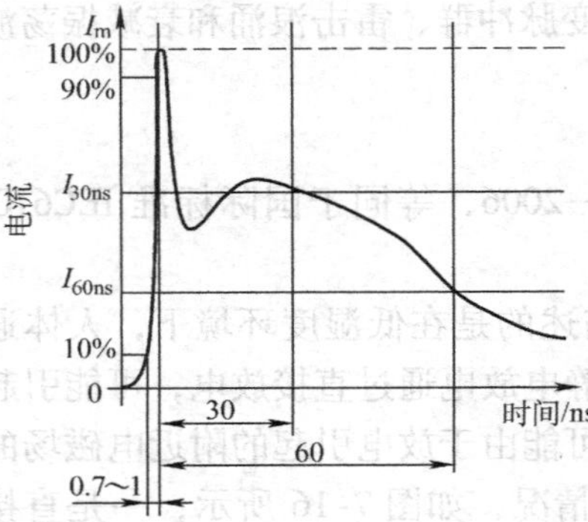

图 7-17　静电放电电流波形

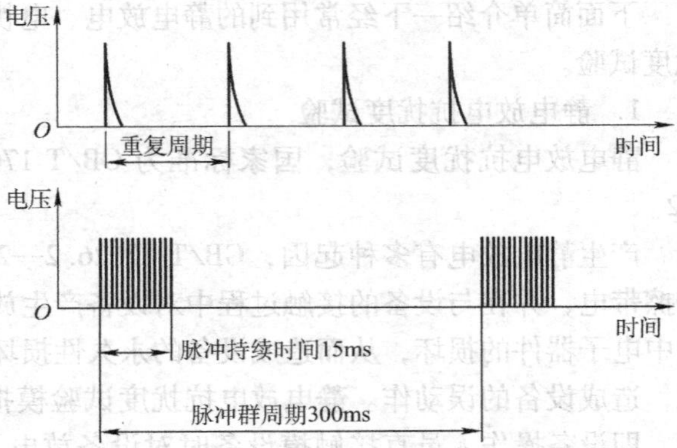

图 7-18　电快速瞬变脉冲群波形

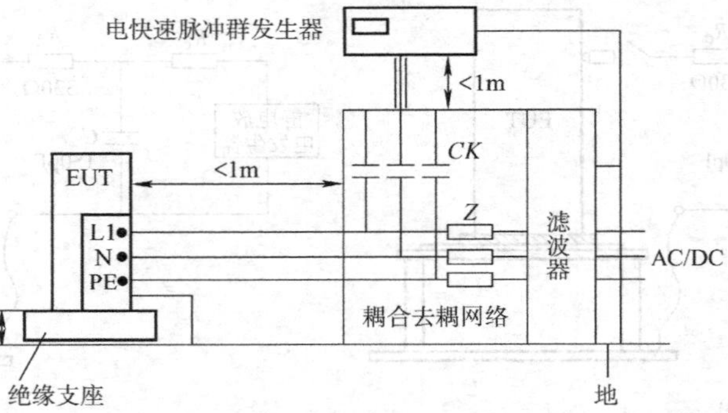

图 7-19　电快速脉冲群试验

3. 雷击浪涌抗扰度试验

雷击浪涌抗扰度试验，国家标准为 GB/T 17626.5—1999，等同于国际标准 IEC61000-4-5。

当雷电直接击中户外线路、击中邻近物体时，会在线路上产生巨大的浪涌电压和电流；变电站中开关投切瞬间，会在线路上感应出很大的浪涌电压和电流。这两种浪涌的共同特点是能量特别大（用能量作比较，静电放电为皮焦耳级，电瞬变脉冲群为毫焦耳级，雷击浪涌则为几百焦耳级，雷击浪涌的干扰能量可达静电放电和电瞬变脉冲群的上百万倍），但波形较缓（微秒级，而静电与脉冲群是纳秒级，甚至是亚纳秒级），重复频率低。

雷击浪涌试验在电源线路试验采用综合波发生器，形成图 7-20 所示的综合波，通过耦合去耦网络施加到被测设备。试验分 4 级，分别为 0.5kV、1kV、2kV 及待定值。

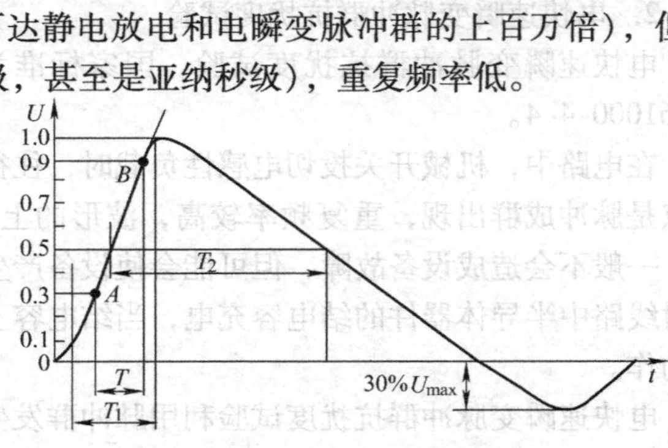

图 7-20　雷击浪涌试验波形

4. 衰减振荡波抗扰度试验

衰减振荡波抗扰度试验，国家标准为 GB 17626.12—1998，等同于国际标准 IEC61000-4-12。

衰减振荡波代表高压和中压变电站中高压母线刀开关操作的情况，通常产生上升时间达到几十纳秒级的瞬变电压波，由于高压电路中特性阻抗失配，电压波会有反射，合成产生衰减振荡波，其振荡频率受母线长度（通常为几十到几百米）影响，约为几百千赫到几兆赫。衰减振荡波抗扰度试验用以模拟工业环境中的衰减振荡瞬变，以检测被测设备在不同的特定运行条件下的抗扰度，目前常用于电力系统中继电保护设备、电站控制设备的抗扰度试验。

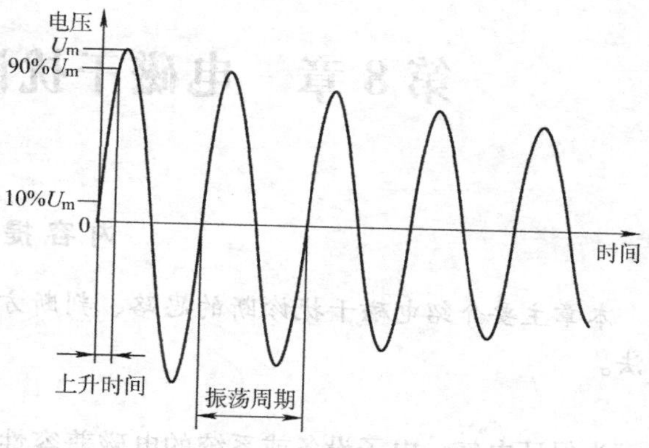

图 7-21　衰减振荡波试验波形

衰减振荡波发生器产生如图 7-21 所示的衰减振荡波，通过耦合/去耦网络施加给被测设备。衰减振荡波试验分 4 级，对共模试验分别取 0. 5kV、1kV、2kV（对继电保护设备取 2. 5kV）及待定值，对差模试验分别取 0. 25kV、0. 5kV、1kV 及待定值。

7.3 小结

本章简单介绍了国内外主要的 EMC 组织和 EMC 标准，并介绍我国的 EMC 认证及中国强制认证中的电磁兼容部分的认证程序和认证项目，然后介绍电磁兼容测量所使用的主要仪器设备和电磁兼容测量的基本方法，最后介绍了常用的电磁抗扰度试验。这里，有两点需要注意：

- 要了解产品应当遵循的电磁兼容标准；
- 熟悉电磁兼容测量用的仪器和基本的测量方法。

思考题

1. 主要的电磁兼容性标准有哪些？
2. 电磁兼容性标准体系包含哪几个层次？大体的内容是什么？
3. 电磁兼容测试主要包括哪些内容？
4. 3C 认证是指什么？其中对电磁兼容的要求有哪些？
5. 电磁兼容测量的主要仪器设备有哪些？
6. EMI 接收机的准峰值检波与峰值检波和平均值检波的主要区别是什么？
7. 常用的天线有哪几种？
8. 线路阻抗稳定网络的作用是什么？
9. 如何运用电磁兼容测量仪器进行测试？
10. 常用的抗扰度试验有哪些？特点怎样？

第 8 章　电磁干扰诊断及电磁兼容

内 容 提 要

本章主要介绍电磁干扰诊断的思路、判断方法和辅助测量，以及电磁兼容问题的解决方法。

为保证电气、电子设备或系统的电磁兼容性，EMC 设计应当在产品设计之初就开始进行，并且贯穿于产品的整个设计过程中。其中，及早发现电磁兼容问题，并采取对应措施非常重要。为此，在产品的研制过程中需要不断地进行电磁兼容性诊断测试，把电磁兼容问题解决在萌芽状态。

8.1　电磁干扰诊断思路

电磁兼容设计是根据电磁兼容原理考虑可能存在的潜在问题进而采取一些不同的技术措施。而电磁干扰诊断则是当发现产品出现电磁不兼容现象后，根据其症状及产品的基本技术数据判断产生不兼容的原因，找出引起问题的环节，进而采取相应的补救措施。为此，电磁兼容诊断要做如下几方面工作：

1. 了解电磁不兼容的症状

产品电磁不兼容可能是其电磁发射超标，这就需要了解是传导发射还是辐射发射超标，超出多少及超标的频率；也可能是抗扰性差，在静电放电、电快速瞬变脉冲群等抗扰度试验时不过关，这就要了解是哪一种抗扰性差，程度怎样；还可能是可靠性差，在工作过程中由于自身内部的干扰或工作现场环境中的干扰而出现性能下降、甚至不能正常工作，这就要确定产品工作时出现了什么问题，并对设备内部干扰及现场工作环境进行分析，找出相关联的现象。

2. 收集产品的基本信息

要对产品进行电磁兼容分析/诊断，首先要了解产品的基本信息，如其功能、工作原理、设计特点、系统/电路结构、PCB 设计、已采取的电磁兼容措施等，然后才能结合其出现的电磁不兼容症状做出合理的分析和判断，确定引起不兼容的电路部位。

3. 排查出现问题的原因及采取补救措施

众所周知，构成电磁干扰有 3 个要素，即电磁骚扰源、骚扰的耦合途径及接收骚扰的敏感单元。电磁兼容性设计就是从电磁干扰三要素入手，削弱骚扰源的能量，阻断或减弱骚扰的耦合途径，提高设备对电磁骚扰的抵抗能力。电磁兼容诊断也是从电磁干扰三要素入手，查找其薄弱环节，然后有针对性地采取 EMC 措施。

对电磁发射超标、抗扰度试验不过关的诊断，由于已经知道了产生的电磁骚扰或外施的电磁骚扰的信息，因此，只需要有针对性地对其他两个要素进行分析，处理起来相对容易一些。对于产品工作时出现的故障，如果是由于自身的骚扰影响其正常工作，其骚扰源可根据产品的基本信息进行分析，因这类故障一般可在实验室中重复，比较容易处理；而如果是由于现场工作环境中出现的骚扰引起电磁不兼容问题，因现场情况往往非常复杂，且有些故障可能很难重复（如偶然事件），处理起来则比较难。

8.2　电磁干扰诊断测量

在诊断过程中除了从机理上进行分析外，还要确认这种分析是否合理，及采取的措施是否有效，这就需要在诊断过程中要配合一定的诊断测量。电磁干扰诊断主要是定性判断，不需要严格遵循特定的标准和规范，只要能找出问题的原因并加以解决即可。

定性的电磁干扰诊断测量，设备比较简单，一般只需要电场探头、磁场探头、电流探头、前置放大器以及电磁干扰接收机、频谱仪或频带较宽的示波器等即可。检测印制电路板、单元、电缆、机箱、系统等的电磁骚扰及泄漏，常用的测量方法有下面几种。

1. 用电流探头检测线缆中的骚扰电流

传导骚扰通过线缆传输。线缆的辐射源于其中的电流，采用卡钳式的电流探头可检测出缆线中流通的骚扰电流，如图 8-1 所示，也进一步区分出差模骚扰电流和共模骚扰电流。

2. 用电场探头、磁场探头查找印制电路板上的电磁骚扰源

印制电路板上印制线可能作为发射天线产生辐射电磁场，电流回路可产生磁场辐射，同时也有电场辐射，电路中的磁性元件会产生较强的磁场。用电场探头、磁场探头可检测产生较强电场、磁场的部位，如图 8-2 所示。

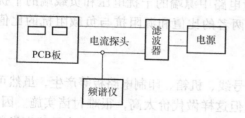

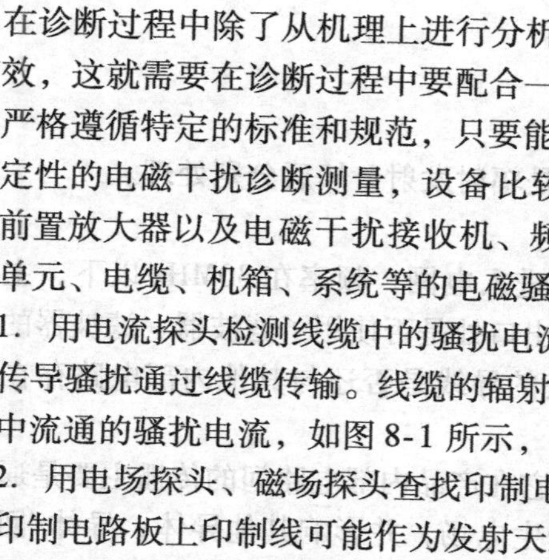

图 8-1　用电流探头检测骚扰电流

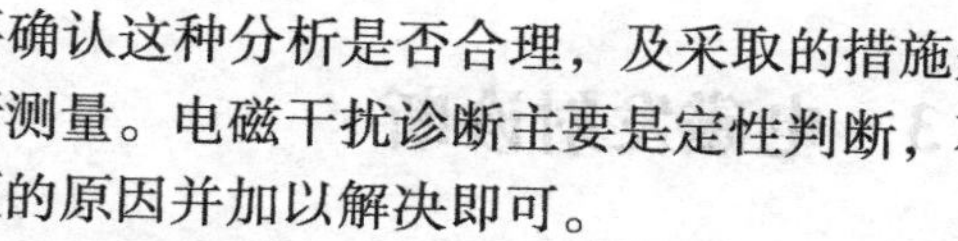

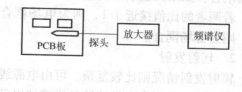

图 8-2　用电场、磁场探头查找印制电路板上的电磁场骚扰源

3. 用电磁探头查找机箱或屏蔽体的电磁泄漏

由于屏蔽体的不完整性，设备内部的骚扰源仍会对外产生电磁辐射。可用电磁探头沿着机箱、屏蔽体的缝隙及开孔部位，查找其最大的电磁泄漏，如图 8-3 所示。

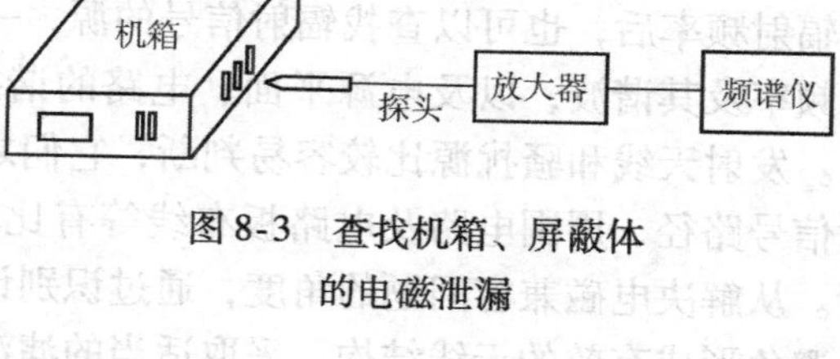

图 8-3　查找机箱、屏蔽体的电磁泄漏

4. 用光纤探头检查机壳对外部辐射的屏蔽作用

为测量机壳对外部辐射的屏蔽作用或设备内的电磁辐射，将电磁探头置于机壳内，此时，应采用光纤传输信号，以避免金属引线对测试结果的影响，如图 8-4 所示。

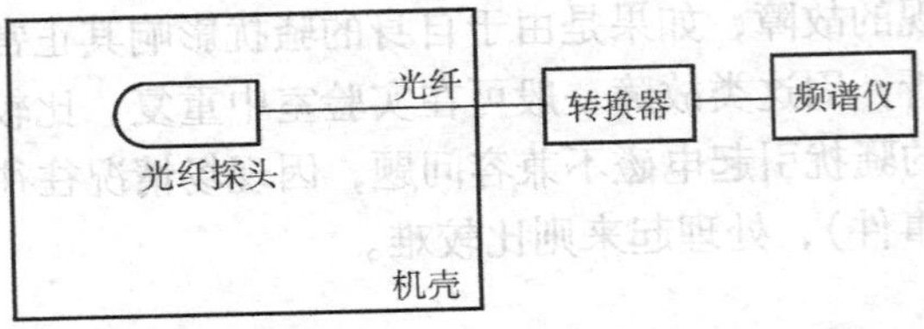

图 8-4 用光纤探头检查
机壳的屏蔽作用

8.3 电磁发射诊断

如果电磁发射超标，首先要区分是传导发射还是辐射发射，然后分别处理。

1. 传导发射

传导发射比较简单，它是电磁骚扰通过电源线进入电网，频率在30MHz以下，主要排查电源及后续电路，一般是检查滤波情况，如电源出口处是否使用了滤波器、滤波器的安装及接地情况、滤波器参数选择是否合理、经过滤波的导线是否还与其他内部电路存在耦合等。在排查时，差模通路和共模通路都要考虑。

由于传导发射的电磁骚扰信号频率较低，所以它在产品内部电路间的传播主要是通过电场耦合或磁场耦合方式。导体间的电压会在周围产生电场，并影响其他导体；导体/回路中的电流会在周围产生磁场，并影响其他回路。要判断耦合类型是电场耦合还是磁场耦合为主，可将电缆负载断开，如果干扰电压消失，则是磁场耦合；如果干扰电压继续存在，则是电场耦合。如果无法断开负载，也可以分别测量电路中源端的干扰电压和负载端的干扰电压，若两者的比值接近于1，则为电场耦合；若两者的比值和源阻抗与负载阻抗的比值接近，则为磁场耦合。

2. 辐射发射

辐射发射情况则比较复杂，可由电源线、信号线、机箱、印制电路板等产生，虽然可以通过整机屏蔽及所有电缆滤波的措施加以解决，但这样做代价太高，很难付诸实施。因此，必须找到主要的骚扰源。对于辐射发射，我们可以首先根据超标辐射的频率大致确定发射天线，频率在100MHz以下，产生辐射发射的天线主要是设备的电缆（包括信号线、电源线等）及机箱；频率在100MHz以上，产生辐射发射的天线则往往是散热器、电源平面、高大的元器件、屏蔽结构上的缝隙等，而印制电路板上的微带线和带状线一般不易成为天线。知道辐射频率后，也可以查找辐射信号的源，一般是系统的时钟、CPU、RAM、数据线等信号的频率及其谐波，以及电源平面、电路的谐振频率等，可将两者进行对比，大致确定骚扰源。发射天线和骚扰源比较容易判断，它们之间相联系的耦合通路一般比较难确定，这需要对信号路径、周围电路及电路板布线等有比较详细的了解，结合电磁兼容原理进行分析判断。从解决电磁兼容问题的角度，通过识别设计中的无意天线，考虑电磁辐射原理，在结构上避免形成有效的天线结构，采取适当的滤波措施，给骚扰电流提供一个有效的通路，可避免或减少形成对外辐射。

在第2章中我们知道，常见的典型天线结构有双极/单极天线、回路天线、缝隙天线等。对于双极/单极天线，要构成一个有效天线，需要两个电极或一个电极和地平面，如图 8-5

所示是两根电缆连在一块印制电路板上，它们就构成了一个无意天线，印制电路板上的激励电压与印制电路板两侧伸出的电缆构成偶极子天线，可产生有效的辐射，为避免这种情形发生，印制电路板上的连接电缆应当置于板的同一侧，使之不能形成有效的天线。图 8-6 所示为电缆从设备的机箱中引出，这里机箱内电路在机箱上感应的电压作为激励与电缆和机箱也构成了一个无意天线，形成辐射，要避免它，需要在天线的两极之间提供一个高频电流通路，即可在机箱的电缆出口处将电缆、机箱短接起来或用一个高频滤波电容连接。图 8-7 所示为印制电路板上的散热器，它与印制电路板上的地平面也构成一个无意天线，在器件产生的感应电压激励下，对外形成辐射，要避免它需要将散热器接地。上述 3 个例子都是通过将天线的两部分短接起来，以阻止辐射发射。

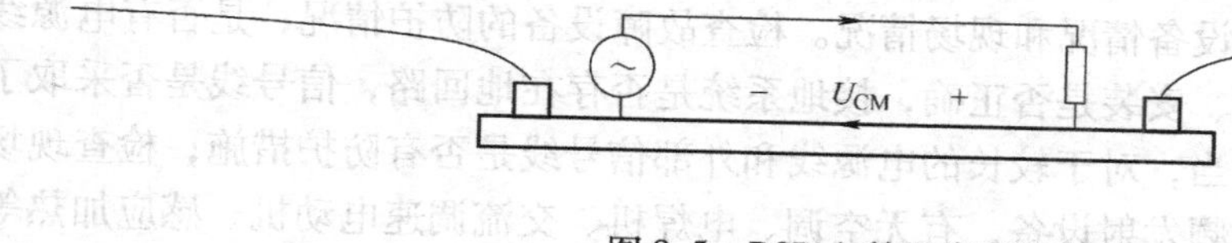

图 8-5　PCB 上的无意天线结构

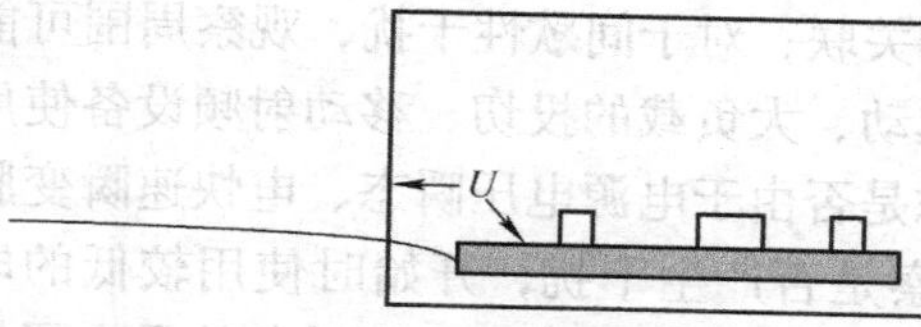

图 8-6　电缆和机箱构成的天线结构

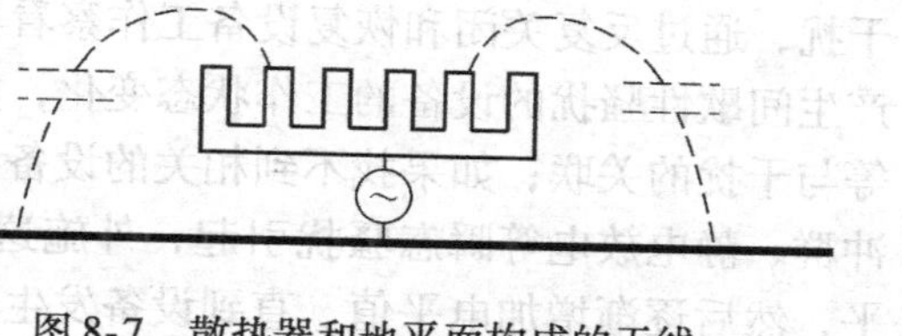

图 8-7　散热器和地平面构成的天线

对于回路天线，减小回路面积，或使部分回路的作用相互抵消，可减少辐射，也可加强机箱屏蔽；对于缝隙天线，减小缝隙的最大尺寸，以及采用波导结构，可减少低于其截止频率的辐射。

如果找到可能产生辐射的天线结构，还需要通过测量确认是它们产生的辐射。对于设备电缆构成的天线（通常是共模电流辐射），可以用电流探头测量电缆（或电缆束）上的共模电流 I，然后跟据电流估算辐射场强，对于自由空间中的半波天线，在距离天线 r 处产生的辐射电场强度最大为 $E=60I/r$，当然这只是一个估算，实际的辐射情况与电缆长度、周围的金属结构及其他因素有关。对于屏蔽机箱上的缝隙，可以用 10 倍电压探头测量缝隙两侧的电压 U，然后用它粗略估算缝隙天线在距其 r 处产生的电场强度 $E=10U/(\pi r)$（假定 $\pi r <<$ 波长）。当然，对于产生的辐射发射，也可以用天线或电场探头、磁场探头直接测量。

8.4　电磁抗扰度诊断

如果电磁抗扰度差，首先，判断电磁骚扰是否是从电源线引入的。在设备的电源入口处设置隔离变压器、滤波器进行隔离，如干扰消除，则说明干扰是由电源线引起的。可检查电源内部结构、变压器、滤波器和元器件安装位置及布线是否合理，检查屏蔽、滤波、接地、扼流圈和去耦等电磁干扰抑制措施是否有效。如果电磁骚扰不是由电源线引入的，则检查是否由于外部电磁辐射产生，检查设备外壳的屏蔽、接地措施是否合理，信号线的屏蔽、滤波措施是否有效等。如果电磁骚扰是内部电路产生的，则检查内部可能的骚扰源及耦合途径。检查元器件选择及布局、导线敷设是否合理，检查内部电路、元器件、信号线有无屏蔽及屏蔽是否起作用等，把注意力集中在可能产生电磁骚扰的元器件或电路上。

8.5 工作现场的电磁兼容问题

电气、电子设备在工作现场出现电磁兼容故障时，一般要先确定故障部位，并分析其产生的原因，然后采取具体措施解决它。为此，可采用分析、试探、故障排除等方法。

在工作现场要着重检查设备情况和现场情况。检查故障设备的防护情况，是否有电源线滤波器、差模还是共模滤波、安装是否正确，接地系统是否存在地回路，信号线是否采取了屏蔽措施、屏蔽接地是否适当，对于较长的电源线和外部信号线是否有防护措施；检查现场的干扰情况，附近是否有射频发射设备，有无空调、电焊机、交流调速电动机、感应加热等设备，在同一电源上是否有大负荷用户等。

要确定骚扰源，需要改变周围可能相关的设备的工作状态，如图8-8所示，对于连续性干扰，通过反复关闭和恢复设备工作察看其与干扰的关联；对于间歇性干扰，观察周围可能产生间歇性骚扰的设备的工作状态变化，如电动机起动、大负载的投切、移动射频设备使用等与干扰的关联；如果找不到相关的设备，可以考虑是否由于电源电压瞬态、电快速瞬变脉冲群、静电放电等瞬态骚扰引起，外施这些骚扰观察是否产生干扰，开始时使用较低的电平，然后逐渐增加电平值，直到设备发生故障、出现性能下降，或达到这类设备的最大骚扰电平为止。如果不能通过这种因果关系确定骚扰源，还可以从骚扰传播的路径考察干扰问题。电磁骚扰信号的传播无非是沿着传导和辐射途径，通过对骚扰信号测试、追踪，结合理论分析，可有效地对电磁兼容问题进行定位。对于辐射问题，常见的有两种可能：一是设备外壳的屏蔽性能不佳，二是射频骚扰经由各种线缆传递。对于传导问题，则主要是线缆问题。用电流探头测量设备电缆（电源线、信号线、接地线等）中的电流（包括差模和共模），查找与可能引起干扰的骚扰电流，以此判断是否是通过电缆线传入干扰，如果能找到，则对相关的电缆采取屏蔽、滤波措施；如果干扰与电缆无关，则可考虑是否由于辐射对设备内部电路产生影响，应改善设备的屏蔽措施。如果在现场一时无法测量电缆中的骚扰电流，可通过尽可能拔掉设备上不必要的电缆，观察干扰情况，如果有改善，可能是拔掉的线缆的问题，尝试将线缆逐个插上，查出有问题的线缆（可能不止一根），如果拔掉线缆后没有改善则可能是设备外壳或余下线缆的问题，尝试改善机壳的屏蔽（处理好缝隙、开孔的影响），对电源线加电源线滤波器、对信号线套铁氧体磁环或加信号线滤波器、用屏蔽线等。有关传导的问题，应处理好电源线、信号线之间的耦合，安装电源线滤波器，改进内部电路减少传导发射。

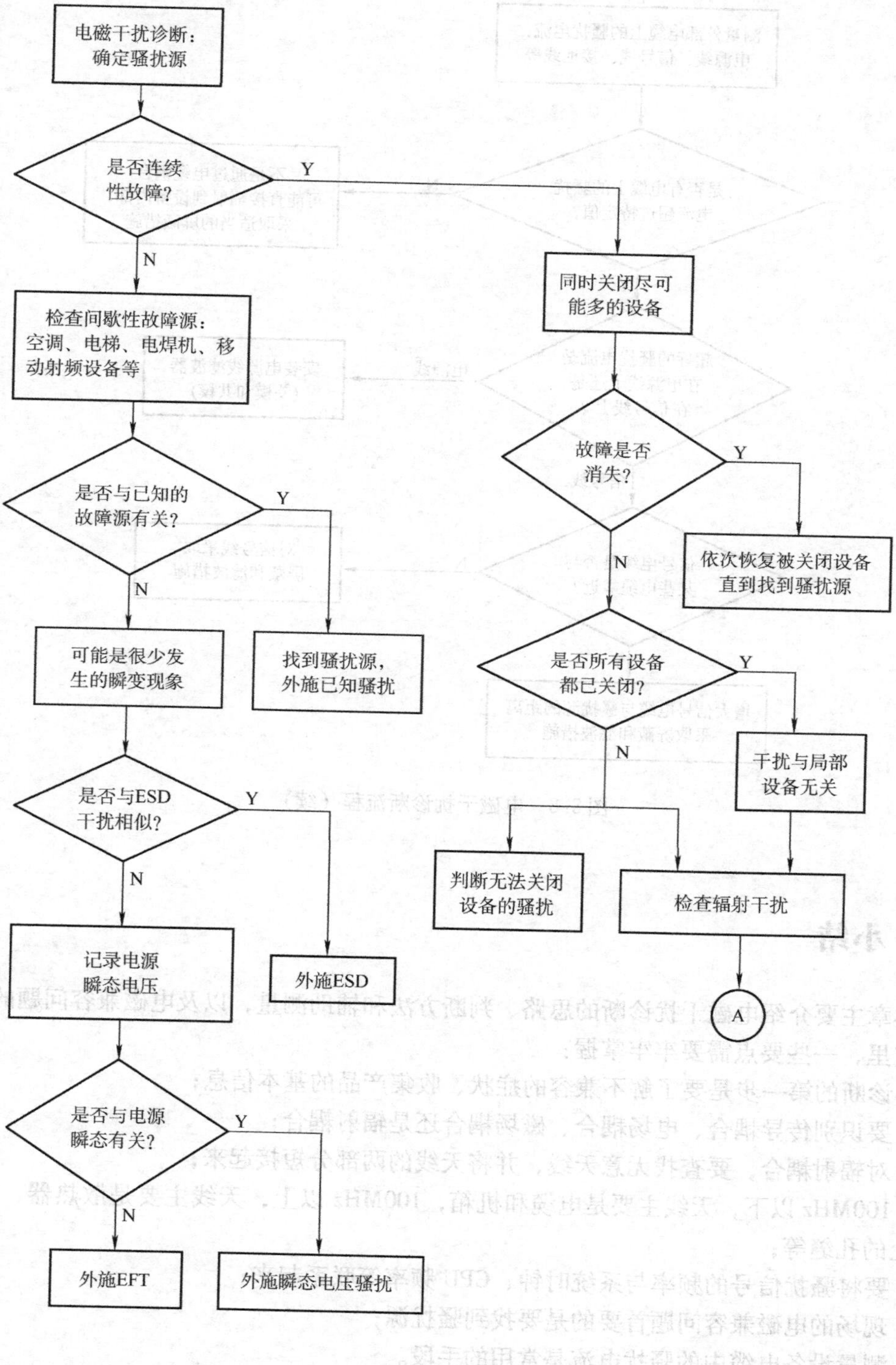

图 8-8　电磁干扰诊断流程

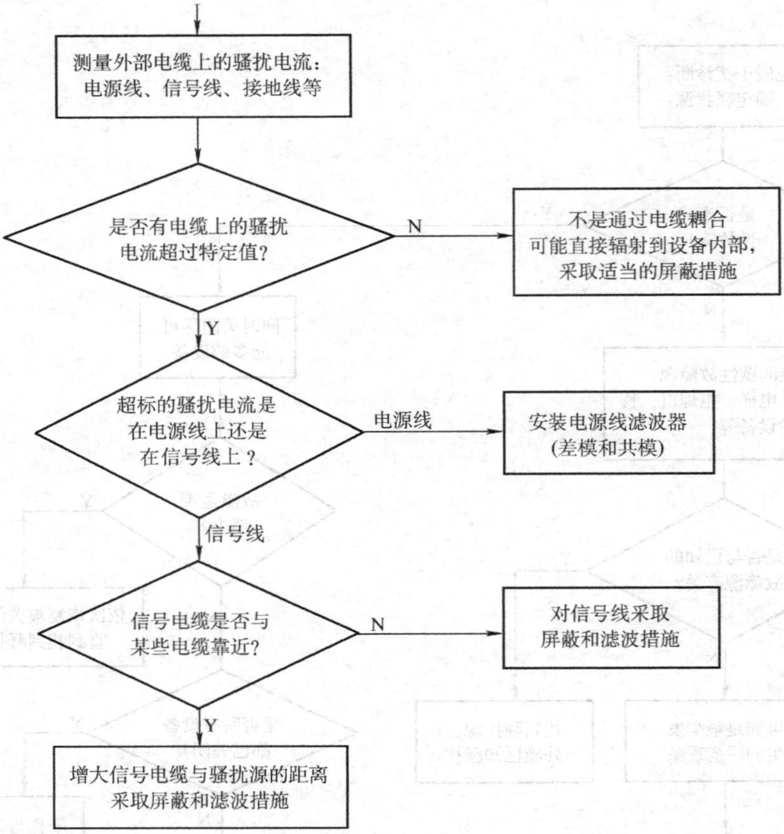

图8-8　电磁干扰诊断流程（续）

8.6　小结

本章主要介绍电磁干扰诊断的思路、判断方法和辅助测量，以及电磁兼容问题的解决方法。这里，一些要点需要牢牢掌握：

- 诊断的第一步是要了解不兼容的症状、收集产品的基本信息；
- 要识别传导耦合、电场耦合、磁场耦合还是辐射耦合；
- 对辐射耦合，要查找无意天线，并将天线的两部分短接起来；
- 100MHz以下，天线主要是电缆和机箱，100MHz以上，天线主要是散热器、电源面、屏蔽上的孔缝等；
- 要将骚扰信号的频率与系统时钟、CPU频率等联系起来；
- 现场的电磁兼容问题首要的是要找到骚扰源；
- 测量设备电缆中的骚扰电流是常用的手段。

思考题

1. EMI 诊断应如何着手？
2. 如何用隔离法找出可疑的 EMI 问题？
3. 如何做好具体的隔离工作？
4. 当设备电缆辐射超标时，往往在电缆上套铁氧体磁环进行抑制，但有时套上一个铁氧体磁环后，发现并没有明显改善，这说明什么问题？应当怎样处理？

第9章　电磁兼容应用

内容提要

本章分别介绍电子设备、电力电子装置和电力系统中的电磁兼容问题。

电气、电子设备种类繁多，功能、机理、结构各有特点，相关的电磁兼容问题也各不相同，需要结合自身特点及应用环境考虑。下面具体讨论几类情况。

9.1　电子设备的电磁兼容

随着电子技术及大规模集成电路的广泛应用，电磁干扰及电磁环境日趋复杂，电子设备的电磁兼容问题越来越突出。因此，电子设备在设计时就应充分考虑其电磁兼容问题，采取具体措施以抑制电磁干扰，保证设备的安全、可靠运行。电子设备的电磁兼容设计应注意以下几个方面的问题。

9.1.1　电子线路的设计

电子设备通过电路实现其功能，要满足电磁兼容性，应当在电路设计中尽量减少电磁骚扰的产生，并且提高抵抗电磁骚扰的能力，为此，应当注意以下几个方面。

1. 元器件的选择

在大多数电路中，元器件的电磁特性将直接影响单元、设备的电磁兼容性。为保证设备的电磁兼容性，在电路设计时就应当合理地选择元器件，要考虑其类型、参数、应用场合及安装等内容。

电路或系统的电磁兼容性往往是由其元器件偏离正常工作频率时的响应特性决定的，电路的装配（如距离远近、引线长度等）则决定着远离工作频率时不同电路元器件之间相互耦合的程度。

集成电路是常见的能够产生辐射骚扰的器件，尤其是目前我们已经进入吉赫兹时代，其影响更为明显。由于频率越高、信号上升/下降沿越陡，其辐射能力越强，因此，在满足产品技术指标的前提下，宜采用时钟频率较低的集成电路，并适当延长信号跃变的时间。

变压器是设备中经常使用的一种部件，根据使用目的可以有不同的选择。例如，为提供电源电压变换，应采用电源变压器；为抑制传导骚扰，应选择能有效屏蔽一、二次绕组的隔离变压器；为防止变压器的磁场干扰，应使其带有屏蔽，并且屏蔽壳体接地。

正如第4章所述，许多元器件的特性并不是理想的，如电容器实际上不是一个纯电容，还包括电阻和电感，因此，在选择电容器时，工作频率是一个重要因素。电容器的最高使用频率受其损耗、电感及引线长度的限制，在低频时可使用铝电解电容，而在高频时则需采用云母电容、陶瓷电容等；在高频时，引线电感是必须考虑的问题，尽量选择引线电感小的穿心电容器，如必须使用引线式电容，则必须记及引线电感对滤波效果的影响。同样，电感器也不是一个纯电感，还包括电阻和寄生电容，寄生电容将影响其高频特性。一般情况下，大电感的寄生电容较大，用电感滤除高频信号时，应选择寄生电容小的电感或采用多个小电感组成多级滤波；由于磁心具有饱和特性，对于带磁心的电感，应考虑其承受大电流负载时电感值的降低。电阻器也存在寄生电感和寄生电容，它们影响其高频特性。为此，在超高频段时，应使用片状电阻器。

2. 电路的设计

设备中的各个单元接收输入信号，进行变换、处理，然后再传送出去。考虑电磁兼容性，应阻断电磁骚扰信号经单元输入、输出端及其他通路的传输。下面看一看常见电路单元中的一些具体问题。

（1）电源　电源通过电源线与电网相连，为各电路单元提供电能，同时也提供了电磁骚扰在电路中的传播通路。外部的电磁骚扰可以通过电源进入到各电路单元中。电路单元中的电磁骚扰也可通过电源进入电网或同一电源中的其他电路单元。因此，设备的电磁兼容问题首先要考虑电源，可在电源线入口处设置电源线滤波器，以防止外部电磁骚扰通过电源进入设备或设备内部产生的电磁骚扰通过电源进入电网，同时，滤波器及电源的输入、输出线应分隔开，以避免输入、输出线间出现耦合；如果可能，尽量为各功能单元单独供电，如使用公共电源，各电路应尽量靠近电源，减小公共阻抗的影响。由于电源（特别是开关电源）本身就是一个较强的辐射和传导骚扰源，应采取有效的电磁屏蔽措施以抑制辐射，使用隔离变压器或共模扼流圈以抑制其共模骚扰。

（2）控制单元　控制单元往往与被控制部件离得较远，为防止外界骚扰，一般需要采取屏蔽及接地措施，并注意避免形成地回路。在控制操作时，开关、继电器、晶闸管等元器件的通断，会使运行的感性负载产生严重的瞬变过程，形成电磁骚扰，对此，可采用瞬态骚扰抑制网络加以抑制。

（3）模拟电路　模拟电路通常产生窄带骚扰，并对连续骚扰敏感。一般，应使用电磁发射小的模拟器件，减小电源电压的波动，使电路的频率响应与有用信号相一致。运算放大器是模拟电路中的常用器件，它对骚扰信号的产生和耦合有很大影响，必须注意其对电磁兼容性的影响，使放大器的带宽和有用信号的带宽相匹配，控制其频带外的响应，避免因频带过宽而将无用信号放大及产生寄生振荡。同时，应避免电源电压瞬态对放大器工作特性的影响，将放大器的电源与大瞬时电流负载的电源分开，或加强电源滤波。放大器的输入端、多级放大器的各级之间应采取去耦措施，使用低串联电感的高频电容器以消除公共阻抗耦合的影响。对于放大器闲置不用的输入端，应正端接地、负端接输出以减小其骚扰的引入。隔离是抑制共模骚扰的非常有效的措施，可通过使用隔离变压器、光耦合器等切断其地回路，当无法用隔离器件时，可采用差分放大器、共模扼流圈等措施，将通过地回路的共模骚扰抑制到最小程度。

（4）数字电路　数字电路与模拟电路不同，它通常产生宽带骚扰，并对尖峰脉冲骚扰敏感。因此，在采取电磁兼容措施时应考虑数字电路的性能、元器件的工作频率。数字电路的误动作大多源于机壳地、信号地的电位波动，因为集成电路的地电位发生变化会使其工作状态不稳定，进而影响到其输出。地电位的变化由地线的电感和电阻引起，因此，数字电路的接地非常重要，其地线应尽量短而粗。为限制高频骚扰，数字电路的工作频率应尽量取其允许的低限值，上升/下降时间应尽量取其允许的最慢值。为减小干扰，数字电路的输入、输出线应避免靠近时钟电路、振荡器电路、电源线等强电磁骚扰源，避免靠近复位线、中断线、控制线等电磁敏感单元，较长的信号线要采取屏蔽措施，带状线可使用铁氧体夹提高抑制骚扰的能力，逻辑电路尽量采用状态触发方式而不是边沿触发，门电路闲置不用的输入端应接电源（+极）或接地（-极）。

如图9-1a所示，是一印制电路板上的电源线与数字电路靠近，存在电场耦合，其耦合的等效电路如图9-1b所示，晶振信号通过晶振电路的印制线与电源线间的耦合电容进入电网。在电磁干扰测量时电网和设备间接线路阻抗稳定网络，相当于等效电路中接入50Ω的电阻，此时可计算出两根电源线上的干扰电压为48mV和45mV，干扰电压以共模为主，若使干扰电压低于48dBμV，并留有6dB的裕量，可在两电源线和地线间加0.16μF的滤波电容。

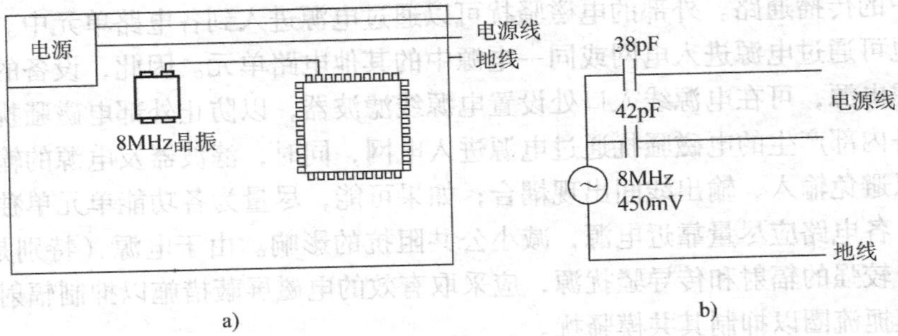

图9-1　传导干扰滤波

9.1.2　印制电路板上的电磁兼容

印制电路板（PCB）为电子设备中的元器件提供电气连接，并起支撑作用，是电子设备中最基本的组成部分，其性能直接影响电子设备的质量。在印制电路板设计中，通常要考虑降低成本、提高电路密度、减小占用空间、保证制作简单等问题，同时，也必须保证电磁兼容性，减小其产生的电磁骚扰，提高其抗扰性。

合理地布置印制电路板上的元器件及其连线，避免形成典型的电磁发射和接收结构，使强骚扰源与敏感电路尽量分开以减小其耦合，采取适当的解耦措施等，是提高印制电路板电磁兼容性的有效方法。一般，在印制电路板设计中通常有许多有关电磁兼容的设计指导规则，由于条目很多，且这些规则需要因时、因地而定，不加分析地一味罗列出来对于设计者来说也很难掌握，因此，下面主要讲述大致的原则及其包含的原理，以期能透过现象了解其本质，而不是完全依赖于规则。

在印制电路板设计中考虑电磁兼容问题，一定要熟悉电流流通路径，了解电磁骚扰源，识别无意天线结构，明白电磁干扰机理。这些内容在第2章和第8章都有所描述，下面分析具体情况。

1. 印制电路板的布局

为减少不同电路的相互干扰及公共阻抗的影响，印制电路板的布局一般遵循如下原则：①将数字电路与模拟电路分开；②将高频、中频和低频电路分开；③有对外信号传输的电路尽量靠近连接器一侧；④连接器置于电路板的一侧。

如图9-2所示，图9-2a中模拟电路和数字电路分开，且信号通过各自的接口电路与连接器相连，数字电路是常见的骚扰源，且频带很宽，这样做可减小数字电路对模拟电路的干扰及它们之间的地阻抗耦合；图9-2b中电路按高频、中频和低频分区，且高频电路靠近连接器，因频率越高越容易产生电磁发射，将不同频率的电路分开，可减小它们之间的干扰。高频电路靠近连接器，缩短了高频信号的走线，因而高频辐射减小；图9-2c中的电路也按高频、中频和低频分区，但与图9-2b不同，这里高频电路是内部电路，没有对外的直接连接，因而置于离连接器最远的位置，印制电路板通过低频接口电路传输信号，这样可以避免印制电路板上的连接电缆和其地平面在高频电路的激励下形成有效的天线发射；图9-2中的连接器置于电路板的一侧，这样可避免形成如图8-5所示的无意天线结构。

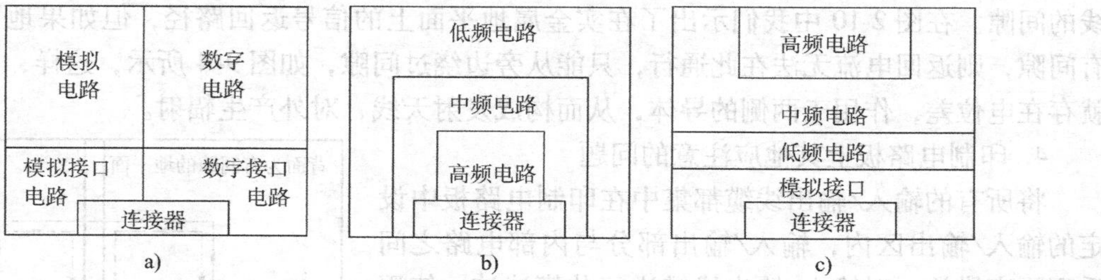

图9-2　印制电路板的布局

2. 印制电路板的布线原则

在印制电路板上，电源线、地线、信号线对高频信号应呈现低阻抗，因此，印制电路板的走线要短而粗，线条要均匀。为保持阻抗连续，应避免线的宽度发生突变，走线也应避免突然拐角。

电源线和地线走线应尽量靠近，以减小电源回路的阻抗。对于双层印制电路板，一种较好的方法是电源线在印制电路板的一面，地线在另一面，且两者重合。在电源线和地线之间应加高频去耦电容，以减小电源阻抗。在印制电路板上的集成电路等功率消耗器件的电源线和地线之间应加去耦电容，且电容应尽量靠近该器件。

对不同分区的电路，应使用不同的电源线和地线，将其分别汇集并最后连接于一点，而不能简单地串起来，以减小公共阻抗耦合。

为了减小串扰，印制电路板上应避免长距离平行走线，且适当增加平行走线的间距，保持线条间的距离不小于两倍的线条宽度（3W准则），必要时可在两条印制线间插入地线进行隔离。

减小信号回路的面积，以减小对外的辐射发射和接收的外界辐射骚扰。

3. 多层印制电路板

对于高速电路，双层印制电路板有时不能很好地满足电磁兼容性要求，而采用多层印制电路板则可以大大减小其电磁辐射和提高其抗扰性。多层印制电路板除遵循一般印制电路板的基本原则外，还有自己的特点，它采用整片铜箔作电源线和地线，使电源阻抗和地阻抗极小，公共阻抗耦合大大减小，并提供了屏蔽，但它结构复杂，成本高。

多层印制电路板的电源层和地线层，作为屏蔽层分隔信号层，它们可以相邻，也可分开，如图9-3所示。模拟电路的低电平信号和高电平信号应分别布在地线层与电源层的两侧，与地线相邻的信号层主要布高速信号层或对干扰敏感的信号层，离地线层较远的布线层上布低速信号层，在布线时应避免随意换层。

地线层外缘要大于信号层20倍层高（20H准则）。当外缘大于10倍层高时，辐射明显减小；当外缘大于20倍层高时，辐射减小70%；外缘达到100倍层高时，辐射减小近98%。

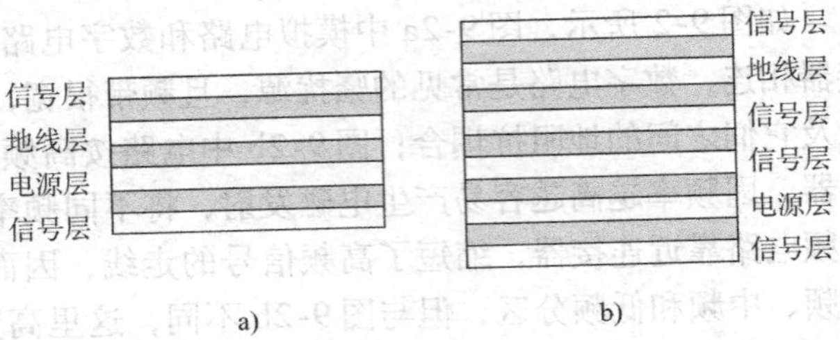

图9-3 多层印制电路板电源层、地线层的布置
a）四层板 b）六层板

在多层印制电路板的地平面上应避免有间隙，尤其是垂直于信号层走线的间隙。在图2-10中我们示出了在实金属地平面上的信号返回路径，但如果地平面上开有间隙，则返回电流无法在此通行，只能从旁边绕过间隙，如图9-4所示，这样，间隙两侧就存在电位差，作用于两侧的导体，从而构成发射天线，对外产生辐射。

4. 印制电路板上其他应注意的问题

将所有的输入/输出线缆都集中在印制电路板中设定的输入/输出区内，输入/输出部分与内部电路之间采用隔离措施，对输入/输出线缆进行共模滤波，使用独立的地线与机壳低阻抗连接。

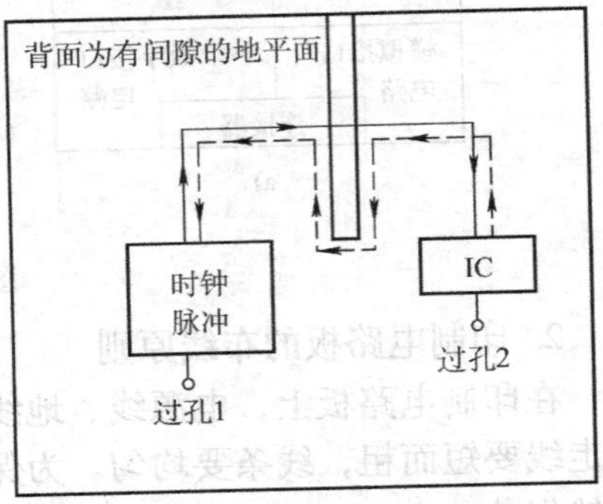

图9-4 印制电路板上的信号返回路径

晶体振荡电路是整个印制电路板上频率最高的部分，应布置在印制电路板的中央，然后以最短的引线连至各需要部位，以减少对外的辐射骚扰，同时，石英晶体的外壳应接地。

散热器应接地，以避免形成图8-7所示的天线结构。

将产生骚扰的电路单元与其他电路分开布置，并采取适当的屏蔽措施。利用RS触发器作为设备控制按钮与内部线路之间的缓冲配合。对于接口和外围设备，应尽可能用牢固的双极电路而少用CMOS电路。

5. EMC设计中应考虑的问题

在PCB的EMC设计中，应当注意以下4个方面：

1）识别潜在的骚扰源和敏感单元。一般应关注数字时钟电路、数字信号、电源开关电路、模拟信号、直流电源线和低速数字信号等。

2）识别关键的电流路径。电流要形成回路；电流要走最小阻抗路径。

3）识别潜在的天线。天线由两部分组成，且天线的两部分之间要有一个激励电压。

4）分析可能的耦合机理。可归纳为传导耦合、电场耦合、磁场耦合和辐射耦合4种。

6. 一些PCB设计原则的理解

了解了PCB的EMC设计中应当注意的问题，可进一步理解PCB设计中的一些原则。

1）使高速数字信号或时钟线最短。高速数字信号或时钟是强骚扰源，线越长，耦合到其他部分的可能性就越大。

2）连接到连接器的线最短。连接到连接器的线往往是耦合进/出电路板的路径。

3）高频信号不应在用于印制电路板输入/输出的元件下走线。在元件下走线会形成与它的容性或感性耦合。

4）所有连接器应置于印制电路板的一侧或一角。连接器往往会成为有效天线部分，将其置于印制电路板的一侧有利于控制连接器间的共模电压。

5）高速电路不能置于连接器之间。否则会在连接器间感应共模电压，产生辐射。

6）关键的信号或时钟线应夹在地/电源平面之间。夹在两个实平面之间的印制线能很好地实现场包容，从而避免不必要的耦合。

7）有源数字元件应选择允许的最大转换时间。数字波形的转换时间越快，其谐波频率越高。

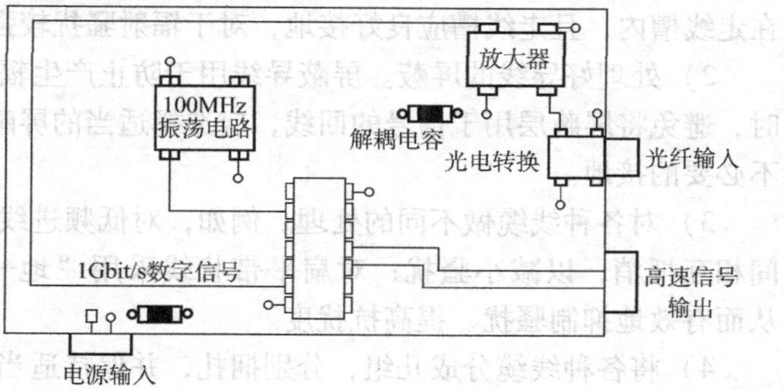

图9-5 信号转换电路PCB

8）地平面上不应有间隙或槽。最好是用实地面或一个平面层作信号返回平面。

9）电路板上与外壳相连的电源或地导体、电缆或其他天线部分应当高频连接，可避免形成天线的两部分。

例如，图9-5所示的印制电路板将光纤输入转换为电差分信号输出，它是一个四层板（信号层、地平面、电源面和信号层），由于辐射干扰严重，需按照PCB的电磁兼容原则进行设计。重新设计的电路板如图9-6所示，它对不符合电磁兼容原则的电路进行了修改，使得：①连接器置于电路板的一侧；②连接器（不计光纤连接器）之间没有高速电路；③每个有源器件都加解耦电容；④数字信号线短；⑤输入/输出线短。

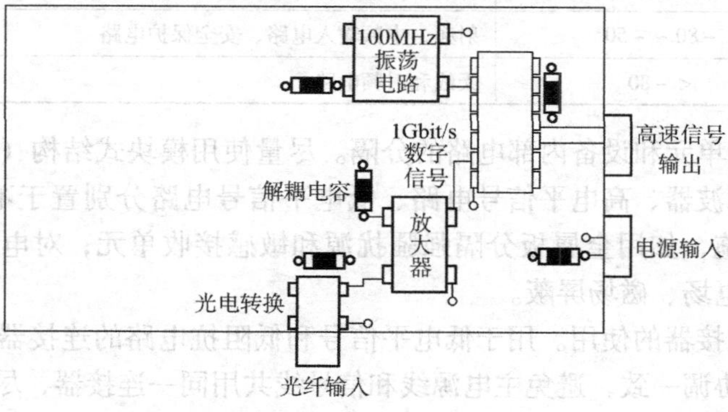

图9-6 改进设计的PCB

9.1.3 设备内部的布线

布线是指各种电缆和导线的布置。设备内部的布线也会影响其电磁兼容性，如果随意走线，各种线缆简单地捆扎在一起，不采取任何屏蔽、滤波、接地措施，则各信号传输导线之间会产生互扰。合理布线也是电磁兼容设计的一种技术措施，可提高设备的电磁兼容性。

1. 布线原则

设备内部的电缆线，有的作为发射天线，有的则是接收天线，它们之间相互干扰情况十分复杂，设备内部的布线要根据实际情况，选择适当的布局位置和走线路径，在布线时应注意导线的分开、隔离、分类捆扎等内容。

1）设备内部的各种裸露走线要尽量短，走线应尽量靠近屏蔽机壳，长距离的走线放置在走线槽内，且走线槽应良好接地，对于辐射骚扰较强的导线要采取屏蔽措施。

2）处理好导线的屏蔽。屏蔽导线用于防止产生辐射或保护导线免受外部骚扰场的影响时，避免将屏蔽层用于信号的回线，应选择适当的屏蔽层接地方式，把屏蔽层隔离开以防止不必要的接地。

3）对各种线缆做不同的处理。例如，对低频进线和回线采用双绞线，使其骚扰场在空间相互抵消，以减小骚扰；对扁平带状线采用“地—信号—地—信号—地”的排列方式，从而有效地抑制骚扰、提高抗扰度。

4）将各种线缆分成几组，分别捆扎，并保持适当间距，以减小导线间的相互影响。例如，可将不同类型的信号线分组捆扎，将数字信号线和模拟信号线分组捆扎等。一般可按30dB 功率电平分组，将大体相差 200dB 的功率电平划分成 6 组（见表 9-1），同一组线缆可捆扎在一起，不同组的线缆必须分开捆扎，相邻组的线缆如果经过屏蔽处理，也可归在一起，分类捆扎的线束的最小间距是 50～75mm。

表 9-1 线缆按功率电平分组

分类	功率范围/dBm	主要导线类别
A	>40	高功率直流、交流和射频线
B	10～40	低功率直流、交流和射频线
C	−20～10	脉冲和数字源、视频输出电路
D	−50～−20	音频和传感器敏感电路、视频输入电路
E	−80～−50	射频、中频输入电路、安全保护电路
F	<−80	天线和射频电路

5）处理好功能单元和设备内部电路的分隔。尽量使用模块式结构（有屏蔽外壳的功能单元）；将电源线滤波器、高电平信号电路、低电平信号电路分别置于不同的屏蔽隔舱内；设备内部也采取措施，如用金属板分隔强骚扰源和敏感接收单元；对电源，特别是开关电源，应提供有效的电场、磁场屏蔽。

6）注意电缆连接器的使用。用于低电平信号和低阻抗电路的连接器、分系统之间的连接电缆和连接器要协调一致，避免主电源线和信号线共用同一连接器，尽量使输入、输出信号线不用同一连接器。

2. 减小线缆的差模辐射和对辐射骚扰的敏感度

差模辐射与回路包围的面积有关，为减小差模辐射，应尽量减小其回路面积，可使线缆的长度尽可能短，且载流导线及其回线尽量靠近。采用屏蔽电缆可很好地抑制对外差模辐射，采用双绞线也是减小差模辐射的有效方法，使用信号线、地线交错排列的扁平电缆也可起到抑制辐射发射的作用。线缆对辐射骚扰的敏感度同辐射发射类似，也与回路面积有关，为减小敏感度，同样可采取减小线缆长度及来回线缆的间距的方法，用屏蔽电缆、双绞线、扁平电缆等加以防护。辐射发射还与回路中电流的频率和幅值有关，为减小差模辐射，应尽可能降低信号电流的频率和幅值，对于数字信号，其上升速度不宜太高。

3. 减小线缆的共模辐射和对辐射骚扰的敏感度

共模辐射与线缆和地面包围的面积有关，为减小共模辐射，应减小线缆的长度和距离地面的高度，以减小其包围的面积。为减小对辐射骚扰的敏感度，同样应当减小线缆的长度和距地面的高度。也可以在线缆上套铁氧体磁环或使用共模扼流圈以抑制共模电流，从而减小共模辐射。为减小共模辐射和对辐射骚扰的敏感度，还可以采取屏蔽措施。

4. 减小线缆间的串扰

减小线缆间的串扰应从减小其磁场耦合和电场耦合着手。对于磁场耦合，应减小骚扰源与敏感电路各自的回路面积，可使用屏蔽线或双绞线且信号线及其回线紧密地扭绞在一起；增大线间的距离，使得骚扰源与敏感电路的线路间的互感尽可能小；减小被干扰电路的负载阻抗。对于电场耦合，增大线路间的距离是减小电容耦合的好办法；采取屏蔽措施，且屏蔽层接地；减小被干扰电路的源阻抗或负载阻抗。

9.1.4 设备机壳的屏蔽处理

对设备的屏蔽，最常见的是以机壳作为屏蔽体。屏蔽机壳的设计包括选择屏蔽材料和采取保证屏蔽完整性的技术措施两方面，这里，屏蔽效果主要是受缝隙、开口、导线穿透的影响。

1. 场源性质及屏蔽材料

根据场源性质的不同、离场源距离的远近，应采取不同的屏蔽方式。根据电磁场的波长 λ 和场点到场源的距离 d，大致可将场域分为近场区（$d<\lambda$）和远场区（$d>\lambda$）两部分。近场是似稳电场或磁场，不对外辐射能量；远场是辐射场，向外辐射能量。

设备内部产生的场主要是近场，对于高电压、小电流的场源，其作用以电场为主，应采取电场屏蔽；对于低电压、大电流的场源，其作用以磁场为主，应采取磁场屏蔽。对于外部的骚扰场，可能是电场、磁场、电磁场，应根据实际应用环境来确定。

用于机壳的大多数材料是良导体，如铝、铜等，可以屏蔽电场，其屏蔽机理主要是反射作用而不是吸收。对塑料壳体，可以在内壁敷金属箔、喷涂屏蔽层或在注塑时掺入金属纤维。良导体也可以屏蔽磁场，其屏蔽机理主要是吸收而不是反射、对于低频磁场的屏蔽，需要使用铁磁材料，如高磁导率的合金或铁，利用其分磁作用。对于电磁场，则使用良导体，利用其反射和吸收作用。

2. 缝隙

为提高机壳的屏蔽效能必须尽量减少其结构上的电不连续性，以减小辐射泄漏。对于缝隙的处理可采用减小缝隙的长度、增加缝隙的深度、在接合面使用电磁衬垫、增加紧固连接等方法。

在机壳的缝隙和电不连续处要做好搭接处理，保证缝隙两侧相接触。接缝应尽可能采用连续焊接，如果条件受到限制，也应采用点焊、小间距铆接或螺钉连接，在不加电磁衬垫时，螺钉间距应小于最高工作频率波长的1/20。在接缝不平整、可移动面板等地方，必须使用电磁衬垫或指形弹簧材料，且选择高电导率和弹性好的衬垫。

3. 穿透和开口

导线穿过机壳会使其屏蔽效能严重下降，为减小这种屏蔽效能下降，在电源线进入机壳时，应采取滤波措施。尽量使滤波器的一端在机壳外、另一端在机壳内，如果滤波器结构上不是机壳安装式的，则应在电源线入口处为滤波器设置一隔舱。对于信号线、控制线，在出入机壳时，也应进行适当的滤波，可采用滤波连接器。

在机壳上为指示灯、显示器等设置的开口，应当考虑采取屏蔽措施。一种是在指示灯、显示器的前面加波导管、金属网或导电玻璃进行屏蔽；另一种是在指示灯、显示器后面加屏蔽，并对所有引线用穿心电容器进行滤波。

要评估一个设备的屏蔽泄漏问题，首先应当检查所有可能存在的问题，避免遗漏重要的泄漏，当所有的电磁泄漏都确定以后，根据估计问题的严重性排序，如果某几个特定问题比其他一些问题严重得多，则应当主要解决这几个问题，避免把时间和成本花费在影响不大的问题上。如图9-7所示，其电磁泄漏包括机箱盖的缝隙、通风孔、电缆穿透、屏蔽电缆末端效应，因为机箱盖的缝隙长度远大于通风孔的最大尺寸，这两者比较，箱盖缝隙的影响较大，对此，可通过增加紧固螺钉数目来减小其缝隙长度；电缆穿透是重要的电磁泄漏途径，应在入口处对电缆进行滤波处理；屏蔽电缆的末端效应会降低对高频信号屏蔽效能，可根据需要使用电缆连接器保证屏蔽层的180°良好接触。

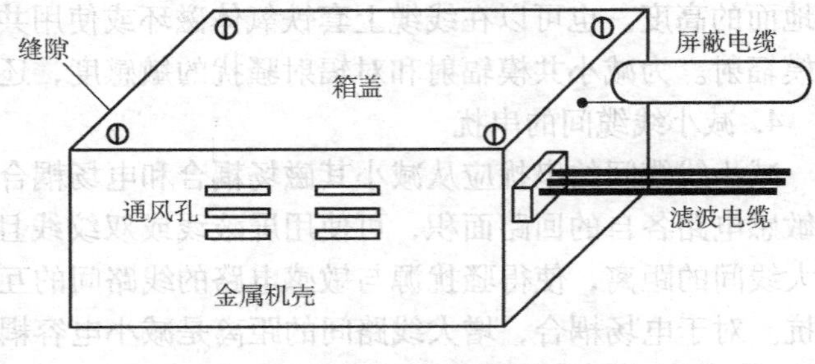

图9-7 设备屏蔽的评估

9.2 电力电子装置的电磁兼容

电力电子技术发展十分迅速，其应用几乎涉及到国民经济发展的各个方面。目前，电力电子装置的谐波消除、功率因数校正和电磁兼容问题已成为考虑的重点。

9.2.1 谐波

9.2.1.1 谐波的产生、危害及谐波标准

1. 谐波的产生

由于电力电子器件的非线性特性，会在电力电子系统（如整流装置、调速装置、开关电源、电子镇流器等）中产生谐波电流。对于常见的整流电路，根据滤波元件的不同，整流后产生的谐波情况有所不同，一般有两类谐波源：一类是电容滤波，即整流装置输出端并联电容器，其电流波形为尖顶波，如图9-8所示；另一类是电感滤波，即整流装置输出端串联电抗器，其电流波形为平顶波，如图9-9所示。两种电流波形共同的特点是电流中除基波分量外，还包含大量的谐波（采用傅里叶级数分解得到）。

2. 谐波的危害

谐波电流对电网、设备均产生不利的影响。有如下几方面：

（1）电压畸变　谐波电流在线路阻抗上产生的压降引起端电压的畸变，当线路阻抗的电抗分量较大时，电压畸变严重，可能对电网中的其他设备产生影响，如使对谐波敏感的设备产生误动作、影响电视机的图像质量等。

（2）过零噪声　有些设备在电网电压过零时接通，以减小瞬态电压、冲击电流及电磁

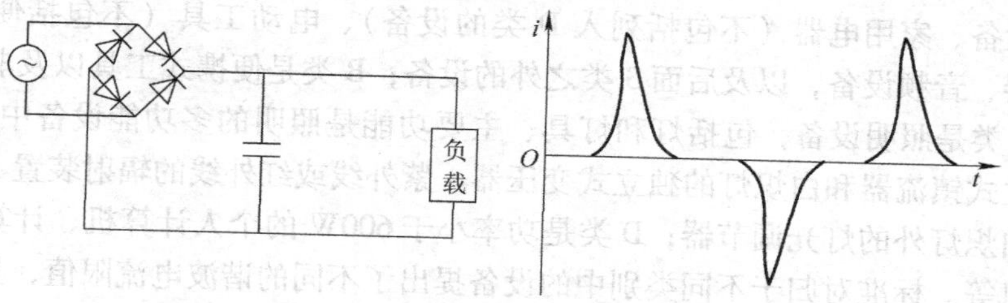

图9-8　电容滤波的电流波形

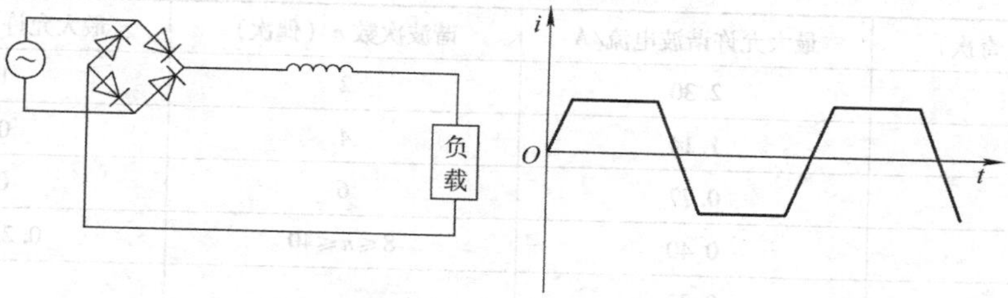

图9-9　电感滤波的电流波形

干扰。当线路中有较多谐波时，电压过零处的电压变化率很高，或出现多个过零点，从而可能导致设备误动作。

（3）零线过热　在三相四线制供电系统中，每相相位互差120°，如果三相平衡，零线中的电流为零，如果三相不平衡，零线中的电流为不平衡电流，一般其值很小。因此，零线的截面积通常仅是相线的一半。当线路中含有谐波电流时，零线中的电流对3次谐波及其奇数倍谐波是三相直接相加，其结果是零线中的电流甚至可能超过相线电流，造成零线过热和零线压降的增大。

（4）对变压器和异步电动机的影响　对于变压器，谐波电流会在绕组和铁心上产生附加损耗。对异步电动机，除了增加电动机的附加损耗外，还会在异步电动机中产生谐波转矩，使转矩减小，并引起振动和噪声。

（5）使无功补偿电容器过载　无功补偿是利用电容器相位超前的电流抵消感性负载所产生的相位滞后的电流，由于电容器对谐波电流呈现低阻抗，致使谐波电流增大，故可能导致电容器过载。

（6）集肤效应　工频时集肤效应的影响一般很小，常常被忽略，但对于高次谐波，其集肤效应的影响趋于明显，可导致附加损耗的增加，进而引起过热。

3. 谐波电流标准GB 17625.1—2003简介

由于电气和电子设备在用电过程中对电网产生谐波污染，因此，对包括电动工具、家用和类似用途设备、照明电器、音视频设备和信息技术设备等几大类有电磁兼容测试要求的产品中作了谐波电流的限制要求。国际电工委员会（IEC）制定了IEC61000-3-2限制标准，我国也制定了相应的国家标准，GB 17625.1—2003《电磁兼容　限值　谐波电流发射限值（设备每相输入电流≤16A）》。

GB 17625.1—2003标准适用于准备接入到公用低压供点系统（频率为50Hz，电压为220/380V）每相输入电流≤16A的电气、电子设备，它将把不同用电设备分成4类：A类是平衡的三相设备、家用电器（不包括列入D类的设备）、电动工具（不包括便携式工具）、白炽灯调光器、音频设备，以及后面3类之外的设备；B类是便携式工具以及非专用的电弧焊接设备；C类是照明设备，包括灯和灯具、主要功能是照明的多功能设备中的照明部分、放电灯的独立式镇流器和白炽灯的独立式变压器、紫外线或红外线的辐射装置、广告标识的照明以及除白炽灯外的灯光调节器；D类是功率小于600W的个人计算机、计算机显示器以及电视接收机等。标准对归于不同类别中的设备提出了不同的谐波电流限值，具体可见表9-2～表9-4，其中B类设备谐波电流的限值是A设备的1.5倍。

表9-2 A类设备谐波电流的限值

谐波次数 n（奇次）	最大允许谐波电流/A	谐波次数 n（偶次）	最大允许谐波电流/A
3	2.30	2	1.08
5	1.14	4	0.43
7	0.77	6	0.30
9	0.40	$8 \leqslant n \leqslant 40$	$0.23 \times 8/n$
11	0.33		
13	0.21		
$15 \leqslant n \leqslant 39$	$0.15 \times 15/n$		

表9-3 C类设备谐波电流的限值

谐波次数 n	最大允许谐波电流（%）（用基波频率下输入电流的百分数表示）
2	2
3	30λ
5	10
7	7
9	5
$11 \leqslant n \leqslant 39$ 仅有奇次谐波	3

注：λ 是功率因数。

表9-4 D类设备谐波电流的限值

谐波次数 n	每瓦允许的最大谐波电流/（mA/W）	最大允许谐波电流/A
3	3.4	2.30
5	1.9	1.14
7	1.9	0.77
9	0.5	0.40
11	0.35	0.33
$13 \leqslant n \leqslant 39$ 仅有奇次谐波	$3.85/n$	见表9-2

测量谐波可采用频域谐波分析仪，也可采用时域谐波分析仪，目前广泛采用离散傅里叶变换的时域分析仪器作为基准的测量设备。

9.2.1.2 谐波电流的抑制

为了限制和消除谐波，可采用以下多种方法。

1. 交流侧设置 *LC* 滤波器

通过在整流器的交流侧设置无源滤波器可以消除单个谐波，如图 9-10 所示，除在整流器的直流侧串联电感 L_{dc} 外，还在整流器前的交流侧串联电感 L_{ac} 和并联电容 C_{ac} 构成 *LC* 滤波器以达到抑制谐波的目的。把该 *LC* 滤波器调谐至谐波标准中最难满足的 5 次谐波，一旦 5 次谐波被抑制，其他谐波也会大大削弱。

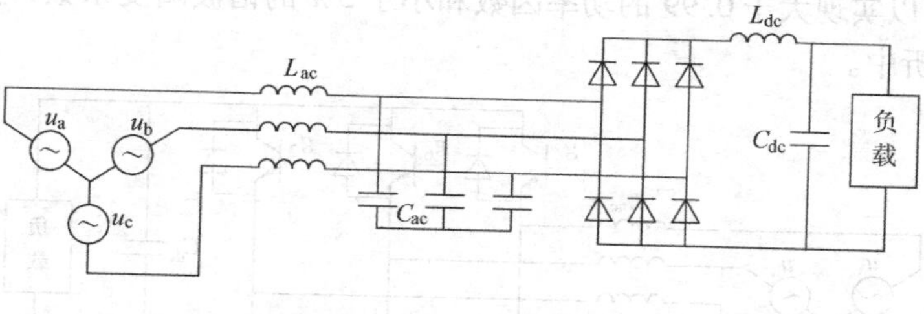

图 9-10 在交流侧设置 *LC* 滤波器的三相整流电路

2. 采取有源功率因数校正

广泛应用的小功率整流电路，如电子型的荧光灯，使用二极管整流和电容器滤波，只在输入交流电压的峰值附近才有输入电流，输入电流含有很大的电流谐波，功率因数很低，严重干扰了电网。为改善其工作状况，可在整流桥和滤波器电容之间加一级用于校正功率因数的功率变换电路，这就是有源功率因数校正器（APFC 或 PFC）。

比较成熟且广泛应用的单相有源功率因数校正主电路如图 9-11 所示。它在二极管整流桥和滤波电容之间增加了由电感 *L*、二极管 VD 和开关器件 V 构成的升压斩波电路。加入升压斩波电路后，无论交流电压处在任何相位，只要开关器件接通，交流电压就可通过整流桥给电感储存电磁能量；当开关器件断开后，交流电源和电感中储存的电磁能量一起通过二极管 VD 向滤波电容 *C* 充电并提供负载电流。这样，通过对开关器件的控制，交流电源在任何相位都可以有电流流过，只要对开关器件进行适当的控制，就可以使交流电流波形接近正弦波，且相位与电源电压相位相同，功率因数接近 1。

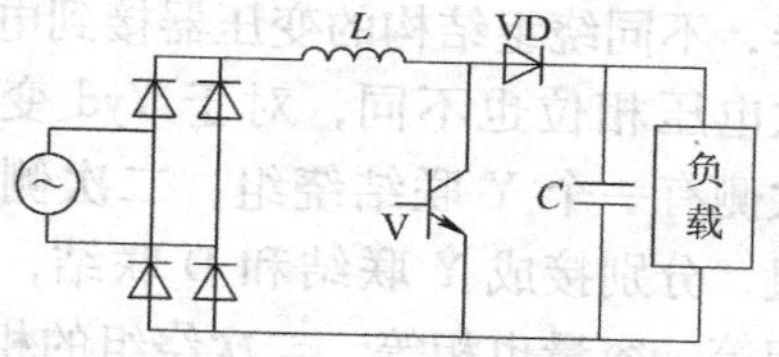

图 9-11 单相有源功率因数校正主电路

有源功率因数校正技术自 20 世纪 80 年代中后期开始成为电力电子领域研究的热点，各国学者从电路拓扑、控制策略、建模分析等角度进行了深入研究。PFC 电路的基本拓扑结构有 6 种（Buck、Boost、Buck-Boost、Flyback、Sepic 和 Cuk），其中使用最多的是升压斩波（Boost）电路和 Buck-Boost 型电路。单相有源功率因数校正技术已经很成熟，Unitrode、Motorola、General、Siemens 等公司相继推出各种有源功率因数校正专用芯片，如 UC3852、UC3854、MC34261、ML4812、TDA4814 等，这些芯片为单相有源功率因数校正技术的应用提供了很大的方便，目前已在小功率开关电源、不间断电源（UPS）等方面获得了广泛的应用。中大功率的电力电子设备在电网中占有很大比重，因此，三相 PFC 是目前 PFC 研究的重点，但三相有源功率因数校正技术远不如单相有源功率因数校正技术成熟，工程技术界正在致力于这一问题的研究。对于三相有源 PFC，除了采用单相有源 PFC 的一些控制策略外，更多地是根据三相电路的特点发展新的控制策略，如解耦控制、空间矢量控制、dq 轴变换控制、模糊控制等。

3. 采用PWM（脉宽调制）整流器

在多种平滑三相整流桥输入电流的方法中，最有效、但价格也较昂贵的方法是PWM整流器，其主电路结构如图9-12所示。类似于三相逆变器的电流控制，PWM整流器中的6个开关器件采用脉宽调制信号控制，输入电流平滑，得到正弦电流，如图9-13所示。采用PWM整流电路可以实现大于0.99的功率因数和小于5%的谐波畸变系数，但实际系统往往是价格与性能的折中。

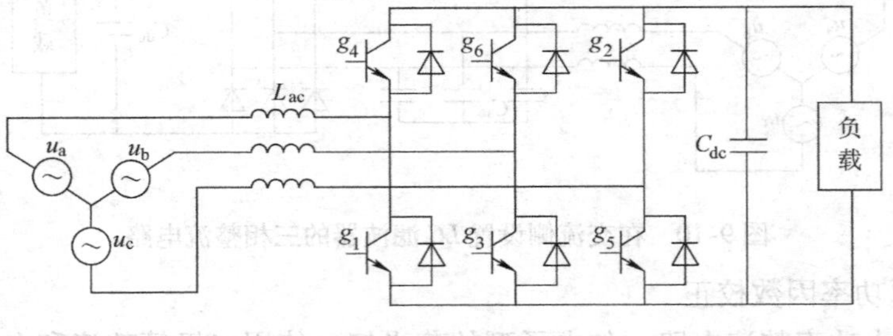

图9-12　PWM整流器

4. 多绕组变压器的多脉整流

三相大功率整流器前往往接有整流变压器，不同绕组结构的变压器接到电网上其二次电压相位也不同，对于Yyd变压器，一次侧有一个Y联结绕组，二次侧有两个绕组，分别接成Y联结和D联结，其线电压相等，容量也相等，二次绕组的相量图如图9-14所示。变压器同时供给两个整流器（两整流器的功率相同），则变压器一次侧的电流波形比单独由Yy变压器或Yd变压器供电的电流波形更接近正弦波（见图9-15），它的电流除基波外，还有$12l \pm 1$次谐波存在，称为12脉整流电路。利用不同的绕组结构可以得到24脉、36脉、48脉等更多脉的整流，进一步减少电流谐波，但变压器结构也越趋复杂。

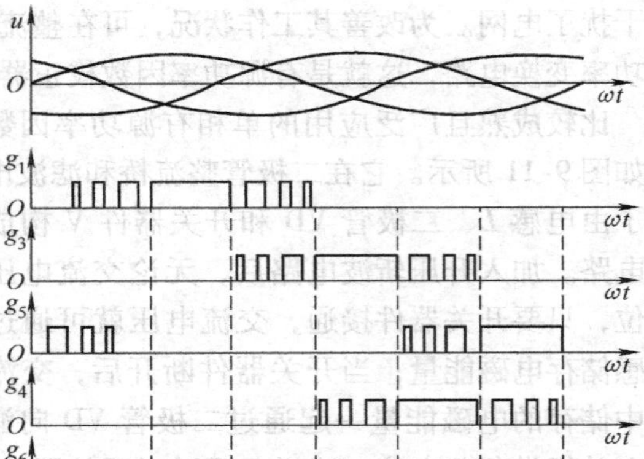

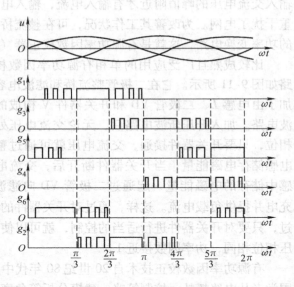

图9-13　PWM整流器的电流波形

9.2.2　电磁兼容

电力电子装置因其高效率的电能转换，而日益广泛地用于工业和民用的电力变换与传动系统中。据估计，工业生产中70%的电能都是通过电力电子装置变换后才为人类所利用。

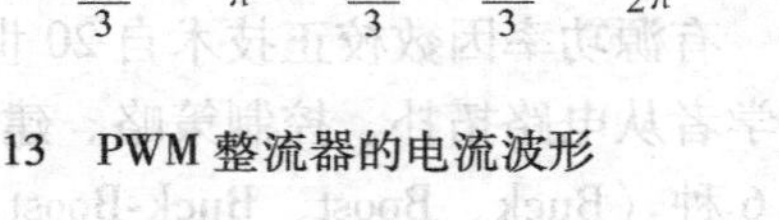

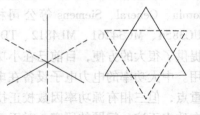

图9-14　12脉整流的相量图

开关电源、电动机调速系统等电力电子装置会对其

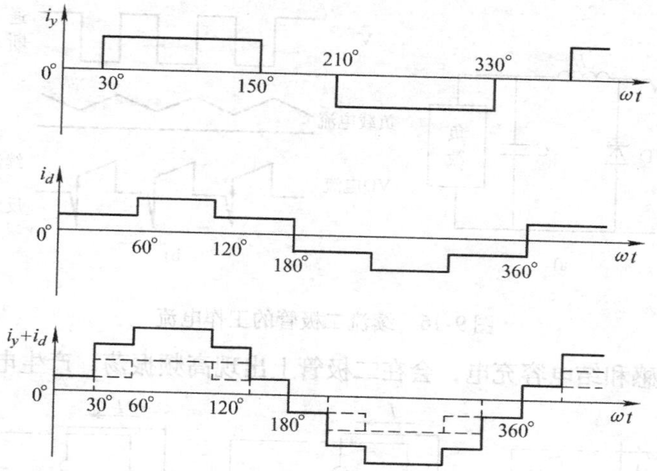

图 9-15　Yy(Yd)联结的电流波形

他电气、电子设备产生电磁骚扰，随着功率器件开关频率的提高、功率密度的增加和容量的加大，其电磁骚扰日益严重，并已引起人们的广泛重视。电力电子装置有特殊性，其骚扰源和敏感单元相对比较明显，一般来说，骚扰源主要集中在较高电压变化率 du/dt、电流变化率 di/dt 的元器件和导线上，如功率开关器件、二极管、高频变压器及其连线等；敏感单元主要是测量和控制电路。电力电子装置主电路中的功率器件在开关过程中产生的较高 du/dt 和 di/dt 会引起严重的传导电磁骚扰，有的还会引起强电磁辐射（通常是近场），这些电磁骚扰会污染周围的电磁环境，对附近的电气、电子设备产生干扰，并可能危及操作人员的安全；同时，电力电子装置自身的测量和控制电路也承受着其主电路及工业环境中电磁骚扰的影响。由于电力电子装置电磁兼容问题的特殊性、复杂性，以及电磁兼容测量上的困难，电力电子装置的电磁兼容研究，目前尚处于发展阶段，对于具体问题的分析，可从以下几方面考虑。

9.2.2.1　功率器件模型

要分析电力电子装置的电磁骚扰，需要建立精确的高频电路模型，并提取相应的电路参数。其中，功率二极管的反向恢复特性和功率开关器件的开关特性等是产生电磁骚扰的主要原因。

1. 功率二极管模型

功率二极管的一个很重要的参数是反向恢复时间，它直接影响电磁骚扰特性，如图9-16所示，当功率开关器件 V 开通时，若二极管 VD 处于续流状态，则二极管 VD 承受的电压将由正变负，二极管将由正向导通变为反向阻断状态，由于 PN 结内积累了一定量的电荷，只有反向电流才能释放这些电荷，从而使二极管彻底关断，而这一反向电流将引起电磁骚扰。

二极管的等效电路如图 9-17 所示，在整个工作过程中分 3 个阶段，续流阶段、关断阶段、阻断阶段。图 9-17a 为续流阶段的等效电路，其中，L 为寄生电感，C 为结电容，VD 为理想二极管，此时，V 关断、VD 续流；图 9-17b 为关断阶段的等效电路，在 V 开通瞬间，电源电压施加到二极管两端，二极管电流逐渐减小，并下降为零，由于 PN 结积累了一定量的电荷，储存在结电容 C 中，需要一个反向电流将其释放掉，才能使二极管处于阻断状态；图 9-17c 为阻断阶段的等效电路，其中，R_{OFF}为二极管的反向阻断电阻，此时相当于

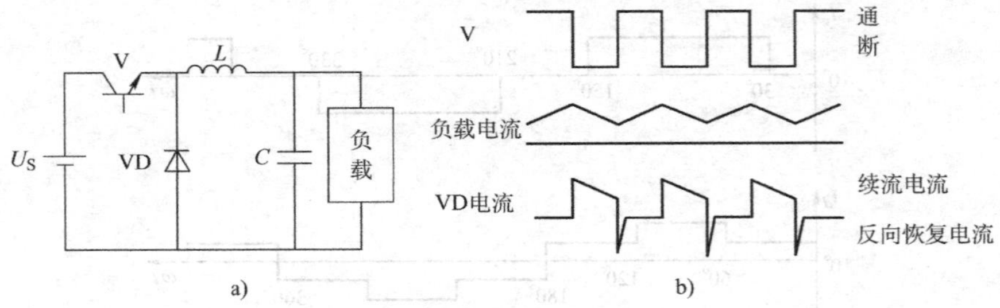

图 9-16　续流二极管的工作电流

电源电压对寄生电感和结电容充电，会在二极管上出现高频振荡，产生电压浪涌。

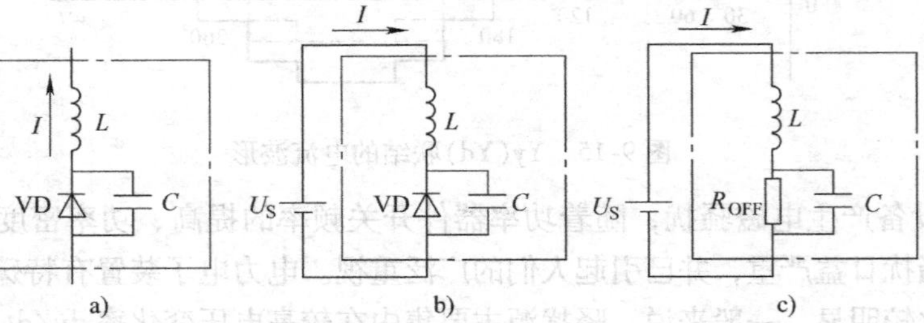

图 9-17　二极管的等效电路

a）续流　b）关断　c）阻断

2. 功率 MOSFET 模型

功率开关器件，如功率 MOSFET，有寄生电感 L 和寄生电容 C，如图 9-18 所示。由于寄生电感与寄生电容的作用，在功率开关器件的通断过程中会产生较大的电压浪涌和电流浪涌。当开关断开时，原先在寄生电感中储存的能量对寄生电容充电，如图 9-19a 所示，在开关器件上产生较大的高频电压振荡，其中，R_{OFF} 为开关断开时的电阻，U_{OFF} 为开关断开时加在开关两端的电压，I_{ON} 为开关断开前的电流；当开关接通时，原先在寄生电容中储存的电能通过开关放电，如图 9-19b 所示，在开关器件中流过较大的电流浪涌，其中，R_{ON} 为开关接通时的电阻，开关接通时寄生电感的电流迅速达到导通时的电流 I_{ON}，开关接通前加在开关两端的电压 U_{OFF} 为电容电压。

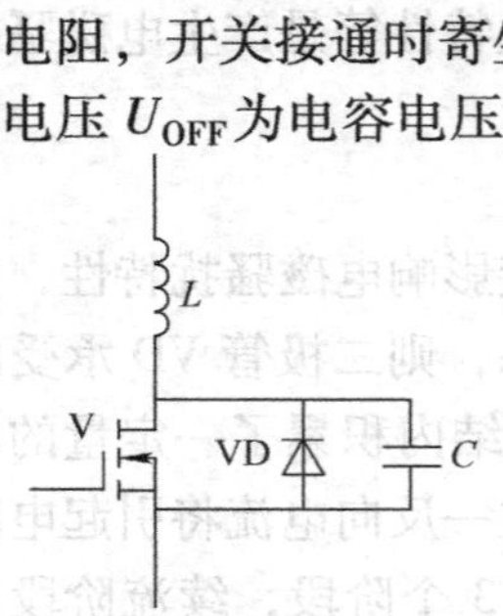

图 9-18　功率开关器件的寄生电感和寄生电容

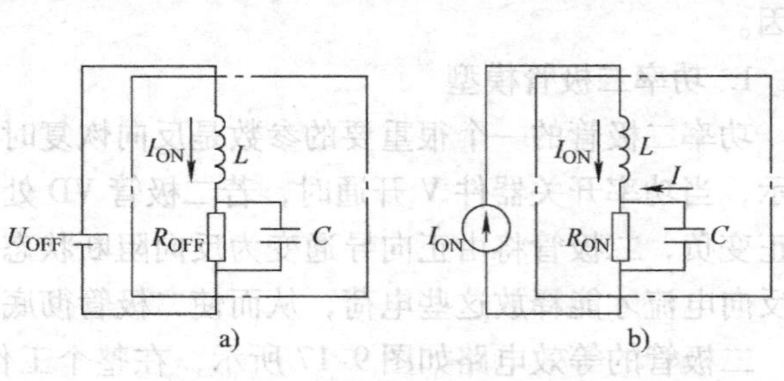

图 9-19　功率开关器件通断过程中产生的浪涌

a）开关断开时产生电压浪涌　b）开关接通时产生电流浪涌

9.2.2.2　电路模型

电力电子装置中的电磁骚扰有差模骚扰和共模骚扰之分。差模骚扰和共模骚扰产生的内部机制是不同的，差模骚扰主要是由开关变换器的脉动电流引起，而共模骚扰则主要是由较高的电压变化率 du/dt 与杂散参数间相互作用产生的高频振荡引起。

以开关电源为例，如图 9-20 所示，功率开关器件与散热器之间存在寄生电容，散热器一般与电源外壳连在一起并且接地，开关器件端子上较高的 du/dt 通过该寄生电容产生流入大地的共模电流。为抑制该共模电流，可采取如下两种方法：①在功率开关器件与散热器之间的绝缘层中加入屏蔽层，并将屏蔽层连接到开关回路，使 du/dt 引起的电流进入开关回路，而不是进入大地；②在开关电源的网端回路中加 EMI 滤波器，以阻止共模电流进入电网。

开关电源中续流二极管的反向恢复电流、功率开关器件的开关特性及其电流、整流二极管的换流重叠等形成差模电流。为抑制差模电流，可以采取如下措施：①选用快恢复二极管，减小反向恢复电流的影响；②采用缓冲电路，减小开关器件开关过程中的 di/dt；③减小电流回路的面积，以减少磁场耦合。

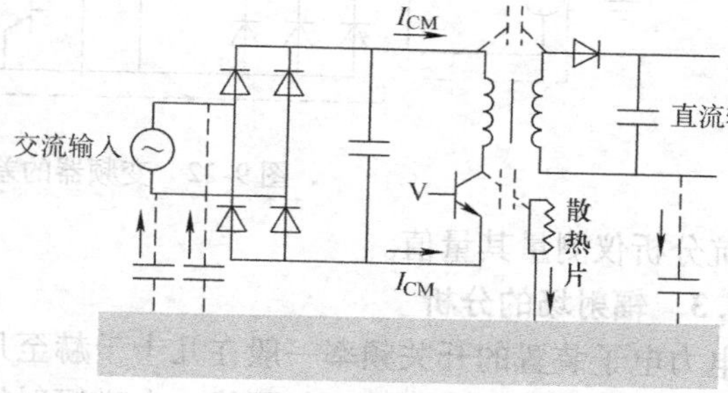

图 9-20　开关电源的共模电流的路径

以给交流电动机供电的变频器为例，如图 9-21 所示，共模电流路径由一条直流母线、相地间的寄生电容 C_{CM}，大地、交流电源、整流器构成，一部分电流经整流器的寄生电容、直流电容流过。为抑制共模电流，可采取如下措施：①在变频器的直流环节设置接地电容，给共模电流提供内部通路，阻止共模电流流入整流器、交流电源；②在变频器的交流环节设置 EMI 滤波器，阻止共模电流流入交流电源。

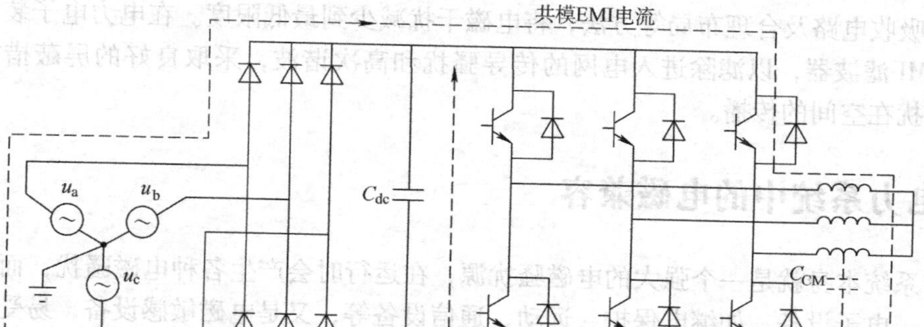

图 9-21　变频器的共模电流路径

变频器中的差模电流路径，如图 9-22 所示，由两条直流母线、相间的寄生电容 C_{DM}、直流电容构成，由于直流电容存在交流阻抗，一部分电流从整流器、交流电源流过。为抑制差模电流，可在直流母线上介于整流器、直流电容间的位置设置低通滤波器，以阻止差模电流流入整流器、交流电源。

有了电路模型，则可用电路仿真软件预估传导骚扰水平。计算时，需要首先确定电路参数。对于线路的寄生参数，可借助电磁计算软件计算参数值；对于元器件的寄生参数，可采

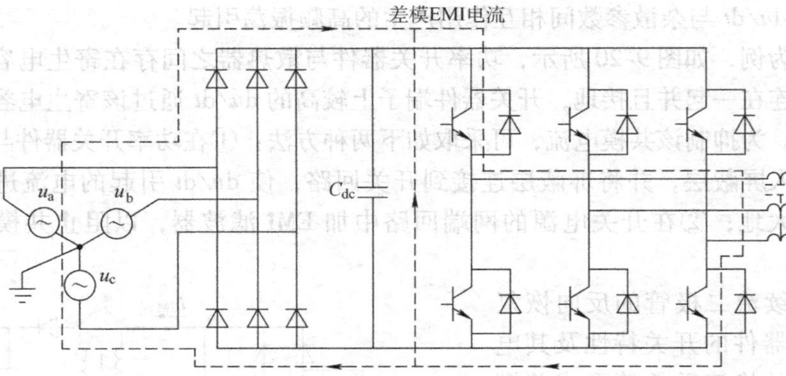

图9-22　变频器的差模电流路径

用阻抗分析仪测量其量值。

9.2.2.3　辐射场的分析

电力电子装置的开关频率一般在几十千赫至几兆赫之间，开关过程中的电压和电流瞬变产生传导骚扰，同时伴随着辐射骚扰，电磁辐射的能量可能影响到电力电子装置的测量和控制电路的正常工作。为保证测量和控制电路的正常工作，需要预测电力电子装置的近场特性。影响电力电子装置近场特性的主要是其主电路，在计算近场特性时，可将主电路的每段导线划分为多个电偶极子串联组成，计算每个偶极子上电荷所产生的场，然后合成。

电力电子装置的电磁骚扰源于开关过程中产生的较高的电压和电流变化率，采用软开关技术有助于减小由 du/dt 和 di/dt 引起的 EMI 问题。但是，使用高开关频率、PWM 波产生的高次谐波等，仍导致较高的传导和辐射骚扰。因此，应当认真对待电力电子装置的 EMI 问题，在设计阶段，就根据成本、体积和复杂程度，通过正确地选择电路拓扑结构、采用软开关技术、吸收电路及合理布局等方法，将电磁干扰减少到最低限度。在电力电子装置中，必须设置 EMI 滤波器，以滤除进入电网的传导骚扰和高次谐波，采取良好的屏蔽措施，以防止辐射骚扰在空间的传播。

9.3　电力系统中的电磁兼容

电力系统本身就是一个强大的电磁骚扰源，在运行时会产生各种电磁骚扰，而系统中的各种电气、电子设备，如继电保护、远动、通信设备等，又是电磁敏感设备，易受到电磁骚扰的影响而出现不正常工作状态及产生误动，严重的还可能损坏元器件及设备。随着电力系统向容量更大、电压等级更高、网络更密集、更复杂的发展，系统中的电磁骚扰问题越来越严重，这对系统设备抵抗电磁骚扰的能力提出了更高的要求，电力系统自动化水平的提高也强化了这种要求。

电力系统中的电磁兼容问题多种多样，一般可归为如下3个方面：①变电站的电磁兼容问题；②输变电系统的电磁环境问题；③电能质量问题。变电站是电力系统中一次设备和二次设备最集中的场所，继电保护、测控装置等设备通过测量回路、控制回路、通信线及电缆与一次设备相连，其电磁耦合紧密，电磁兼容问题也更为突出。

对于电力系统中的电磁兼容问题，一般可从电磁骚扰源、耦合传播途径、设备防护、骚扰测量及抗扰度测试等方面考虑，采取有效措施加以解决。

9.3.1 电力系统中的骚扰源

电力系统中的骚扰源主要来自以下几个方面：

1）高压隔离开关和断路器操作。这些操作在一次系统产生瞬态骚扰电流和过电压，通过测量设备（如 PT、CVT、CT 等）耦合至二次系统，也可通过电磁场在空间传播。

2）雷击及系统短路。雷电流及系统短路电流在接地网上引起地电位升高，从而造成人员伤害、设备损坏及对运行设备的干扰。

3）局部放电。高压系统的电晕、绝缘子沿面放电及绝缘击穿产生高频骚扰电流和电压，在周围产生电磁辐射。

4）二次系统中的开关操作。由于存在感性负载，在二次系统中的信号、端口中产生快速瞬变脉冲骚扰。

5）负荷变化和运行故障时电网中产生的电压暂降、中断、不平衡、谐波和频率变化等骚扰。

6）发电机和变压器产生的工频及谐波电场和磁场。

7）输电线路在其周围产生的电场和磁场。

8）自动化设备、无线电设备产生的高频传导骚扰和辐射骚扰。

9）自然现象，如雷击、静电放电、地磁干扰和核电磁脉冲等产生的骚扰。

9.3.2 电力系统电磁骚扰的耦合途径

电力系统中的电磁干扰有 3 种，即一次设备之间、一次设备和二次设备之间、二次设备之间的电磁干扰。按电磁骚扰的传播途径，一般可分为传导耦合和辐射耦合两大类。传导耦合是指电磁骚扰通过电源线、接地线和信号线传播到达敏感设备；辐射耦合是指电磁骚扰以电磁波的形式在空间传播到达敏感设备。区分骚扰的耦合途径，有助于根据各自特点制定相应措施以消除或抑制骚扰。图 9-23 示出了变电站内常见电磁骚扰的主要耦合途径。

电力系统一次线路中进行开关操作、发生故障、受到雷击时，线路中产生瞬态电流、电压及辐射电磁场，通过多种耦合方式进入二次回路，这些通路有电磁式电压互感器、电容式电压互感器、电流互感器、耦合电容器、高压母线与二次线缆间的分布电容和互感等传导耦合途径，也有一次线路向周围空间辐射瞬态电磁能量，被二次设备或回路接收辐射耦合途径。对此，可建立基于传输线理论的传导耦合模型和基于天线理论的辐射耦合模型进行计算分析。

9.3.3 电磁骚扰的抑制

电力系统电磁兼容研究的内容主要有电磁骚扰的产生、耦合及防护措施等问题。为提高系统设备的电磁兼容性，应从电磁干扰三要素入手，尽量降低骚扰源产生的瞬态骚扰的幅度和出现几率，阻断骚扰传播的途径，采取各种抑制和防护措施，提高设备本身的抗扰能力。由于系统设备不可能完全避免电磁骚扰，合理的方法应是采取抑制和防护措施。可通过正确的接地、屏蔽、滤波和隔离等措施保证系统设备的安全运行。

具体地，可采取如下一些措施：对于敷设在高压导线附近的二次电缆，应采取屏蔽措施，在外界磁场较小的情况下，屏蔽层可一点接地，而当外部骚扰严重时，屏蔽层应两端接

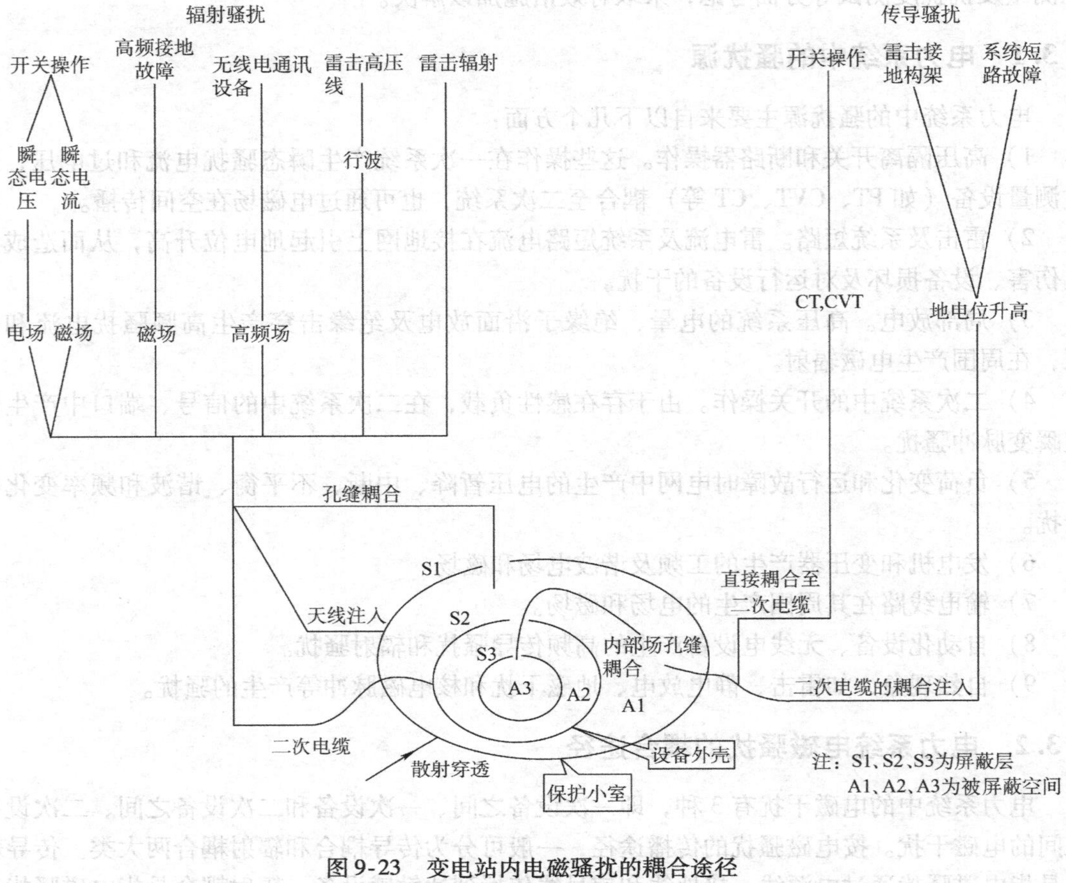

图9-23 变电站内电磁骚扰的耦合途径

地。对于多根线缆，可通过合理敷设电缆及选择正确的走向抑制骚扰，如将低电平的信号电缆和高电平电缆分开、二次电缆走向尽可能呈辐射状，以减小它们的耦合。对保护小室（在现场放置继保设备的屏蔽室），应加强其屏蔽，并保证良好接地。还应改善变电站接地网的接地，减少大的入地电流对地电位的影响。在电源中，设置多种浪涌抑制器件构成的防护电路，以有效地抑制浪涌电压骚扰。

9.3.4 电力系统设备的电磁抗扰性

随着电力系统自动化程度的不断提高，系统中电子元器件被广泛使用，且大有强电设备和弱电设备集成为一体的趋势，这增加了系统设备因遭受电磁骚扰而出现误动作或损坏的可能性。研究电力系统中各种敏感设备承受电磁骚扰的能力，可通过试验模拟运行中可能出现的电磁骚扰，并使设备在尽可能接近于正常工作条件下，试验被试设备是否会产生误动作或永久性损坏。设备的抗扰性与该设备的工作原理及采取的抑制和防护措施有关。制定合理的试验方法和评价标准是评估这些设备抗干扰能力的重要内容。

目前，电力系统自动化设备的抗扰度测试项目有：静电放电抗扰度、射频辐射电磁场抗扰度、电快速瞬变脉冲群抗扰度、浪涌抗扰度、射频场感应的传导抗扰度、工频磁场抗扰度、谐波/间谐波抗扰度、信号电压抗扰度、振铃波、衰减振荡波、阻尼振荡磁场、电压波动/暂降/中断/变化、电网频率抗扰度等。详细内容可参见有关电磁兼容标准的规定。

9.3.5 电力系统谐波

电力系统向工业、农业等各部门及居民生活提供合格的电能，影响电能质量的因素有谐波、谐间波、电压变化、电压暂降、短时中断、三相电压不平衡及电源频率偏移等，其中，谐波是影响电能质量的重要因素，因而受到人们的普遍关注。

电网中的非正弦电压或电流，将其进行傅里叶级数分解，可得基波和一系列谐波。各次谐波有效值的平方和的方均根值和其基波有效值的百分比称为正弦波的畸变率，简称畸变率，又称总谐波畸变率。对于低压供电网，电压的畸变率一般应限制在5%以下。

会产生谐波的设备被称为谐波源，电力系统中的谐波源主要有以下几种：①同步发电机。由于定、转子之间非正弦分布的气隙磁场，产生非正弦电势波形；②变压器。变压器铁心具有饱和特性，使励磁回路呈现非线性，产生非正弦励磁电流，并通过漏抗压降使变压器电动势中出现谐波；③大功率电力电子设备。由于电力电子开关器件的非线性，在电网中产生谐波电压和谐波电流；④其他各种非线性用电设备。如开关电压、变频器、计算机、节能灯、家用电器等，也都会产生各种电流谐波。

电力系统谐波会对一次设备和二次设备及用电设备产生影响和危害。对一次设备，会增加设备（如发电机、变压器）的损耗，减少设备出力，温升增大，降低设备使用寿命；增加设备（如电力电容器）的绝缘介质损耗和局部放电，使绝缘老化，甚至击穿。对二次设备，会影响其正常工作，如测量装置出现测量偏差、继电保护装置出现误动作等。

为了限制电力系统中日益严重的谐波污染，我国制定了国家标准 GB/T 14549—1993《电能质量公用电网谐波》，用来限制注入电力系统的谐波电流，控制电力系统中的谐波含量，使接入电网的各种电气、电子设备免受谐波骚扰。公用电网电压（相电压）谐波限值如表 9-5 所示，注入公共连接点的谐波电流限值如表 9-6 所示。

表 9-5 公用电网谐波电压（相电压）限值

电网标称电压/kV	电压总谐波畸变率（%）	各次谐波电压含有率（%）	
		奇次	偶次
0.38	5.0	4.0	2.0
6 或 10	4.0	3.2	1.6
35 或 66	3.0	2.4	1.2
110	2.0	1.6	0.8

表 9-6 注入公共连接点的谐波电流限值

标准电压/kV	基准短路容量/MV·A	谐波次数及谐波电流限值/A											
		2	3	4	5	6	7	8	9	10	11	12	13
0.38	10	78	62	39	62	26	44	19	21	16	28	13	24
6	100	43	34	21	34	14	24	11	11	8.5	16	7.1	13
10	100	26	20	13	20	8.5	15	6.4	6.8	5.1	9.3	4.3	7.9
35	250	15	12	7.7	12	5.1	8.8	3.8	4.1	3.5	5.6	2.6	4.7
66	500	16	13	8.1	13	5.4	9.3	4.1	4.3	3.3	5.9	2.7	5.0
110	750	12	9.6	6.0	9.6	4.0	6.8	3.0	3.2	2.4	4.3	2.0	3.7

（续）

标准电压/kV	基准短路容量/MV·A	谐波次数及谐波电流限值/A											
		14	15	16	17	18	19	20	21	22	23	24	25
0.38	10	11	12	9.7	18	8.6	16	7.8	8.9	7.1	14	6.5	12
6	100	6.1	6.8	5.3	10	4.7	9.0	4.3	4.9	3.9	7.4	3.6	6.8
10	100	3.7	4.1	3.2	6.0	2.8	5.4	2.6	2.9	2.3	4.5	2.1	4.1
35	250	2.2	2.5	1.9	3.6	1.7	3.2	1.5	1.8	1.4	2.7	1.3	2.5
66	500	2.3	2.6	2.0	3.8	1.8	3.4	1.6	1.9	1.5	2.8	1.4	2.6
110	750	1.7	1.9	1.5	2.8	1.3	2.5	1.2	1.4	1.1	2.1	1.0	1.9

为减小电力系统中的谐波，基本方法有两类，一是对系统设备和用电装置本身进行改造，使其不产生谐波或者少产生谐波，如第9章9.2节中电力电子装置的谐波抑制；二是装设谐波补偿装置来补偿谐波，这对各种谐波源都适用，它包括传统的无源电力滤波器（PPF）和近年来迅速发展的有源电力滤波器（APF）。

（1）无源电力滤波器　无源电力滤波器是一种传统的滤波方式，它利用电感、电容的串联谐振对某一频率或一定频率范围呈现较低的阻抗，将其与电网并联，可吸收电网中谐振频率的谐波电流。图9-24所示是单调谐滤波器，其中，L 为滤波电感、C 为滤波电容，R 为计及 L、C 损耗的滤波器回路电阻。滤波器的谐振频率为 $f_c=\dfrac{1}{2\pi\sqrt{LC}}$，此时滤波器的阻抗最小，则 f_c 频率的谐波主要流过滤波器，使进入电力系统的 f_c 频率谐波减小，从而达到抑制谐波的作用。使用单调谐滤波器可抑制某一低次谐波，若要滤除多个低次谐波，就要采用多个单调谐滤波器。若要滤除单调谐滤波器未能吸收的高次谐波，可采用图9-25所示的高通滤波器，它是在电感旁并联电阻 R，使滤波器在超过临界频率 $f_c=\dfrac{1}{2\pi RC}$ 的频率范围内呈现低阻抗，使超过这一临界频率的高次谐波流过滤波器，从而抑制进入电网的高次谐波。无源电力滤波器具有结构简单、有功消耗低的优点，但体积庞大、滤波效果差。

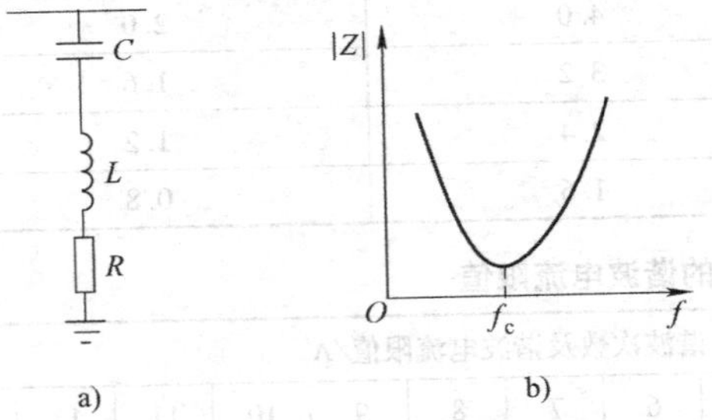

a)　　b)

图9-24　单调谐滤波器

a）原理图　b）频率阻抗特性

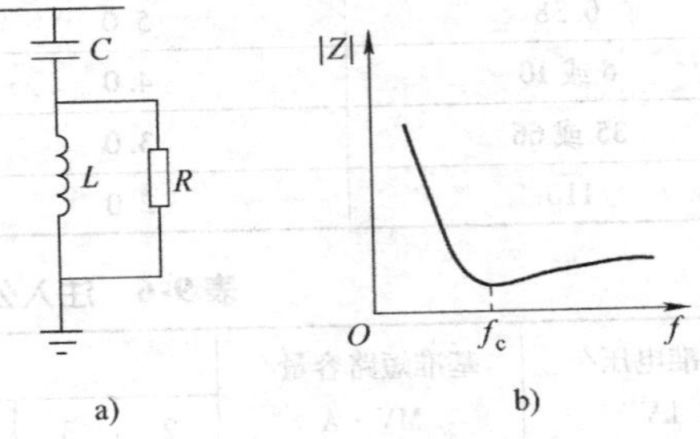

a)　　b)

图9-25　高通滤波器

a）原理图　b）频率阻抗特性

（2）有源电力滤波器　近年来，有源电力滤波器得到了迅速发展，它由电力电子器件构成，是一种动态抑制谐波、补偿无功的电力电子装置，能对大小和频率都变化的谐波以及变化的无功进行动态补偿，其突破性进展得益于大功率可关断器件的应用和瞬时无功功率理论的提出。有源电力滤波器的基本原理如图 9-26 所示，其中，e 为交流电源，负载为谐波源（产生谐波并消耗无功）。有源电力滤波器系统由两大部分构成，即谐波和无功电流检测电路以及补偿电流发生电路，其基本工作原理是，检测补偿对象的电流和电压，经谐波和无功电流检测电路计算得出要补偿的电流信号，将该信号进行功率放大，得到补偿电流，补偿电流与负载电流中要补偿的谐波及无功电流相抵消，最终得到期望的电源电流。目前，实际应用的 APF 装置大多是采用电压逆变器的并联型结构，除此之外，还有串联型、混合型结构。有源电力滤波器的谐波补偿效果显著，但成本较高、容量有限，其推广应用有待于大功率电力电子器件成本的下降，目前 APF 的研究重点集中在由有源电力滤波器 APF 和无源电力滤波器 PPF 构成的混合滤波系统（HPFS），它结合 APF 和 PPF 各自的优点。

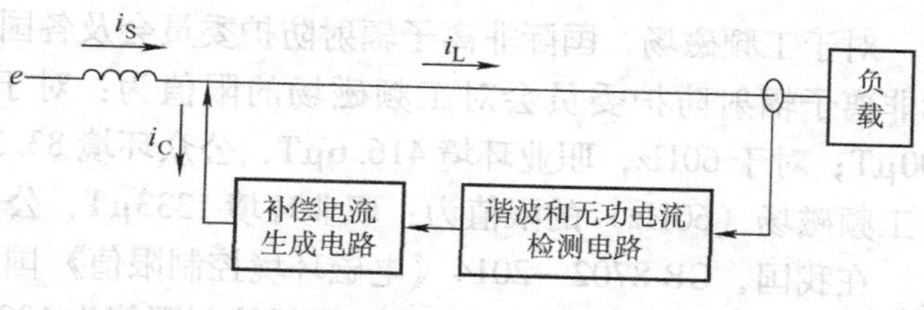

图 9-26　并联型有源电力滤波器系统构成

9.3.6　输变电系统的电磁环境

输变电系统的电磁环境问题一直是人们关注的问题，它涉及电力系统对临近的其他设施（如通信设施、金属结构件等）的电磁影响和对附近作业人员、居民人身安全的影响。

输变电系统是无线电设施和通信线路的重要骚扰源，其骚扰包括高压线路及设备的电晕和放电产生的电磁骚扰和无线电信号在系统中金属构件的电磁感应产生的电磁辐射，这些骚扰会影响无线电信号的接收，但不会对人体产生伤害。对此，我国制定了 GB 15707—1995《高压交流架空送电线无线电干扰限值》的国家标准。

输变电系统对邻近金属结构（如输油管道、输气或输水金属管线等）的影响，包括电力系统电压通过电场耦合在金属管线上产生骚扰电压，电力系统的工作电流或故障电流通过磁场耦合在金属管线上产生感应电压，电力系统故障电流引起的地电位变化通过阻性耦合方式在金属管线上产生电磁骚扰等，它是一个既涉及电磁兼容也涉及电气安全的问题。对此，国际大电网会议 1995 年发布了“高压电力系统对金属管线的影响导则”，提供电力系统对平行于输电线路的具有简单结构的金属管线的阻性和感性耦合电磁影响的计算方法和计算公式。

电力系统的工频电磁场问题一直受到人们的关注，对工频电磁场可能伤害人体健康的疑虑已成为一些国家高压输变电发展的重要制约因素。低频电磁场是否对生物系统（特别是对人类健康）产生有害影响是一个悬而未决的问题，各国的研究人员对此进行了大量的研究，但这一问题极其复杂，要完全搞清楚，还有待于进一步的研究。目前，对于低频电场对人体健康的危害基本上已达成共识，而对于低频磁场对人体健康的影响则还存在争议。

对于工频电场，近年来，世界各国陆续制定了自己的国家标准限值，并积极引入有效的保护措施。一些国家的国家标准规定 5kV/m 为公众活动区域的限值，10kV/m 为跨越道路和经常会接近的地方的限值，15kV/m 为非居民区但有可能接近的地方的限值，20kV/m 为很难接近的地方的限值。国际非离子辐射防护委员会（ICNIRP）对工频电场的限值为：职业环境 10kV/m，公众环境 5kV/m。

对于工频磁场，国际非离子辐射防护委员会及各国也制定了标准，但限值并不一致。国际非离子辐射防护委员会对工频磁场的限值为：对于50Hz，职业环境500μT，公众环境100μT；对于60Hz，职业环境416.6μT，公众环境83.3μT。欧洲标准化委员会（CENELC）对工频磁场（60Hz）的限值为：职业环境1333μT，公众环境533μT。

在我国，GB 8702—2014《电磁环境控制限值》国家标准规定，工频电场的公众暴露控制限值为4kV/m，工频磁场的公众暴露控制限值为100μT。

9.4 小结

本章分别介绍了电子设备、电力电子装置和电力系统中的电磁兼容问题。这里，一些要点需要牢牢掌握：

1. 电子设备

- 选择元器件时要考虑其非理想特性；
- 数字电路宜选择较低的频率、较长的信号跃变时间；
- 要着重考虑电源的滤波和屏蔽；
- 注意印制电路板的合理布局；
- 将高频和低频电路、数字和模拟电路分开布置；
- 缩短高频电路的连线；
- 避免将高频电路置于两个连接器之间；
- 减小信号回路的面积；
- 避免在地平面上开间隙；
- 使用多层印制电路板可大大降低辐射和提高抗扰性；
- 设备内走线尽量短且靠近屏蔽机壳，长线置于走线槽内，不同导线分类绑扎，重要信号线做好屏蔽处理；
- 使屏蔽机壳上的缝隙长度小于$\lambda/20$；
- 对穿透屏蔽机壳的导线进行滤波。

2. 电力电子装置

- 应选择适当的谐波消除技术；
- 避免较高的du/dt和di/dt；
- 使用快恢复二极管和缓冲电路；
- 处理好开关器件散热器的屏蔽；
- 使用电源线滤波器。

3. 电力系统

- 开关操作骚扰是变电站中最常见的骚扰源；
- 要正确识别电磁骚扰的传播路径；
- 处理好二次电缆的屏蔽和接地；
- 做好设备的屏蔽；
- 注意系统设备的浪涌保护；
- 考核系统设备的抗扰度试验。

思 考 题

1. 在电路设计中选择元器件时应注意什么?
2. 电路设计时应注意哪些部分?
3. 为什么数字电路中经常会有较大的骚扰电压?怎样减小它?
4. 设计印制电路板时应如何合理布局?
5. 印制电路板走线应注意哪些问题?
6. 解释下列 PCB 设计原则:

(1) 减小回路面积;

(2) 先布置元件,再走线;

(3) 将所有的输入/输出口尽可能置于板的一侧;

(4) 选择不超出必要速度的逻辑门电路;

(5) 使输入/输出远离高频线;

(6) 不用的逻辑门输入端接电源或地;

(7) 将板上未用的区域填充为地或电源;

(8) 印制线不横穿地平面上的间隙。

7. 减小印制路板电磁辐射的主要措施是什么?
8. 设备内部的布线应注意些什么?
9. 如何减小线缆间的串扰?
10. 为保持机箱的屏蔽完整性,应注意哪些问题?
11. 为什么电力电子装置会产生谐波?
12. 谐波有哪些危害及如何抑制?
13. 电气、电子设备和电网的谐波标准做了哪些规定?
14. 电力电子装置产生电磁骚扰的主要原因是什么?应采取何种对应措施?
15. 电力系统中的电磁骚扰源主要有哪些?
16. 对电力系统电磁骚扰的抑制应采取哪些措施?

第 10 章　电磁兼容实验

内 容 提 要

本章主要介绍五个有助于理解电磁兼容原理及技术的实验。

随着电磁兼容标准在国内外的广泛实施，一些高等院校陆续为本科生开设了电磁兼容课程。由于电磁兼容课程具有理论深和实践性强的特点，使得学生在学习和掌握时面临一定困难。为了配合电磁兼容教学，帮助学生更好地理解和掌握电磁干扰的机理，通过实验总结对电磁干扰的防护措施，以提高教学效果，本章从电磁干扰的耦合机制出发，设计了最小阻抗路径实验、自屏蔽实验、电场屏蔽实验、磁场屏蔽实验和滤波实验。这些实验电路简单，容易实施，使用实验室中常见的示波器、信号发生器等仪器，可结合教学内容开展，通过实验给学生直观的认识，辅助学生理解和掌握电磁干扰的耦合机理，实现理论和实际的结合。

10.1　最小阻抗路径实验

实验目的：理解电流总是沿着最小阻抗路径走。

实验器材：示波器、信号发生器、电流钳、同轴电缆、50Ω 负载电阻及连接导线等。

实验步骤：

(1) 如图 10-1 所示，将信号发生器的输出通过一段同轴电缆的内外导体施加到 50Ω 负载电阻上，同时，在同轴电缆的两端将外导体通过一小段导体连接起来。

(2) 将电流钳分别夹在路径 1 和路径 2 的导线上，电流钳的输出连接到示波器，测量导线中的电流，记录在示波器上观察到的电流值。

(3) 设置信号发生器，输出正弦波，幅值为 5V，依次按表 10-1 中的数值设定频率，分别记录路径 1 和路径 2 的电流值。

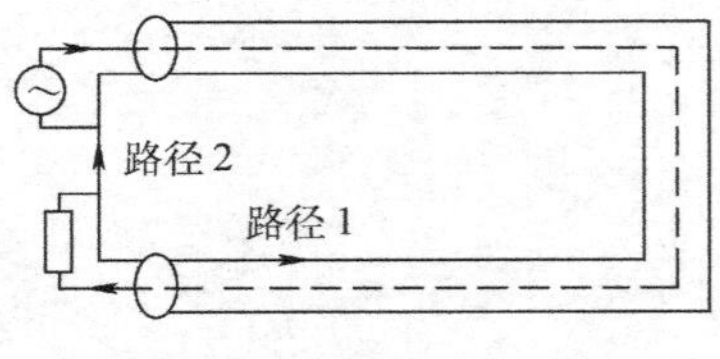

图 10-1　最小阻抗路径实验连接图

表 10-1　最小阻抗路径实验的频率和测量电流

频率 f/kHz	1	2	5	10	20	50	100
路径 1 电流/mA							
路径 2 电流/mA							

(4) 观察两条并联路径（一条是通过同轴电缆外层导体从负载端流回电源负端/路径 1，另一条是通过小段导体流回电源负端/路径 2）中的电流分配情况，分析不同频率信号电流的主要流通路径及其内在机制。

实验原理及辅助教学作用：最小阻抗路径实验的目的就是从电路的角度来考虑干扰信号

的流通。电流流通路径是影响电磁兼容问题的最重要因素，即使千分之一的电流沿着一条无意路径流通，也有可能造成电磁兼容问题。在电流流通时，它的路径受电路阻抗的影响，载流导线除了有电阻之外还有电感、电容。低频时回路阻抗主要与回路电阻值有关，高频时感抗值远大于电阻值，电感与回路面积有关，因此，回路阻抗主要取决于回路面积。通过该实验可以明显地看到这一效果，随着频率的升高，路径 2 的电流逐渐减小，而路径 1 的电流逐渐增大，在高频的情况下，电流主要通过路径 1 返回。实验结果也提醒学生在以后的电路设计中要时刻注意电流流通路径问题，尽量减少无意天线的产生，使电流的流通在可控范围之内。

10.2　自屏蔽实验

实验目的：了解自屏蔽现象，分析不同线路结构产生磁场的差别。

实验器材：示波器、信号发生器、磁场探头、同轴电缆、双绞线、平行导线及 50Ω 负载电阻等。

实验步骤：

(1) 如图 10-2 所示，将信号发生器的输出通过一段导线（同轴电缆、双绞线和平行导线等）施加到 50Ω 负载电阻上。

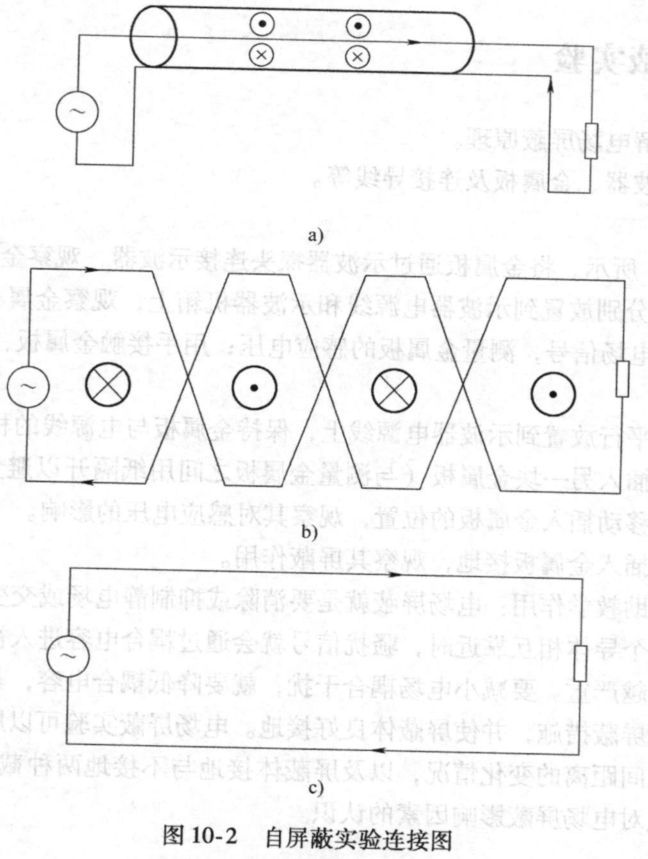

图 10-2　自屏蔽实验连接图

a）同轴电缆　b）双绞线　c）平行线

（2）设置信号发生器输出正弦波，幅值为5V，频率为100kHz~1MHz。

（3）将磁场探头的输出连接到示波器，测量连接导线产生磁场的量值。

（4）将磁场探头分别置于同轴电缆旁侧和端口部位测量磁场，观察同轴电缆的自屏蔽作用和连接端口的末端（Pigtail）效应。

（5）依次将磁场探头分别置于双绞线、平行导线旁侧，观察其自屏蔽效果。

（6）根据测量结果分析比较不同导线结构在不同部位产生磁场的特点及其内在机制。

实验原理及辅助教学作用：自屏蔽是指不增加外部屏蔽体，仅依靠合理的电路设计及结构布置，使在基本不增加成本的基础上达到屏蔽效果的方法。自屏蔽的核心就是场的自包容，合理的结构布置可使信号电压产生的电场和信号电流产生的磁场包容在结构内部，通过自身结构设计使场相互抵消，对外不产生骚扰电磁场。实验中通过比较三种不同电路结构对外产生的磁场，评估其自屏蔽的效果，从而理解实现自屏蔽所需要的电路结构。同轴电缆的屏蔽效果最好，但在端口处磁场增大，在使用同轴电缆时需要注意屏蔽接口处的末端效应；双绞线的自屏蔽效果明显优于平行导线，双绞线的自屏蔽效果与其绞距有关，平行导线之间的间隙影响自屏蔽效果。自屏蔽实验可使学生了解到，在电路设计中可以通过控制电流和电荷的分布来降低其产生的磁场和电场。磁场自屏蔽要求返回电流环绕在流出电流周围，且返回电流值和流出电流值相等；电场自屏蔽要求正端和负端的电荷相包围，且分布能相互抵消。

10.3 电场屏蔽实验

实验目的：理解电场屏蔽原理。

实验器材：示波器、金属板及连接导线等。

实验步骤：

（1）如图10-3所示，将金属板通过示波器探头连接示波器，观察金属板的感应电压。

（2）将金属板分别放置到示波器电源线和示波器机箱上，观察金属板接收到的电源线、机箱内电路泄漏的电场信号，测量金属板的感应电压；用手接触金属板，观察、测量人体的感应电压。

（3）将金属板平行放置到示波器电源线上，保持金属板与电源线的相对位置不动，在金属板与电源线之间插入另一块金属板（与测量金属板之间用纸隔开以避免电接触），测量金属板的感应电压，移动插入金属板的位置，观察其对感应电压的影响。

（4）用导线将插入金属板接地，观察其屏蔽作用。

实验原理及辅助教学作用：电场屏蔽就是要消除或抑制静电场或交变电场与被干扰电路的电场耦合。当两个导体相互靠近时，骚扰信号就会通过耦合电容进入被干扰电路，频率越高、电容越大耦合越严重。要减小电场耦合干扰，就要降低耦合电容，其中的一个方法就是对被干扰电路采取屏蔽措施，并使屏蔽体良好接地。电场屏蔽实验可以展现出干扰电压随骚扰源与被干扰对象间距离的变化情况，以及屏蔽体接地与不接地两种截然不同的屏蔽效果，通过实验加深学生对电场屏蔽影响因素的认识。

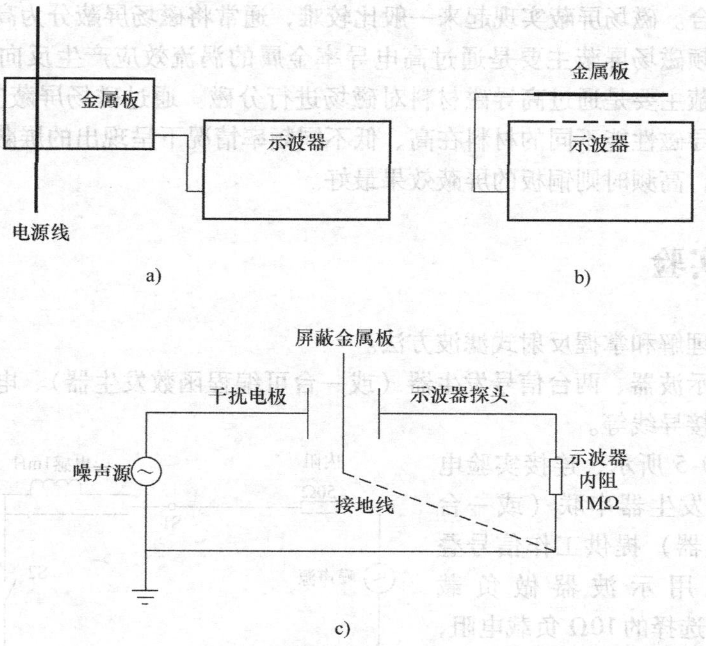

图 10-3 电场屏蔽实验示意图

a）与电源线耦合 b）与机箱耦合 c）插入屏蔽金属板

10.4 磁场屏蔽实验

实验目的：理解磁场屏蔽原理。

实验器材：示波器、信号发生器、磁场探头、磁场线圈、连接导线、铜板、铝板及铁板等。

实验步骤：

(1) 如图 10-4 所示，用导线将信号发生器输出连接到磁场线圈以产生交流磁场，将磁场探头连接至示波器以检测磁场信号，且使磁场线圈产生的磁场方向正对磁场探头。

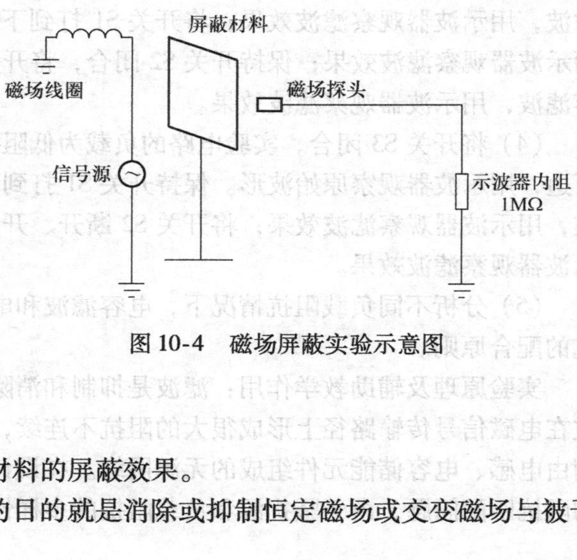

图 10-4 磁场屏蔽实验示意图

(2) 设置信号发生器，输出正弦波，幅值为 5V，频率为 1kHz ~ 1MHz，测量不同频率下的磁场量值。

(3) 依次在磁场线圈和磁场探头之间插入铜板、铝板和铁板，观察磁场信号的变化，测量磁场量值。

(4) 分析、比较不同频率下三种屏蔽材料的屏蔽效果。

实验原理及辅助教学作用：磁场屏蔽的目的就是消除或抑制恒定磁场或交变磁场与被干

扰回路的磁场耦合。磁场屏蔽实现起来一般比较难，通常将磁场屏蔽分为高频磁场屏蔽与低频磁场屏蔽。高频磁场屏蔽主要是通过高电导率金属的涡流效应产生反向磁场抵消外部磁场，低频磁场屏蔽主要是通过高导磁材料对磁场进行分磁。通过磁场屏蔽实验可以观察铜、铝、铁等导电、导磁性能不同的材料在高、低不同频率情况下呈现出的屏蔽效果。低频时铁板的屏蔽效果好，高频时则铜板的屏蔽效果最好。

10.5 滤波实验

实验目的：理解和掌握反射式滤波方法。

实验器材：示波器、两台信号发生器（或一台可编程函数发生器）、电阻、电容、电感元件、开关及连接导线等。

（1）如图10-5所示，连接实验电路。用两台信号发生器串联（或一台可编程函数发生器）提供工作信号叠加干扰信号，用示波器做负载（1MΩ），并联可选择的10Ω负载电阻，在信号源和负载之间连接可选择的串联电感和并联电容。

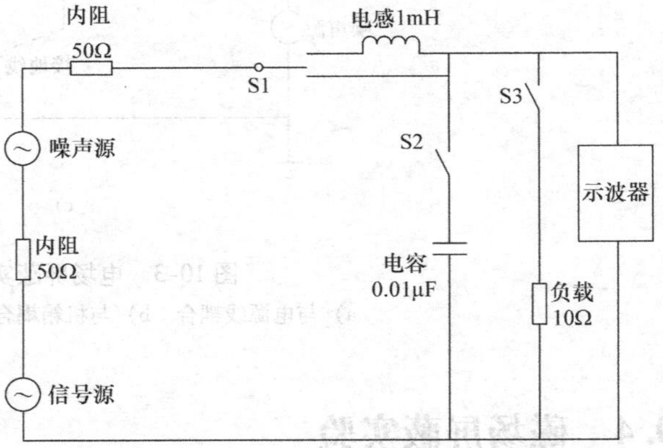

图10-5 滤波实验连接图

（2）设置工作信号发生器（信号源）输出正弦波，幅值为1V，频率1kHz，干扰信号发生器（噪声源）输出正弦波，幅值为0.5V，频率100kHz，两者叠加（或用可编程函数发生器编程）获得实验波形 $\sin(2\pi \times 1000t) - 0.5\sin(2\pi \times 100000t)$。

（3）将开关S3断开，实验电路的负载为高阻抗（1MΩ）。将开关S2断开、开关S1打到下边，用示波器观察原始波形。保持开关S2断开，将开关S1打到上边，此时为串联电感滤波，用示波器观察滤波效果；将开关S1打到下边，开关S2闭合，此时为并联电容滤波，用示波器观察滤波效果；保持开关S2闭合，将开关S1打到上边，此时为串联电感、并联电容滤波，用示波器观察滤波效果。

（4）将开关S3闭合，实验电路的负载为低阻抗（10Ω）。将开关S2断开、开关S1打到下边，用示波器观察原始波形。保持开关S1打到下边，将开关S2闭合，此时为并联电容滤波，用示波器观察滤波效果；将开关S2断开、开关S1打到上边，此时为串联电感滤波，用示波器观察滤波效果。

（5）分析不同负载阻抗情况下，电容滤波和电感滤波效果的差异，理解滤波器与负载阻抗的配合原则。

实验原理及辅助教学作用：滤波是抑制和消除电磁骚扰在电路中传播的方法，反射式滤波在电磁信号传输路径上形成很大的阻抗不连续，使大部分电磁能量反射回信号源处，它采用由电感、电容储能元件组成的无源网络。在设计和选择反射式滤波器时，必须考虑滤波器的阻抗匹配问题，由于骚扰源和负载阻抗的多样性，很难保证滤波器处于最佳工作状态，这就要求在设计滤波器时应使滤波器在不匹配的状态下也能满足性能要求。通过滤波实验可以观察高、低阻抗与并联电容、串联电感在不同配合关系时的滤波效果，进而总结出负载为高阻抗时与并联电容相配合、低阻抗时与串联电感相配合的原则。

10.6　小结

本章提供了五个电磁兼容实验，即最小阻抗路径实验、自屏蔽实验、电场屏蔽实验、磁场屏蔽实验和滤波实验。教师可结合电磁兼容课程中的特定教学内容，给学生提供直观、形象的认识，把理论知识和实践结合起来，丰富教学方法和手段。

附　录

附录A　现行的电磁兼容国家标准一览表

序号	标准代号	标准名称	对应国际标准
基础类、通用类标准			
1	GB/T 4365—2003	电工术语 电磁兼容	
2	GB/T 6113.101—2016	无线电骚扰和抗扰度测量设备和测量方法规范　第1－1部分：无线电骚扰和抗扰度测量设备　测量设备	
3	GB/T 6113.102—2008	无线电骚扰和抗扰度测量设备和测量方法规范　第1－2部分：无线电骚扰和抗扰度测量设备　辅助设备　传导骚扰	CISPR16－1－2：2006
4	GB/T 6113.103—2008	无线电骚扰和抗扰度测量设备和测量方法规范　第1－3部分：无线电骚扰和抗扰度测量设备　辅助设备　骚扰功率	CISPR16－1－3：2004
5	GB/T 6113.104—2008	无线电骚扰和抗扰度测量设备和测量方法规范　第1－4部分：无线电骚扰和抗扰度测量设备　辅助设备　辐射骚扰	CISPR16－1－4：2005
6	GB/T 6113.105—2008	无线电骚扰和抗扰度测量设备和测量方法规范　第1－5部分：无线电骚扰和抗扰度测量设备 30～1000MHz 天线校准	CISPR16－1－5：2003
7	GB/T 6113.201—2008	无线电骚扰和抗扰度测量设备和测量方法规范　第2－1部分：无线电骚扰和抗扰度测量方法　传导骚扰测量	CISPR16－2－1：2003
8	GB/T 6113.202—2008	无线电骚扰和抗扰度测量设备和测量方法规范　第2－2部分：无线电骚扰和抗扰度测量方法　骚扰功率测量	CISPR16－2－2：2004
9	GB/T 6113.203—2008	无线电骚扰和抗扰度测量设备和测量方法规范　第2－3部分：无线电骚扰和抗扰度测量方法　辐射骚扰测量	CISPR16－2－3：2003
10	GB/T 6113.204—2008	无线电骚扰和抗扰度测量设备和测量方法规范　第2－4部分：无线电骚扰和抗扰度测量方法　抗扰度测量	CISPR16－2－4：2003
11	GB/Z 6113.205—2013	无线电骚扰和抗扰度测量设备和测量方法规范　第2－5部分：大型设备骚扰发射现场测量	CISPR/TR16－2－5：2008
12	GB/Z 6113.3—2006	无线电骚扰和抗扰度测量设备和测量方法规范　第3部分：无线电骚扰和抗扰度测量技术报告	CISPR16－3：2003
13	GB/Z 6113.401—2007	无线电骚扰和抗扰度测量设备和测量方法规范　第4－1部分：不确定度、统计学和限值建模　标准化的EMC试验不确定度	CISPR16－4－1/TR：2005
14	GB/T 6113.402—2006	无线电骚扰和抗扰度测量设备和测量方法规范　第4－2部分：不确定度、统计学和限值建模　测量设备和设施的不确定度	CISPR16－4－2：2003

（续）

序号	标准代号	标准名称	对应国际标准
		基础类、通用类标准	
15	GB/Z 6113.403—2007	无线电骚扰和抗扰度测量设备和测量方法规范 第4-3部分：不确定度、统计学和限值建模 批量产品的EMC符合性确定	CISPR16-4-3/TR：2004
16	GB/Z 6113.404—2007	无线电骚扰和抗扰度测量设备和测量方法规范 第4-4部分：不确定度、统计学和限值建模 抱怨的统计和限值的计算	CISPR16-4-4/TR：2003
17	GB/Z 6113.405—2010	无线电骚扰和抗扰度测量设备和测量方法规范 第4-5部分：不确定度、统计学和限值建模 替换试验方法的使用条件	CISPR TR16-4-5：2006
18	GB 8702—2014	电磁环境控制限值	
19	GB/T 12190—2006	电磁屏蔽室屏蔽效能的测量方法	
20	GB/T 15658—2012	无线电噪声测量方法	
21	GB/T 17624.1—1998	电磁兼容 综述 电磁兼容基本术语和定义的应用与解释	IEC61000-1-1：1992
22	GB/Z 17624.2—2013	电磁兼容 综述 与电磁现象相关设备的电气和电子系统实现功能安全的方法	IEC/TS61000-1-2：2008
23	GB/T 15540—2006	陆地移动通信设备电磁兼容技术要求和测量方法	
24	GB 17625.1—2012	电磁兼容 限值 谐波电流发射限值（设备每相输入电流≤16A）	IEC61000-3-2：2009
25	GB 17625.2—2007	电磁兼容 限值 对每相额定电流≤16A且无条件接入设备在公用低压供电系统中产生的电压变化、电压波动和闪烁	IEC61000-3-3：2005
26	GB/Z 17625.3—2000	电磁兼容 限值 对额定电流大于16A的设备在低压供电系统中产生的电压波动和闪烁的限值	IEC 61000-3-5：1994
27	GB/Z 17625.4—2000	电磁兼容 限值 中、高压电力系统中畸变负荷发射限值的评估	IEC61000-3-6：1996
28	GB/Z 17625.5—2000	电磁兼容 限值 中、高压电力系统中波动负荷发射限值的评估	IEC61000-3-7：1996
29	GB/Z 17625.6—2003	电磁兼容 限值 对额定电流大于16A的设备在低压供电系统中产生的谐波电流的限值	IEC TR61000-3-4：1998
30	GB/Z 17625.7—2013	电磁兼容 限值 对额定电流≤75A且有条件接入的设备在公用低压供电系统中产生的电压变化、电压波动和闪烁的限值	
31	GB/T 17625.8—2015	电磁兼容 限值 每相输入电流大于16A小于等于75A连接到公用低压系统的设备产生的谐波电流限值	
32	GB/T 17625.9—2016	电磁兼容 限值 低压电气设施上的信号传输 发射电平、频段和电磁骚扰电平	
33	GB/T 17626.1—2006	电磁兼容 试验和测量技术 抗扰度试验总论	IEC61000-4-1：2000
34	GB/T 17626.2—2006	电磁兼容 试验和测量技术 静电放电抗扰度试验	IEC61000-4-2：2001
35	GB/T 17626.3—2006	电磁兼容 试验和测量技术 射频电磁场辐射抗扰度试验	IEC61000-4-3：2002
36	GB/T 17626.4—2008	电磁兼容 试验和测量技术 电快速瞬变脉冲群抗扰度试验	IEC61000-4-4：2004
37	GB/T 17626.5—2008	电磁兼容 试验和测量技术 浪涌（冲击）抗扰度试验	IEC61000-4-5：2001
38	GB/T 17626.6—2008	电磁兼容 试验和测量技术 射频场感应的传导骚扰抗扰度	IEC61000-4-6：2006
39	GB/T 17626.7—2008	电磁兼容 试验和测量技术 供电系统及所连设备谐波、谐间波的测量和测量仪器导则	IEC61000-4-7：2002

（续）

序号	标准代号	标准名称	对应国际标准
		基础类、通用类标准	
40	GB/T 17626.8—2006	电磁兼容 试验和测量技术 工频磁场抗扰度试验	IEC61000－4－8：2001
41	GB/T 17626.9—2011	电磁兼容 试验和测量技术 脉冲磁场抗扰度试验	IEC61000－4－9：2001
42	GB/T 17626.10—1998	电磁兼容 试验和测量技术 阻尼振荡磁场抗扰度试验	IEC61000－4－10：1993
43	GB/T 17626.11—2008	电磁兼容 试验和测量技术 电压暂降、短时中断和电压变化的抗扰度试验	IEC61000－4－11：2004
44	GB/T 17626.12—2013	电磁兼容 试验和测量技术 振铃波抗扰度试验	IEC61000－4－12：2006
45	GB/T 17626.13—2006	电磁兼容 试验和测量技术 交流电源端口谐波、谐间波及电网信号的低频抗扰度试验	IEC61000－4－13：2002
46	GB/T 17626.14—2005	电磁兼容 试验和测量技术 电压波动抗扰度试验	IEC61000－4－14：2002
47	GB/T 17626.15—2011	电磁兼容 试验和测量技术 闪烁仪 功能和设计规范	IEC61000－4－15：2003
48	GB/T 17626.16—2007	电磁兼容 试验和测量技术 0Hz～150kHz 共模传导骚扰抗扰度试验	IEC61000－4－16：2002
49	GB/T 17626.17—2005	电磁兼容 试验和测量技术 直流电源输入端口纹波抗扰度试验	IEC61000－4－17：2002
50	GB/T 17626.20—2014	电磁兼容 试验和测量技术 横电磁波（TEM）波导中的发射和抗扰度测试	
51	GB/T 17626.21—2014	电磁兼容 试验和测量技术 混波室试验方法	
52	GB/T 17626.24—2012	电磁兼容 试验和测量技术 HEMP 传导骚扰保护装置的试验方法	IEC61000－4－24：1997
53	GB/T 17626.27—2006	电磁兼容 试验和测量技术 三相电压不平衡抗扰度试验	IEC61000－4－27：2000
54	GB/T 17626.28—2006	电磁兼容 试验和测量技术 工频频率变化抗扰度试验	IEC61000－4－28：2001
55	GB/T 17626.29—2006	电磁兼容 试验和测量技术 直流电源输入端口电压暂降、短时中断和电压变化的抗扰度试验	IEC61000－4－29：2006
56	GB/T 17626.30—2012	电磁兼容 试验和测量技术 电能质量测量方法	IEC61000－4－30：2008
57	GB/T 17626.34—2012	电磁兼容 试验和测量技术 主电源每相电流大于 16A 的设备的电压暂降、短时中断和电压变化抗扰度试验	IEC61000－4－34：2009
58	GB/T 17799.1—1999	电磁兼容 通用标准 居住、商业和轻工业环境中的抗扰度试验	IEC61000－6－1：1997
59	GB/T 17799.2—2003	电磁兼容 通用标准 工业环境中的抗扰度试验	IEC61000－6－2：1999
60	GB 17799.3—2012	电磁兼容 通用标准 居住、商业和轻工业环境中的发射	IEC61000－6－3：2011
61	GB 17799.4—2012	电磁兼容 通用标准 工业环境中的发射	IEC61000－6－4：2011
62	GB/T 17799.5—2012	电磁兼容 通用标准 室内设备高空电磁脉冲（HEMP）抗扰度	IEC61000－6－6：2003
63	GB/Z 18039.1—2000	电磁兼容 环境 电磁环境的分类	IEC61000－2－5：1996
64	GB/Z 18039.2—2000	电磁兼容 环境 工业设备电源低频传导骚扰发射水平的评估	IEC61000－2－6：1996
65	GB/T 18039.3—2003	电磁兼容 环境 公用低压供电系统低频传导骚扰及信号传输的兼容水平	IEC61000－2－2：1990
66	GB/T 18039.4—2003	电磁兼容 环境 工厂低频传导骚扰的兼容水平	IEC61000－2－4：1994

（续）

序号	标准代号	标准名称	对应国际标准
		基础类、通用类标准	
67	GB/Z 18039.5—2003	电磁兼容　环境　公用供电系统低频传导骚扰及信号传输的电磁环境	IEC61000-2-1：1990
68	GB/Z 18039.6—2005	电磁兼容　环境　各种环境中的低频磁场	IEC61000-2-7：1998
69	GB/Z 18039.7—2011	电磁兼容　环境　公用供电系统中的电压暂降、短时中断及其测量统计结果	IEC/TR61000-2-8：2002
70	GB/T 18039.8—2012	电磁兼容　环境　高空核电磁脉冲（HEMP）环境描述　传导骚扰	IEC61000-2-10：1998
71	GB/T 18039.9—2013	电磁兼容　环境　公用中压供电系统低频传导骚扰及信号线传输的兼容水平	
72	GB/Z 18509—2016	电磁兼容　电磁兼容标准起草导则	
		车船类标准	
73	GB/T 10250—2007	船舶电气与电子设备的电磁兼容性	IEC60533：1999
74	GB 14023—2011	车辆、船和内燃机无线电骚扰特性　用于保护车外接收机的限值和测量方法	CISPR12：2009
75	GB/T 15708—1995	交流电气化铁道电力机车运行产生的无线电辐射干扰的测量方法	
76	GB/T 15709—1995	交流电气化铁道接触网无线电辐射干扰测量方法	
77	GB/T 17619—1998	机动车电子电器组件的电磁辐射抗扰性限值和测量方法	
78	GB/T 18387—2008	电动车辆的电磁场辐射强度的限值和测量方法宽带9kHz～30MHz	
79	GB/T 18655—2010	车辆、船和内燃机　无线电骚扰特性　用于保护车载接收机的限值和测量方法	CISPR25：2008
80	GB/T 19951—2005	道路车辆　静电放电产生的电骚扰试验方法	ISO10605：2001
81	GB/T 21437.1—2008	道路车辆　由传导和耦合引起的电骚扰　第1部分：定义和一般描述	ISO7637-1：2002
82	GB/T 21437.2—2008	道路车辆　由传导和耦合引起的电骚扰　第2部分：沿电源线的电瞬态传导	ISO7637-2：2004
83	GB/T 21437.3—2012	道路车辆　由传导和耦合引起的电骚扰　第3部分：除电源线外的导线通过容性和感性耦合的电瞬态发射	ISO7637-3：2007
84	GB/T 24338.1—2009	轨道交通　电磁兼容　第1部分：总则	IEC62236-1：2003
85	GB/T 24338.2—2011	轨道交通　电磁兼容　第2部分：整个轨道　系统对外界的发射	IEC62236-2：2003
86	GB/T 24338.3—2009	轨道交通　电磁兼容　第3-1部分：机车车辆　列车和整车	IEC62236-3-1：2003
87	GB/T 24338.4—2009	轨道交通　电磁兼容　第3-2部分：机车车辆　设备	IEC62236-3-2：2003
88	GB/T 24338.5—2009	轨道交通　电磁兼容　第4部分：信号和通信设备的发射与抗扰度	IEC62236-4：2003
89	GB/T 24338.6—2009	轨道交通　电磁兼容　第5部分：地面供电装置和设备的发射与抗扰度	IEC62236-5：2003

（续）

序号	标准代号	标准名称	对应国际标准
		车船类标准	
90	GB/T 25119—2010	轨道交通 机车车辆电子装置	IEC60571：2006
91	GB/T 29259—2012	道路车辆 电磁兼容术语	
		电工电子类	
92	GB 4343.1—2009	电磁兼容 家用电器、电动工具和类似器具的要求第1部分：发射	CISPR14－1：2005
93	GB 4343.2—2009	电磁兼容 家用电器、电动工具和类似器具的电磁兼容要求 第2部分：抗扰度	CISPR14－2：2008
94	GB 4824—2013	工业、科学和医疗（ISM）射频设备 骚扰特性 限值和测量方法	CISPR11：2010
95	GB 7260.2—2009	不间断电源设备（UPS）第2部分：电磁兼容性（EMC）要求	
96	GB 7343—1987	10kHz～30MHz无源无线电干扰滤波器和抑制元件抑制特性的测量方法	
97	GB/T 7349—2002	高压架空送电线、变电站无线电干扰测量方法	
98	GB 7495—1987	架空电力线路与调幅广播收音台的防护间距	
99	GB 11032—2010	交流无间隙金属氧化物避雷器	IEC 60099－4：2006
100	GB 12668.3—2012	调速电气传动系统 第3部分：电磁兼容性要求及其特定的试验方法	IEC 61800－3：2004
101	GB/T 14598.9—2010	量度继电器和保护装置 第22－3部分：电气骚扰试验 辐射电磁场抗扰度	IEC60255－22－3：2007
102	GB/T 14598.10—2012	量度继电器和保护装置 第22－4部分：电气骚扰试验 电快速瞬变/脉冲群抗扰度试验	IEC60255－22－4：2008
103	GB/T 14598.13—2008	电气继电器 第22－1部分：量度继电器和保护装置的电气骚扰试验 1MHz脉冲群抗扰度试验	IEC 60255－22－1：2007
104	GB/T 14598.14—2010	量度继电器和保护装置 第22－2部分：电气骚扰试验 静电放电试验	IEC 60255－22－2：2008
105	GB/T 14598.16—2002	电气继电器 第25部分：量度继电器和保护装置的电磁发射试验	IEC60225－25：2000
106	GB/T 14598.18—2012	量度继电器和保护装置 第22－5部分：电气骚扰试验 浪涌抗扰度试验	IEC60255－22－5：2008
107	GB/T 14598.19—2007	电气继电器 第22－7部分：量度继电器和保护装置的电器骚扰试验——工频抗扰度试验	IEC60255－22－7：2003
108	GB/T 14598.20—2007	电气继电器 第26部分：量度继电器和保护装置的电磁兼容性要求	IEC60255－26：2004

（续）

序号	标准代号	标准名称	对应国际标准
		电工电子类	
109	GB/T 14598.26—2015	量度继电器和保护装置　第26部分：电磁兼容要求	IEC60255－26：2013
110	GB/T 15153.1—1998	远动设备及系统　第2部分：工作条件　第1篇：电源和电磁兼容性	IEC60870－2－1：1995
111	GB/T 15579.10—2008	弧焊设备　第10部分：电磁兼容性（EMC）要求	IEC60974－10：2007
112	GB 15707—1995	高压交流架空送电线无线电干扰限值	
113	GB/T 16607—1996	微波炉在1GHz以上的辐射干扰测量方法	
114	GB/T 16895.10—2010	低压电气装置　第4－44部分：安全防护　电压骚扰和电磁骚扰防护	IEC60364－4－44：2007
115	GB 17743—2007	电气照明和类似设备的无线电骚扰特性的限值和测量方法	CISPR15：2005
116	GB/T 18029.21—2012	轮椅车　第21部分：电动轮椅车、电动代步车和电池充电器的电磁兼容性要求和测试方法	
117	GB/T 18268.1—2010	测量、控制和试验室用的电设备电磁兼容性要求　第1部分：通用要求	IEC61326－1：2005
118	GB/T 18268.21—2010	测量、控制和实验室用的电设备　电磁兼容性要求　第21部分：特殊要求　无电磁兼容防护场合用敏感性试验和测量设备的试验配置、工作条件和性能判据	IEC61326－2－1：2005
119	GB/T 18268.22—2010	测量、控制和实验室用的电设备　电磁兼容性要求　第22部分：特殊要求　低压配电系统用便携式试验、测量和监控设备的试验配置、工作条件和性能判据	IEC61326－2－2：2005
120	GB/T 18268.23—2010	测量、控制和实验室用的电设备　电磁兼容性要求　第23部分：特殊要求　带集成或远程信号调理变送器的试验配置、工作条件和性能判据	IEC61326－2－3：2006
121	GB/T 18268.24—2010	测量、控制和实验室用的电设备　电磁兼容性要求　第24部分：特殊要求　符合IEC61557－8的绝缘监控装置和符合IEC61557－9的绝缘故障定位设备的试验配置、工作条件和性能判据	IEC61326－2－4：2006
122	GB/T 18268.25—2010	测量、控制和实验室用的电设备　电磁兼容性要求　第25部分：特殊要求　接口符合IEC61784－1，CP3/2的现场装置的试验配置、工作条件和性能判据	IEC61326－2－5：2006
123	GB/T 18268.26—2010	测量、控制和实验室用的电设备　电磁兼容性要求　第26部分：特殊要求　体外诊断（IVD）医疗设备	IEC61326－2－6：2005
124	GB 18499—2008	家用和类似用途的剩余电流动作保护器（RCD）电磁兼容性	IEC61543：1995
125	GB/T 18595—2014	一般照明用设备电磁兼容抗扰度要求	IEC61547：2009
126	GB/T 18663.3—2007	电子设备机械结构　公制系列和英制系列试验　第3部分：机柜、机架和插箱的电磁屏蔽性能试验	IEC61857－3：2006
127	GB/Z 18732—2002	工业、科学和医疗设备限值的确定方法	CISPR23：1987

（续）

序号	标准代号	标准名称	对应国际标准
		电工电子类	
128	GB/T 19286—2015	电信网络设备的电磁兼容性要求及测量方法	
129	GB/Z 19397—2003	工业机器人　电磁兼容性试验方法和性能评估准则指南	ISO/TR11062：1994
130	GB/Z 19511—2004	工业、科学和医疗设备（ISM）——国际电信联盟（ITU）指定频段内的辐射电平指南	CISPR28：1997
131	GB/T 21067—2007	工业机械电气设备　电磁兼容　通用抗扰度要求	
132	GB/T 21398—2008	农林机械　电磁兼容性　试验方法和验收规则	ISO14982：1998
133	GB/T 21419—2013	变压器、电抗器、电源装置及其组合的安全　电磁兼容（EMC）要求	IEC62041：2010
134	GB/Z 21713—2008	低压交流电源（不高于1000V）中的浪涌特性	
135	GB/T 22359—2008	土方机械　电磁兼容性	ISO13766：2006
136	GB/T 22663—2008	工业机械电气设备　电磁兼容　机床抗扰度要求	
137	GB 23313—2009	工业机械电气设备　电磁兼容　发射限值	
138	GB 23712—2009	工业机械电气设备　电磁兼容　机床发射限值	
139	GB/T 24807—2009	电磁兼容　电梯、自动扶梯和自动人行道的产品系列标准　发射	EN12015：2004
140	GB/T 24808—2009	电磁兼容　电梯、自动扶梯和自动人行道的产品系列标准　抗扰度	EN12016：2004
141	GB/T 25633—2010	电火花加工机床　电磁兼容性试验规范	
142	GB/T 28554—2012	工业机械电气设备　内带供电单元的建设机械电磁兼容要求	
143	GB/T 30116—2013	半导体生产设施电磁兼容性要求	
144	GB/T 30148—2013	安全防范报警设备　电磁兼容　抗扰度要求和试验方法	
145	GB/T 30556.7—2014	电磁兼容　安装和减缓导则　外壳的电磁骚扰防护等级（EM编码）	IEC61000－5－7：2001
146	GB 31251.2—2014	电阻焊设备　第2部分：电磁兼容性要求	IEC62135－2：2007
147	GB/T 31723.405—2015	金属通信电缆试验方法　第4－5部分：电磁兼容　耦合或屏蔽衰减　吸收钳法	
		电声与广播电视类	
148	GB/T 9383—2008	声音和电视广播接收机及有关设备抗扰度　限值和测量方法	CISPR20：2006
149	GB 13836—2000	电视和声音信号电缆分配系统　第2部分：设备的电磁兼容	IEC60728－2/FDIS：1997
150	GB 13837—2012	声音和电视广播接收机及有关设备　无线电骚扰特性　限值和测量方法	IEC/CISPR13：2009
151	GB 16787—1997	30MHz～1GHz声音和电视信号的电缆分配系统辐射测量方法和限值	
152	GB 16788—1997	30MHz～1GHz声音和电视信号的电缆分配系统抗扰度测量方法和限值	

（续）

序号	标准代号	标准名称	对应国际标准
		电声与广播电视类	
153	GB/Z 19871—2005	数字电视广播接收机电磁兼容性能要求和测量方法	
154	GB/T 19954. 1—2016	电磁兼容 专业用途的音频、视频、音视频和娱乐场所灯光控制设备的产品类标准 第1部分：发射	
155	GB/T 19954. 2—2016	电磁兼容 专业用途的音频、视频、音视频和娱乐场所灯光控制设备的产品类标准 第2部分：抗扰度	
156	GB/T 21560. 3—2008	低压直流电源 第3部分：电磁兼容性（EMC）	IEC61204－3：2000
157	GB/T 22630—2008	车载音视频设备电磁兼容性要求和测量方法	
158	GB/T 25102. 13—2010	电声学 助听器 第13部分：电磁兼容（EMC）	IEC60118－13：2004
		信息技术与通信系统类	
159	GB 6364—2013	航空无线电导航台（站）电磁环境要求	
160	GB 6830—1986	电信线路遭受强电线路危险影响的容许值	
161	GB 7495—1987	架空电力线路与调幅广播收音台的防护间距	
162	GB 9254—2008	信息技术设备的无线电骚扰限值和测量方法	CISPR22：2006
163	GB/T 12572—2008	无线电发射设备参数通用要求和测量方法	
164	GB 12638—1990	微波和超短波通信设备辐射安全要求	
165	GB 13613—2011	对海远程无线电导航台和监测站电磁环境要求	
166	GB 13614—2012	短波无线电收信台（站）及测向台（站）电磁环境要求	
167	GB 13615—2009	地球站电磁环境保护要求	
168	GB/T 13616—2009	微波接力站电磁环境保护要求	
169	GB 13617—1992	短波无线电收信台（站）电磁环境要求	
170	GB 13618—1992	对空情报雷达站电磁环境防护要求	
171	GB/T 13619—2009	数字微波接力通信系统干扰计算方法	
172	GB/T 13620—2009	卫星通信地球站与地面微波站之间协调区的确定和干扰计算方法	
173	GB/T 15152—2006	脉冲噪声干扰引起移动通信降级的评定方法	IEC/CISPR21：1999
174	GB/T 17618—2015	信息技术设备抗扰度限值和测量方法	CISPR24：2010
175	GB/T 19483—2016	无绳电话的电磁兼容性要求及测量方法	
176	GB/T 19484. 1—2013	800MHz/2GHz CDMA2000 数字蜂窝移动通信系统的电磁兼容性要求和测量方法 第1部分：用户设备及其辅助设备	
177	GB/T 20549—2006	移动通信直放机电磁兼容技术指标和测试方法	
178	GB/T 22450. 1—2008	900/1800MHz TDMA 数字蜂窝移动通信系统电磁兼容性限值和测量方法 第1部分：移动台及其辅助设备	
179	GB/T 22451—2008	无线通信设备电磁兼容性通用要求	

附录B 实施电磁兼容认证产品目录（第一批）

序号	产品类别	产品名称	执行标准
1	声音和电视广播接收机及有关设备	电视广播接收机、监视器、音响设备（含AV功放）、视（唱）盘机、电子琴	GB 13837—2003 声音和电视广播接收机及有关设备无线电干扰特性限值和测量方法 GB 17625.1—2003《电磁兼容 限值 谐波电流发射限值（设备每相输入电流≤16A）》 GB/T 9383—1999 声音和电视广播接收机及有关设备传导抗扰度限值和测量方法中的强制条款
2	声音和电视信号的电缆分配系统设备与部件	放大器 视频调制器 频率变换器	GB 13836—2000 30MHz～1GHz声音和电视信号的电缆分配系统设备与部件辐射干扰特性允许值和测量方法
3	信息技术设备	微型计算机、服务器、终端设备、显示器、打印机、绘图仪、扫描仪、调制解调器、传真机、复印机	GB 9254—1998 信息技术设备的无线电骚扰限值和测量方法 GB 17625.1—2003《电磁兼容 限值 谐波电流发射限值（设备每相输入电流≤16A）》 GB/T 17618—1998 信息技术设备抗扰度限值和测量方法中的强制条款
4	家用和类似用途电动、电热器具、电动工具及类似电器	冷藏箱、冷藏冷冻箱、冷冻箱、空气调节器、洗衣机、电饭锅、电熨斗、电风扇、电吹风、吸尘器、电动螺丝刀、电动冲击扳手、电动角向磨光机、电动直向砂轮机、电圆锯、电钻、冲击电钻、电锤、电剪刀、电刨、电动往复锯（刀锯）、电动曲线锯（刀锯）、不易燃液体电喷枪、电链锯、电动木铣、电动修边机、电动石材切割机、台式砂轮机、斜切割机、型材切割机	GB 4343.1—2003 家用和类似用途电动、电热器具、电动工具及类似电器无线电干扰特性限值和测量方法 GB 4343.2—1999 家用电器电动工具和类似器具的电磁兼容性要求 第二部分：抗扰度 GB 17625.1—2003《电磁兼容 限值 谐波电流发射限值（设备每相输入电流≤16A）》
5	电源	开关电源（非装入另一设备内的）不间断电源	GB 4824—2004 工业、科学和医疗射频设备电磁骚扰特性的限值和测量方法 GB 17625.1—2003《电磁兼容 限值 谐波电流发射限值（设备每相输入电流≤16A）》

（续）

序号	产品类别	产品名称	执行标准
6	照明电器	荧光灯灯具 调光器、变换器、镇流器	GB 17743—1999　电器照明和类似设备的无线电骚扰特性的限值和测量方法 GB 17625.1—2003《电磁兼容　限值　谐波电流发射限值（设备每相输入电流≤16A）》
		舞台、电视娱乐场所用电子调光设备	GB 17625.1—2003《电磁兼容　限值　谐波电流发射限值（设备每相输入电流≤16A）》 GB 15734—1995　电子调光设备无线电骚扰特性限值和测量方法
7	车辆、机动船和火花点火发动机的驱动装置	汽车、摩托车 小于5kW汽油小型发电机的驱动装置 火花点火割草机	GB 14023—2006　车辆机动船和火花点火发动机的驱动装置的无线电干扰特性限值和测量方法
8	金融及贸易结算电子设备	电子计价器 收款机 点钞机 卡式电能表	GB 9254—1998　信息技术设备的无线电骚扰限值和测量方法 GB/T 17618—1998　信息技术设备抗扰度限值和测量方法中的强制性条款
9	安防电子产品	电子防盗报警器 气体监测报警器 指纹锁	GB/T 17618—1998　信息技术设备抗扰度限值和测量方法中的强制性条款
10	低压电器	家用和类似用途的不带过电流保护的剩余电流动作断路器	GB 16916.1—2003 家用和类似用途的不带过电流保护的剩余电流动作断路器　第1部分：一般规则
		家用和类似用途的带过电流保护的剩余电流动作断路器	GB 16917.1—2003 家用和类似用途的带过电流保护的剩余电流动作断路器　第1部分：一般规则

参考文献

[1] Clayton R Paul. Introduction to electromagnetic compatibility [M]. New York: A Wiley Interscience Publication, 1992.

[2] 钱照明，程肇基．电磁兼容设计基础及干扰抑制技术［M］．杭州：浙江大学出版社，2000.

[3] 赖祖武．电磁干扰防护与电磁兼容［M］．北京：原子能出版社，1993.

[4] B E 凯瑟．电磁兼容原理［M］．肖庭华，等译．北京：电子工业出版社，1990.

[5] Henry W Ott. 电子系统中噪声的抑制与衰减技术［M］．2 版．王培清，李迪，译．北京：电子工业出版社，2003.

[6] 区健昌．电子设备的电磁兼容性设计［M］．北京：电子工业出版社，2003.

[7] 钱振宇．3C 认证中的电磁兼容测试与对策［M］．北京：电子工业出版社，2004.

[8] 蔡仁钢．电磁兼容原理、设计和预测技术［M］．北京：北京航空航天大学出版社，1997.

[9] 阎秀生，宁天夫，郭祥玉，等．电磁兼容的概念及设计方法［J］．电源技术应用，2003，6（4）：142-151.

[10] 王定华，赵家升．电磁兼容原理与设计［M］．成都：电子科技大学出版社，1995.

[11] 湖北省电磁兼容学会．电磁兼容性原理及应用［M］．北京：国防工业出版社，1996.

[12] 王庆斌，刘萍，尤利文，等．电磁干扰与电磁兼容技术［M］．北京：机械工业出版社，1999.

[13] 沙斐．机电一体化系统的电磁兼容技术［M］．北京：中国电力出版社，1999.

[14] 邹云屏．检测技术及电磁兼容性设计［M］．武汉：华中理工大学出版社，1995.

[15] 顾希如．电磁兼容的原理、规范和测试［M］．北京：国防工业出版社，1988.

[16] 高攸纲．电磁兼容总论［M］．北京：北京邮电大学出版社，2001.

[17] 陈淑文，马蔚宇，马晓庆．电磁兼容试验技术［M］．北京：北京邮电大学出版社，2001.

[18] 全国无线电干扰标准化委员会，全国电磁兼容标准化联合工作组，中国实验室国家认可委员会．电磁兼容标准实施指南［M］．北京：中国标准出版社，1999.

[19] 全国无线电干扰标准化技术委员会，全国电磁兼容标准化技术委员会，中国标准出版社．电磁兼容标准汇编［S］．北京：中国标准出版社，2002.

[20] 翁寿松．防护电压瞬变和浪涌的半导体器件［J］．半导体情报，1998，35（4）：43－48.

[21] 刘京林．浅谈电工产品电磁兼容性要求及其标准［J］．电工技术杂志，2001，20（11）：24－26.

[22] 钱振宇．3C 认证中的电磁兼容测试与对策［M］．北京：电子工业出版社，2004.

[23] Mardiguian I. 电磁干扰排查及故障解决的电磁兼容技术［M］．刘萍，等译．北京：机械工业出版社，2002.

[24] 北京中北创新科技发展有限公司．第六讲电磁兼容性诊断——电磁干扰产生的根源和诊断思路［J］．新技术新工艺，2001（6）：46-47.

[25] 北京中北创新科技发展有限公司．第七讲电磁兼容性诊断——电磁干扰的几种典型诊断方法及电磁兼容测量不确定分析［J］．新技术新工艺，2001（7）：55－57.

[26] 张卫平，等．绿色电源——现代电能变换技术及应用［M］．北京：科学出版社，2001.

[27] 汪东艳，张林昌．电力电子装置电磁兼容性的研究进展［J］．电工技术学报，2000，15（1）：47－51.

[28] 钱照明，吕征宇，何湘宁．电力电子变换新技术［J］．江苏机械制造与自动化，2000（2）：3－6.

[29] 叶斌，刘志刚．国际谐波标准对电力电子装置设计的影响［J］．铁道学报，2000，22（3）：102－106.

[30] 石新春，霍利民．电力电子技术与谐波抑制［J］．华北电力大学学报，2002，29（1）：6－9.

[31] 吴卉，张海源，蔡丽娟．开关电源传导电磁干扰预测技术［J］．安全与电磁兼容，2002（6）：38－40.

[32] 贺景亮．电力系统电磁兼容［M］．北京：水利电力出版社，1993.

[33] 崔翔．2002 年国际大电网会议系列报道——电力系统电磁兼容研究进展［J］．电力系统自动化，2003，27（4）：1－5.

[34] 王淑风，卢铁兵，崔翔．电力系统电磁兼容分析方法及数学模型综述［J］．电力情报，1998（4）：1－5.

[35] 李富同，傅静波，马文玲．电力系统电磁兼容性问题综述［J］．安全与电磁兼容，2003（5）：45－47.

[36] 文斌，贾俊，阮江军．电力系统电磁兼容问题综述［J］．长沙电力学院学报（自然科学版），2003，18（3）：42－46.

[37] 何彬．电力系统二次设备的电磁兼容问题［J］．中国电力，1998，31（4）：46－50.

[38] 董光天．电磁干扰测量与控制 1000 问［M］．北京：电子工业出版社，2003.

[39] 杨继深．电磁兼容技术之产品研发与认证［M］．北京：电子工业出版社，2004.

[40] B A Austin. Present state of electromagnetic compatibility education and prospects for the future［J］. IEE Proc. -Sci. Meas. Technol.，1994，141（4）：259－262.

[41] J L Drewniak，T H Hubing，T Van Doren，et al. Integrating electromagnetic compatibility laboratory exercises into undergraduate electromagnetics［C］. 1995 IEEE International Symposium on Electromagnetic Compatibility，1995 35－40.

[42] J H Cloete，H C Reader，J van der Merwe，et al. Experiments for undergraduate courses in electromagnetic theory and EMC［C］. 4th IEEE AFRICON，1996，362－365.